BIM 技术系列岗位人才培养项目辅导教材

BIM 应用案例分析

（第二版）

人力资源和社会保障部职业技能鉴定中心
工业和信息化部电子通信行业职业技能鉴定指导中心　组织编写
国 家 职 业 资 格 培 训 鉴 定 实 验 基 地
北京绿色建筑产业联盟BIM技术研究与应用委员会

BIM 技 术 人 才 培 养 项 目 辅 导 教 材 编 委 会　编

陆泽荣　严　巍　主编

中国建筑工业出版社

图书在版编目（CIP）数据

BIM应用案例分析/陆泽荣，严巍主编：BIM技术人才培养项目辅导教材编委会编.—2版.—北京：中国建筑工业出版社，2018.4

BIM技术系列岗位人才培养项目辅导教材

ISBN 978-7-112-21967-4

Ⅰ．①B…　Ⅱ．①陆…　②严…　③B…　Ⅲ．①建筑设计-计算机辅助设计-应用软件-技术培训-教材　Ⅳ．①TU201.4

中国版本图书馆CIP数据核字（2018）第049946号

　　本书为BIM技术系列岗位人才培养项目辅导教材，依据《全国BIM专业技能测评考试大纲》的要求编写完成，主要作为BIM技术应用教学、培训与考试的指导用书。

　　本书以完整案例的形式讲述了BIM在工程建设中的应用。其中包括建设单位BIM应用案例；勘察、设计单位BIM应用案例；施工单位BIM应用案例；运维单位BIM应用案例；建筑全生命周期BIM应用案例。书中案例覆盖面广，取材新颖，资料翔实，可以帮助BIM工程技术人员更好地掌握BIM在各阶段以及综合应用的相关知识。本书适用于所有BIM领域从业人员，所有有意向学习BIM技术的人员，也可作为高校BIM课程的主教材。

责任编辑：封　毅　范业庶　毕凤鸣
责任校对：李美娜

BIM技术系列岗位人才培养项目辅导教材
BIM应用案例分析
（第二版）

人力资源和社会保障部职业技能鉴定中心
工业和信息化部电子通信行业职业技能鉴定指导中心　组织编写
国家职业资格培训鉴定实验基地
北京绿色建筑产业联盟BIM技术研究与应用委员会

BIM技术人才培养项目辅导教材编委会　编

陆泽荣　严　巍　主编

*

中国建筑工业出版社出版、发行（北京海淀三里河路9号）
各地新华书店、建筑书店经销
北京红光制版公司制版
大厂回族自治县正兴印务有限公司印刷

*

开本：787×1092毫米　1/16　印张：17¼　字数：429千字
2018年4月第二版　2018年4月第八次印刷
定价：**60.00**元（含增值服务）
ISBN 978-7-112-21967-4
（31854）

丛 书 编 委 会

编委会主任：陆泽荣

编委会副主任：刘占省　叶雄进　严　巍　杨永生

编委会成员：（排名不分先后）

陈会品　陈凌辉　陈　文　程　伟　崔　巍　丁永发
董　皓　杜慧鹏　杜秀峰　方长建　冯延力　付超杰
范明月　高　峰　关书安　郭莉莉　郭伟峰　何春华
何文雄　何　颜　洪艺芸　侯静霞　贾斯民　焦震宇
靳　鸣　金永超　孔　凯　兰梦茹　李步康　李锦磊
李　静　李泰峰　李天阳　李　享　李绪泽　李永哲
林　岩　刘　佳　刘桐良　刘　哲　刘　镇　刘子昌
栾忻雨　芦　东　马东全　马　彦　马张永　苗卿亮
邱　月　屈福平　单　毅　苏国栋　孙佳佳　汤红玲
唐　莉　田东红　王安保　王春洋　王欢欢　王竞超
王利强　王　戎　王社奇　王啸波　王香鹏　王　益
王　雍　王宇波　王　媛　王志臣　王泽强　王晓琴
魏川俊　卫启星　魏　巍　危志勇　伍　俊　吴鑫森
肖春红　向　敏　谢明泉　邢　彤　闫风毅　杨华金
杨　琼　杨顺群　叶　青　苑铖龙　徐　慧　张　正
张宝龙　张朝兴　张　弘　张敬玮　张可嘉　张　磊
张　梅　张永锋　张治国　赵立民　赵小茹　赵　欣
赵雪锋　郑海波　钟星立　周　健　周玉洁　周哲敏
朱　明　祖　建　赵士国

主　　审：刘　睿　陈玉霞　张中华　齐运全　孙　洋

《BIM 应用案例分析》编写人员名单

主　　编：陆泽荣　　北京绿色建筑产业联盟执行主席
　　　　　严　巍　　北京城建集团有限责任公司
副 主 编：屈福平　　四川达西数字科技有限公司
　　　　　张可嘉　　北京城建集团有限责任公司
编写人员：（排名不分先后）

北京城建集团有限责任公司	严　巍	张可嘉	祖　建	何　颜
北京鸿业同行科技有限公司	杨永生	孔　凯		
北京比目鱼工程咨询有限公司	赵雪锋	张敬玮		
北京麦格天宝科技股份有限公司	关书安	王　媛		
北京工业大学	刘占省			
北京凯顺腾工程咨询有限公司	郭伟峰			
北京天盛环球工程咨询有限公司	李天阳			
伟景行汇联（北京）科技有限公司	杜秀峰			
广联达科技股份有限公司	王　雍	李步康	张　弘	王安保
天津市建筑设计院	向　敏			
云南工程勘察设计院有限公司	杨华金			
上海全新信息技术有限公司	丁永发	王利强	王春洋	
四川建科旗云科技有限公司	马　彦	苏国栋	王　戎	李　享
四川达西数字科技有限公司	屈福平	伍　俊	何春华	魏　巍
四川剑宏绿色建筑评估咨询有限公司	田东红	周　健		
四川省交通运输厅交通勘察设计研究院	朱　明	肖春红	周玉洁	
四川省建筑科学研究院	杨　琼	魏川俊	刘　佳	
黄河勘测规划设计有限公司	杨顺群	郭莉莉		
中国建筑西南设计研究院有限公司	靳　鸣	方长建	徐　慧	李锦磊
中冶赛迪工程技术股份有限公司	刘　镇	钟星立	焦震宇	

丛 书 总 序

中共中央办公厅、国务院办公厅印发《关于促进建筑业持续健康发展的意见》(国发办〔2017〕19号)、住建部印发《2016—2020年建筑业信息化发展纲要》(建质函〔2016〕183号)、《关于推进建筑信息模型应用的指导意见》(建质函〔2015〕159号),国务院印发《国家中长期人才发展规划纲要(2010—2020年)》《国家中长期教育改革和发展规划纲要(2010—2020年)》,教育部等六部委联合印发的《关于进一步加强职业教育工作的若干意见》等文件,以及全国各地方政府相继出台多项政策措施,为我国建筑信息化BIM技术广泛应用和人才培养创造了良好的发展环境。

当前,我国的建筑业面临着转型升级,BIM技术将会在这场变革中起到关键作用;也必定成为建筑领域实现技术创新、转型升级的突破口。围绕住房和城乡建设部印发的《推进建筑信息模型应用指导意见》,在建设工程项目规划设计、施工项目管理、绿色建筑等方面,更是把推动建筑信息化建设作为行业发展总目标之一。国内各省市行业行政主管部门已相继出台关于推进BIM技术推广应用的指导意见,标志着我国工程项目建设、绿色节能环保、装配式建筑、3D打印、建筑工业化生产等要全面进入信息化时代。

如何高效利用网络化、信息化为建筑业服务,是我们面临的重要问题;尽管BIM技术进入我国已经有很长时间,所创造的经济效益和社会效益只是星星之火。不少具有前瞻性与战略眼光的企业领导者,开始思考如何应用BIM技术来提升项目管理水平与企业核心竞争力,却面临诸如专业技术人才、数据共享、协同管理、战略分析决策等难以解决的问题。

在"政府有要求,市场有需求"的背景下,如何顺应BIM技术在我国运用的发展趋势,是建筑人应该积极参与和认真思考的问题。推进建筑信息模型(BIM)等信息技术在工程设计、施工和运行维护全过程的应用,提高综合效益,是当前建筑人的首要工作任务之一,也是促进绿色建筑发展、提高建筑产业信息化水平、推进智慧城市建设和实现建筑业转型升级的基础性技术。普及和掌握BIM技术(建筑信息化技术)在建筑工程技术领域应用的专业技术与技能,实现建筑技术利用信息技术转型升级,同样是现代建筑人职业生涯可持续发展的重要节点。

为此,北京绿色建筑产业联盟应工业和信息化部教育与考试中心(电子通信行业职业技能鉴定指导中心)的要求,特邀请国际国内BIM技术研究、教学、开发、应用等方面的专家,组成BIM技术应用型人才培养丛书编写委员会;针对BIM技术应用领域,组织编写了这套BIM工程师专业技能培训与考试指导用书,为我国建筑业培养和输送优秀的建筑信息化BIM技术实用性人才,为各高等院校、企事业单位、职业教育、行业从业人员等机构和个人,提供BIM专业技能培训与考试的技术支持。这套丛书阐述了BIM技术在建筑全生命周期中相关工作的操作标准、流程、技巧、方法;介绍了相关BIM建模软件工具的使用功能和工程项目各阶段、各环节、各系统建模的关键技术。说明了BIM技术在项目管理各阶段协同应用关键要素、数据分析、战略决策依据和解决方案。提出了推动 BIM 在设计、施工等阶段应用的关键技术的发展和整体应用策略。

我们将努力使本套丛书成为现代建筑人在日常工作中较为系统、深入、贴近实践的工具型丛书，促进建筑业的施工技术和管理人员、BIM 技术中心的实操建模人员，战略规划和项目管理人员，以及参加 BIM 工程师专业技能考评认证的备考人员等理论知识升级和专业技能提升。本丛书还可以作为高等院校的建筑工程、土木工程、工程管理、建筑信息化等专业教学课程用书。

本套丛书包括四本基础分册，分别为《BIM 技术概论》、《BIM 应用与项目管理》、《BIM 建模应用技术》、《BIM 应用案例分析》，为学员培训和考试指导用书。另外，应广大设计院、施工企业的要求，我们还出版了《BIM 设计施工综合技能与实务》、《BIM 快速标准化建模》等应用型图书，并且方便学员掌握知识点的《BIM 技术知识点练习题及详解（基础知识篇）》《BIM 技术知识点练习题及详解（操作实务篇）》。2018 年我们还将陆续推出面向 BIM 造价工程师、BIM 装饰工程师、BIM 电力工程师、BIM 机电工程师、BIM 路桥工程师、BIM 成本管控、装配式 BIM 技术人员等专业方向的培训与考试指导用书，覆盖专业基础和操作实务全知识领域，进一步完善 BIM 专业类岗位能力培训与考试指导用书体系。

为了适应 BIM 技术应用新知识快速更新迭代的要求，充分发挥建筑业新技术的经济价值和社会价值，本套丛书原则上每两年修订一次；根据《教学大纲》和《考评体系》的知识结构，在丛书各章节中的关键知识点、难点、考点后面植入了讲解视频和实例视频等增值服务内容，让读者更加直观易懂，以扫二维码的方式进入观看，从而满足广大读者的学习需求。

感谢本丛书参加编写的各位编委们在极其繁忙的日常工作中抽出时间撰写书稿。感谢清华大学、北京建筑大学、北京工业大学、华北电力大学、云南农业大学、四川建筑职业技术学院、黄河科技学院、中国建筑科学研究院、中国建筑设计研究院、中国智慧科学技术研究院、中国铁建电气化局集团、中国建筑西北设计研究院、北京城建集团、北京建工集团、上海建工集团、北京百高教育集团、北京中智时代信息技术公司、天津市建筑设计院、上海 BIM 工程中心、鸿业科技公司、广联达软件、橄榄山软件、麦格天宝集团、海航地产集团有限公司、T-Solutions、上海开艺设计集团、江苏国泰新点软件、文凯职业教育学校等单位，对本套丛书编写的大力支持和帮助，感谢中国建筑工业出版社为这套丛书的出版所做出的大量的工作。

北京绿色建筑产业联盟执行主席　陆泽荣

2018 年 4 月

前　言

《BIM 应用案例分析》一书是"BIM 技术系列岗位人才培养项目辅导教材"的基础分册之一，是依据《全国 BIM 专业技能测评考试大纲》的要求编写完成的，主要作为 BIM 技术应用教学、培训与考试的指导用书。

本书于 2016 年 1 月发行第一版，在此后近两年的时间里，受到了广大 BIM 专业技术人员、各大专院校以及培训机构的广泛关注和好评，并对本书的内容提出了很多宝贵的建议和意见。鉴于以上原因，结合近年来 BIM 技术在建筑领域得到的更为广泛和深入的应用，形成了数量众多的典型案例，编写组决定将本书进行一次修编，以保证其内容更加符合当前 BIM 技术应用的实际，并代表 BIM 技术未来的发展方向。

此次修编对原版书目结构进行了调整，将原"第三章 施工单位及运维单位 BIM 应用案例"分解为"施工单位 BIM 应用案例"和"运维单位 BIM 应用案例"两章。取消了原"BIM 项目建模案例"和"国外 BIM 项目案例"两章，将原"全流程 BIM 应用综合案例"改为"建筑全生命周期 BIM 应用案例"。此外，此次修编增加了各章开篇对本章内容作一简单概述，以方便读者快速了解各章节的主要内容，增强阅读的针对性。

近年来，BIM 技术在国内建筑领域的应用展现出井喷式的发展趋势，BIM 应用案例的数量也成几何倍数的增长，此次修编工作得到了广大参编单位的大力支持，提供了大量优秀的应用案例，其内容覆盖了 BIM 应用的各个方面，使得编写组的选择更加丰富，案例的代表性更加突出。当然，在对众多案例进行选取、甄别的过程中，编写组人员也付出了辛勤的工作，在此也对参与本书编写的所有参编单位及编写人员表示由衷的感谢和深切的敬意。

由于此次修编时间安排和编写组能力所限，本书内容中不免存在疏漏或错误之处，欢迎读者朋友们批评指正，沟通交流。

严巍
2018 年 3 月

目　　录

第一章 建设单位 BIM 应用案例

本章导读

  在建设、勘察、设计、施工和监理单位这些常见的五方责任主体中，建设单位是项目建设的第一责任主体，建设单位在项目立项甚至更早阶段即参与项目建设的策划和组织，同时负责选择其他四方责任主体作为项目建设的合作伙伴，并组织项目验收移交。在自用项目上，还将直接承担项目建设的优劣后果。建设单位是项目建设过程中不可或缺的重要组织者，建设单位的关注点和重视程度将直接影响项目建设的总体方向。

  BIM 技术的特点是基于模型的信息共享，作为一项共享、分享的信息技术，BIM 技术成果的价值大小与参与单位、参与人员的多少直接成正比。BIM 作为一项尚未在工程建设项目中普及应用的信息模型技术，建设单位的关注度、重视度就显得尤为重要。在 BIM 技术应用推广过程中，有很多建设单位能高度重视BIM 技术应用，并积极推动 BIM 在项目建设过程中的普及推广，形成了很多较好的项目案例。

  本章以两个自用型项目为例，介绍了建设单位的 BIM 技术应用成果。在阅读中，建议重点比较建设单位与其他单位 BIM 应用案例的不同，重点分析建设单位 BIM 应用的要点，可以多从组织、管理和评价控制的角度思考。

本章二维码

1.1　某科研综合　　1.2　A 国某 AEC
　　楼新建项目　　　　总部大楼建设
　　BIM 应用　　　　　项目 BIM 及
　　　　　　　　　　　IPD 综合应用

1.1 某科研综合楼新建项目 BIM 应用

某科研综合楼新建项目,是由某甲级建筑设计院自主设计、自主施工,并自主运营的建筑总承包项目。该项目建设目标是建造成为一个舒适、低碳的示范性绿色建筑,同时在项目建设过程中摸索技术与管理模式的深度融合。该项目在建设过程中,创造性地将 BIM 技术与绿色建筑理念集合到设计之中,通过场地风环境模拟、日照分析、建筑能耗分析等辅助设计,精细化、数字化、科学化地进行了方案设计与优化,同时结合 BIM 技术实现多专业协同,优化施工方案,精细化施工策划、组织及过程管理,最终形成了智能化运维管理。该项目目前已投入使用,效果良好,各项指标均符合设计要求,运维效果正在长期运行和数据积累中。

1.1.1 项目背景

1. 项目简介

此综合楼集办公、研发、接待、会议和设备用房一体,由两幢建筑组成,科研楼呈"L"形,位于场地南侧;停车楼于 B 座办公楼拆除后兴建,位于场地北侧。科研楼主体地上十层,地下一层,主体建筑高 45m,为框架剪力墙结构体系,包括研发部、设计部、接待室、会议室、办公用房等。停车楼地上四层,地下一层,建筑高度 13m,为钢结构体系,主要功能为地上机动车、非机动车停车,地下平时作为机动车存放,战时五级人防工程。

项目以建成高标准的绿色建筑为目标:国家三星绿色建筑、USA LEED 金奖认证、新加坡 GREEN MARK 白金奖认证。建筑造型要求应能良好地适应周围环境,设计追求简约、朴素、大方的现代建筑风格,秉承可持续发展观与环境和谐共生的理念,将绿色建筑和节能环保的理念结合到设计中,实现建筑功能需求与美感的和谐统一。此外,建设项目还具有总成本要求精细化控制,建筑设计要求精细,工期紧张等特点。

鉴于项目建设的高要求,该项目采用 BIM 技术,应用到建筑的规划、设计、施工阶段乃至全生命周期,以期达到优化设计质量、节约成本、提高施工效率、缩短施工时间等效果,同时考虑运营维护阶段的 BIM 应用,预留数据接口以便传递可用的信息。

2. BIM 应用内容

本项目 BIM 技术应用时间历时 5 年,从 2012 年开始设计到 2015 年竣工交付并投入运行维护,以及运行后的评价,包含了设计、施工全过程,包含了 BIM 成果文件与自主开发的运维平台结合应用研究。本项目 BIM 技术应用过程中,采用了 BIM 技术人员参与并指导,专业设计人员、工程技术人员直接应用 BIM 技术进行专业化技术工作的模式,进行了 BIM 技术应用与实践。

3. BIM 应用介绍

(1) BIM 组织与策划

为了全方位、全专业地推动 BIM 技术在该项目上的应用,由该院主管副院长牵头,在项目建设伊始进行了总体的组织与策划,包括建设目标、建造标准的策划,新技术新模式的策划,BIM 技术应用于建筑项目全过程应用点、交付成果、组织形式等具体工作的策划。

在 BIM 技术应用方面，汇集工程设计专家团队、工程施工专家团队、工程运维专家团队和 BIM 技术应用专家团队进行了反复的沟通与讨论，在方案设计阶段形成了完整的应用体系，如图 1.1-1 所示。

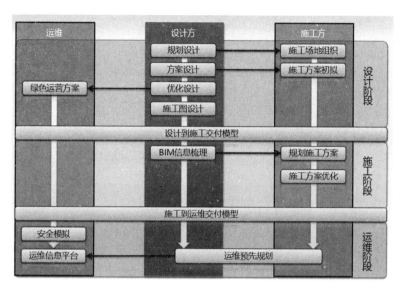

图 1.1-1 BIM 技术应用体系

（2）概念设计阶段 BIM 应用

在项目的前期规划阶段，利用 BIM 数据模型进行光热分析等，为建筑位置和形体的确定提供可靠的支持。

① 场地风环境模拟。利用场地环境数据模型，导入 CFD 软件进行风环境分析。通过计算分析得出，场地风环境满足绿色建筑（Green Building）要求，但场地风速过低，不利于春秋两季的自然通风（图 1.1-2）。

图 1.1-2 结合 BIM 技术的场地风环境模拟

② 场地日照分析。利用场地环境地数据模型，通过分析得出，太阳辐射量呈南北梯度分布，冬季最为显著，场地受周围建筑遮挡严重（图 1.1-3）。

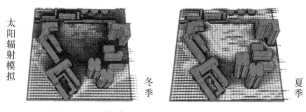

图 1.1-3 结合 BIM 技术的场地日照分析

③ 局部日照分析。重点分析了北侧居住建筑的日照遮挡情况，为建筑物的规划布局提供建议（图 1.1-4）。

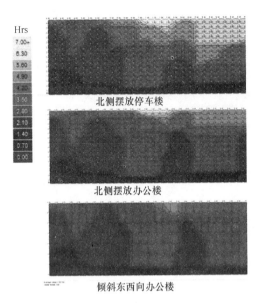

图 1.1-4　结合 BIM 技术的北侧建筑日照分析

④ 凭借与 BIM 技术结合的光热分析结果，设计师方便地总结了场地环境的优势与劣势，并综合规划部门要求、分期建设等多方面因素，确定了概念设计阶段较为合理的建筑形体（图 1.1-5）。

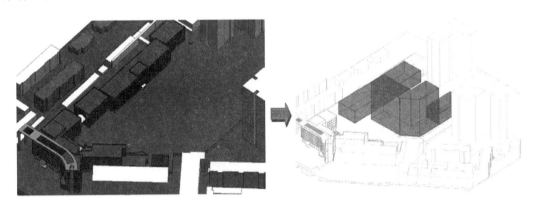

图 1.1-5　综合考虑确定建筑形体

（3）方案设计阶段 BIM 应用

项目方案设计阶段，结合 BIM 技术完成了组织空间、优化建筑造型等设计工作。

① 分配平面空间：建筑空间分配需要适用于设计院部门的构成，以体现其实用性。在方案设计阶段，为了提高设计工作效率和设计质量，设计团队结合 BIM 模型对体块推敲，并在很短的时间内得出平面空间分配数据，通过 BIM 技术实现了数据与模型的实时交互（图 1.1-6）。

② 能耗分析：为满足高标准的绿色建筑要求，在设计工作进一步开展前，直接将

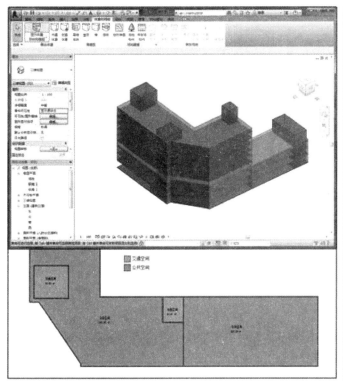

图 1.1-6 结合 BIM 技术获取空间分配数据

BIM 数据导入 Autodesk Ecotect 或 IES 等环境分析软件，对初步确定的方案进行能耗分析，并对重点区域深化分析，获得方案的优缺点，结合可持续发展要求提出设计指导意见，让设计师能在设计过程中更有针对性地确定方案。例如，为得到各立面的窗墙比建议值，对体块模型各个立面进行日照分析（图 1.1-7），进一步模拟地块内风环境，分析不

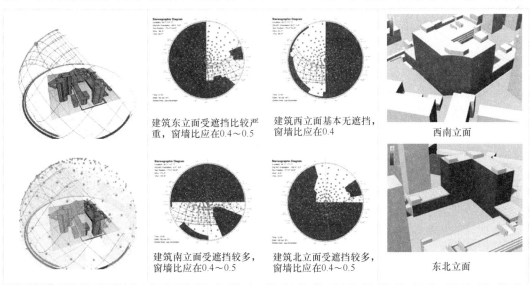

图 1.1-7 利用采光分析数据指导立面窗墙

同高度、风速、风压下的情况，以指导方案设计（图 1.1-8）。

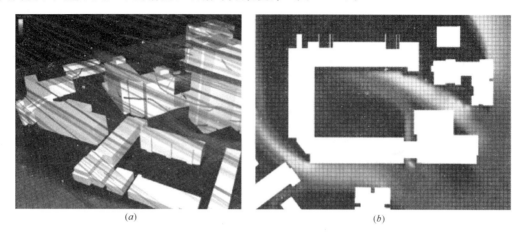

(a)　　　　　　　　　　　　　　　　(b)

图 1.1-8　通过地块内风环境分析指导设计

在方案设计初期，通过光热分析，确保方案可以满足绿色建筑要求，可以避免后期方案设计的重大变更。

③ 方案比选：BIM 用于方案比选，结合 BIM 技术的绿能分析，为方案比选提供了便利，设计师可以很轻易地选择出最佳方案，并在可视化的备选方案中，寻找亮点，加入方案设计中，以达到优化的目的（图 1.1-9）。

图 1.1-9　针对不同方案的绿色建筑措施分析

（4）初步设计阶段 BIM 应用

在项目的初步设计阶段，利用 BIM 技术三维可视化的优势进行方案设计，在工作流程和数据流转等方面作出调整，以期设计效率和设计成果质量的显著提升。

① 精细化设计：为了提高设计质量，利用 BIM 技术三维设计的优势，对二维设计中难以表现的部位精细化设计，达到充分利用空间的目的。例如，楼梯间下部空间容易被忽视，在传统二维设计时很难明确空间尺度，结合 BIM 可视化特点，对这类空间进行了精

细化设计，有效的提高了空间利用率（图 1.1-10）。

② 多专业协同：三维环境使多专业的协同过程得到优化，将施工图设计的部分工作前移至设计初期，如走廊等管线密集部位的管线综合，计算及分配吊顶空间。采用 BIM 技术的三维设计方式，将管线综合工作前移，改变了传统设计流程，有效地实现多专业协同设计，比传统单专业单独会审发现碰撞点节省了大量时间，达到设计阶段就能及时发现碰撞问题的目的，使后期工作量明显减少（图 1.1-11）。

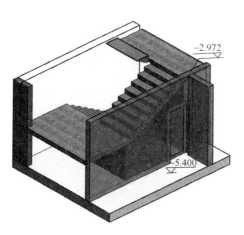

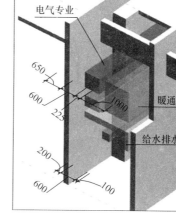

图 1.1-10　三维设计对于空间充分利用　　　图 1.1-11　优化各专业的协同工作

③ 建筑深化设计：结合 BIM 技术进行建筑方案的深化设计分析，提出可再生能源利用策略方法和确定绿色建筑节能措施等。

其中包括：气流组织分析，整体分析此阶段的 BIM 模型，得到地块自然通风数据，再分析建筑内部气流组织，为设计优化提供指导。根据分析结果增加墙通风口，使东、西朝向的房间满足自然通风要求，实现了不同朝向房间的通透（图 1.1-12）。

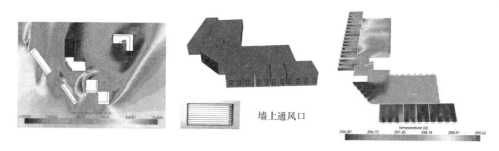

图 1.1-12　气流组织分析

利用环境分析软件结合 BIM 数据计算得出屋顶太阳能辐射量，用来辅助决策，确定采用太阳能集热器方案（图 1.1-13）。在 BIM 模型中建立太阳能集热器族，利用参数化设计，规划平面排布位置，再返回环境分析软件，进行整体太阳能平衡计算（图 1.1-14）。

（5）施工图设计 BIM 应用

项目施工图设计阶段，使用 Autodesk Revit 系列软件，结合国标规范设定了标高样式、文字样式、尺寸标注样式、线型、线宽、线样式等，制定了建筑设计院适合自身的

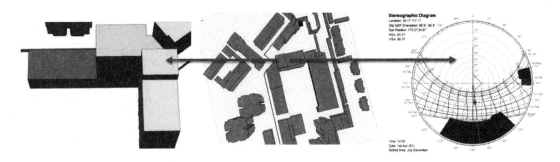

图 1.1-13 通过分析软件对建筑物屋顶太阳辐射量计算

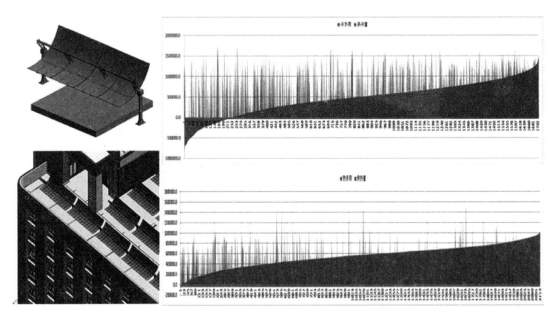

图 1.1-14 利用模型进行太阳能平衡计算

BIM 企业标准。此项目结合 BIM 技术取得了以下几点突破：

① 使用 BIM 软件出图。项目做到了建筑专业的 100% 出图，实现了三维至二维图纸的信息传递，而且其他专业亦能达到部分出图要求，圆满完成了设计任务（图 1.1-15）。由于项目结合了 BIM 技术进行三维设计，对复杂的空间关系可以清晰地展现。总之，BIM 技术突破了传统二维绘图模式的局限，使复杂节点的说明更加清晰生动（图 1.1-16）。

② 优化施工方案。利用 BIM 模型在施工图设计时预先规划施工阶段，实现了施工方案预排布。利用设计阶段的 BIM 数据，按照施工需求去整理、深化、拆分模型，结合施工，形成施工所需的模型资源。结合实际施工工法，预留管线安装空间，进一步优化管线复杂部位，直至细部施工方案模拟，显著提高了项目的可实施性（图 1.1-17）。

③ 建模标准。构建规范的设计阶段 BIM 模型标准，以确保建筑全生命周期数据的有效传输。基于设计阶段 BIM 模型，补充附属构件以满足施工需求，并设置设计模型的编码体系，进一步细分模型，达到算量、排期的需求（图 1.1-18）。

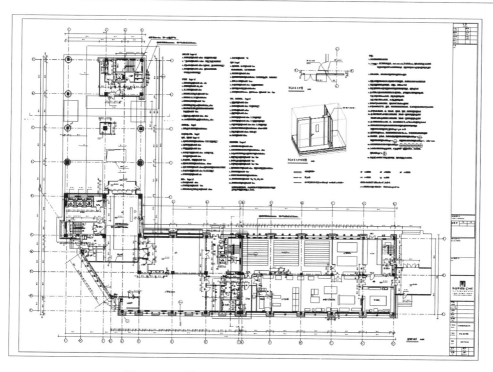

图 1.1-15　利用 BIM 模型直接生成的二维图纸

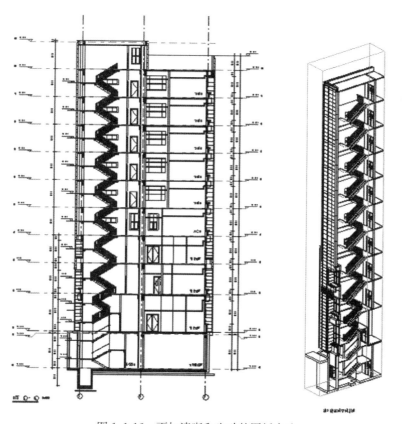

图 1.1-16　更加清晰和生动的图纸表达

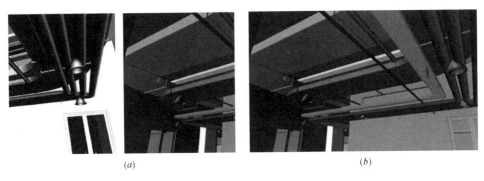

(a) (b)

图 1.1-17　结合施工工法进行管线排布优化

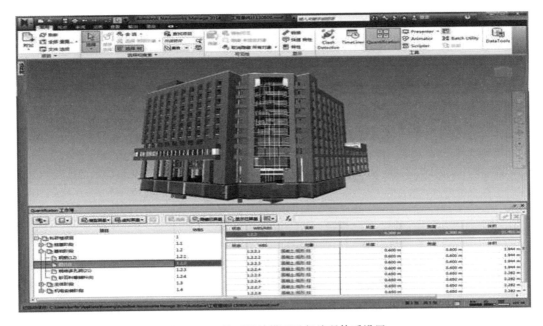

图 1.1-18　针对设计模型进行编码体系设置

④ 运营维护需求。规范的设计阶段 BIM 模型标准，是运营维护阶段对 BIM 数据有效利用的前提。例如，机电专业在设计阶段模型搭建过程中，在构建设备族库的时候，需要充分考虑后期运营维护中可能用到的参数，为运维信息更新录入提供接口（图 1.1-19）。建立多个工作集分配不同的设备系统，为后期运维的不同需求提供方便（图 1.1-20）。

（6）施工管理 BIM 应用

项目施工管理阶段，细化了施工管理具体要求和技术特点，编制了施工管理 BIM 技术应用方案和实施细则（图 1.1-21）。

根据施工建设需要，补充搭建了施工建设所需的附属构件，如临边护栏、塔吊、人货电梯、施工作业平台等（图 1.1-22）。

根据施工要求对模型进行整理、拆分、深化并补充编码，同时结合工期计划、物资采购计划，搭建施工建设管理综合数据平台和过程模拟预演（图 1.1-23）。

（7）运营维护 BIM 应用

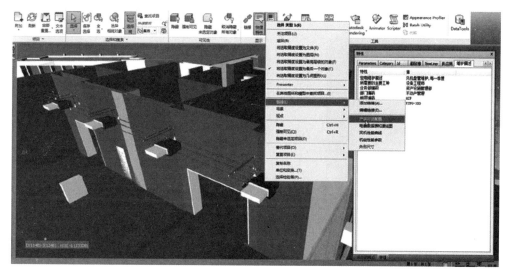

图 1.1-19 对于设备族进行信息调取和更新

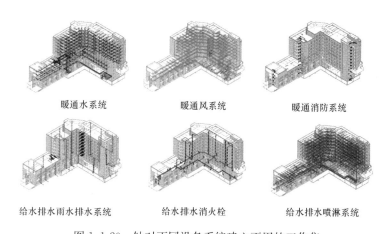

暖通水系统　　　　　　　　暖通风系统　　　　　　　暖通消防系统

给水排水雨水排水系统　　　给水排水消火栓　　　　　给水排水喷淋系统

图 1.1-20 针对不同设备系统建立不用的工作集

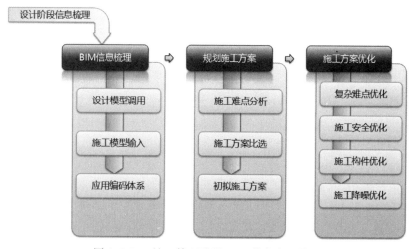

图 1.1-21 施工管理阶段 BIM 技术应用分析

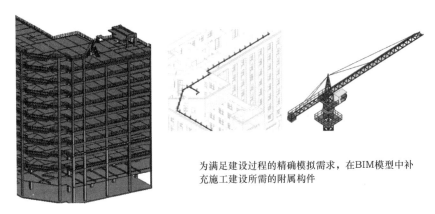

为满足建设过程的精确模拟需求，在BIM模型中补充施工建设所需的附属构件

图 1.1-22 补充搭建施工建设所需的附属构件模型

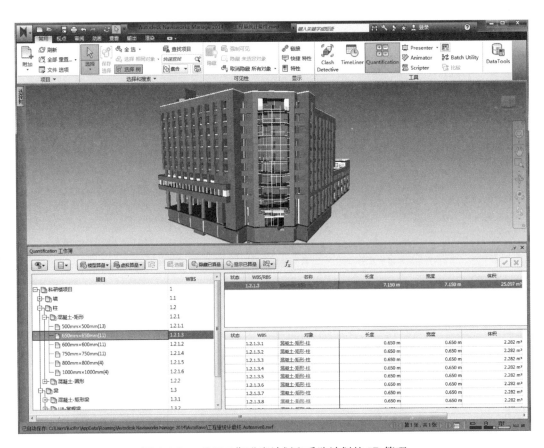

图 1.1-23 基于工期进度计划和采购计划的 5D 管理

本项目由于采用运维管理自主运营、自主设计、自主平台开发的模式，使得需求方、设计方、平台供应方在项目初期即可深入地探讨和紧密结合，积累了大量的经验（图 1.1-24）。

通过前期设计、施工阶段的持续应用，本项目积累了完整的运维模型和大量信息数

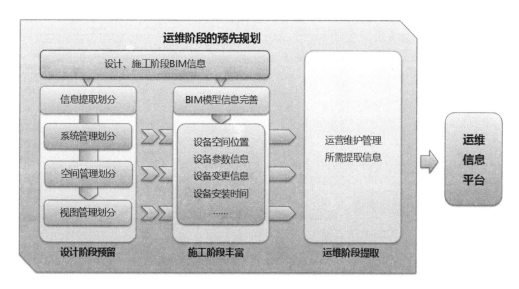

图 1.1-24　基于 BIM 技术的运维规划

据。通过数据库技术，将前期形成的模型和数据文件导入自主开发的运维平台中，有效地提升了数据的使用效率，减少了运维平台的重复工作，实现了 BIM 技术延伸到运维阶段的初步目标（图 1.1-25）。

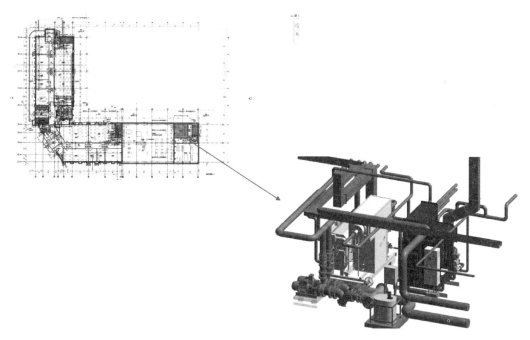

图 1.1-25　BIM 竣工运维模型

目前，本项目自主开发的运维平台已投入运行，运行效果良好，运行数据正在大量积累过程中，通过数据分析，不断优化运行策略，提高使用效率（图 1.1-26）。

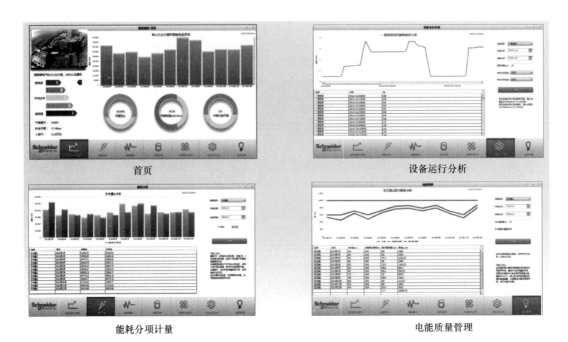

图 1.1-26 运维管理平台

1.1.2 问题

（1）建设方在 BIM 技术应用工作中的作用有哪些？

（2）为满足绿色建筑标准，如何结合 BIM 技术对建筑进行分析？

（3）机电专业应当怎样为运营维护阶段做好准备？

1.1.3 要点分析及答案

第 1.1.2 条中三个问题要点分析及答案如下：

（1）组织、策划及部署，以及过程中的跟踪评价。（列举出要点即可）

（2）利用场地环境数据模型，导入 CFD 软件进行风环境分析；利用场地气候数据模型，进行场地、局部日照分析；凭借与 BIM 技术结合的光热分析结果，并综合规划部门要求、分期建设等多方面因素，确定建筑形体。（答出大意即可）

（3）规范的设计阶段 BIM 模型标准；在构建设备族库的时候，需要充分考虑后期运营维护中可能用到的参数，为运维信息更新录入提供接口；建立多个工作集分配不同的设备系统，为后期运维的不同需求提供方便。（列举出要点即可）

（案例提供：向敏）

1.2　A 国某 AEC 总部大楼建设项目 BIM 及 IPD 综合应用

某公司 AEC 总部大楼，采用先进的 IPD 项目管理模式，使用 BIM 工具开展各项工作，取得了良好成果。借助 BIM 技术可视化优势，协同多专业分包团队，组建了具有良好沟通氛围的组织结构，最终使优质工程建设成为可能。

1.2.1　项目背景

1. 项目简介

某 AEC 总部大楼项目由某公司自建，采用 IPD 项目管理模式，以 LEED 白金认证为设计目标。在公司领导的带领下，设计和施工团队创造了一个热情认真的工作氛围，并使用先进的建筑信息模型（BIM）工具开展各项工作。项目的目标是获得 A 国能源与环境设计先锋奖（LEED）白金认证。为达到绿色环保的要求，项目团队制定了如下任务目标：水和能源的有效使用，生活用水用电量减小 30%，回收无毒的建筑材料，施工废料的循环使用，工作区域全景 100% 自然采光。

建筑设计方案要能体现公司的使命感，并展示建筑系统：三层空间给游客提供了房屋绿色能源与空间动态展示，开放的工作空间、玻璃会议室提供了视觉化的联系并鼓励协作，开放的顶棚展露了机电系统和结构部件。依据设计初衷，此项目创造性地结合 BIM 技术实现 IPD 项目交付。IPD 是一种先进的协议形式，由业主、设计、建造方共同制定，调动所有人的积极性，以确保项目成果，包括设计质量、施工质量、进度表格、预算在内。IPD 协议使业主、设计师、施工人员的高度协作完成优质工程成为可能。

2. BIM 应用内容

IPD 协议使项目团队认识到 BIM 工具的巨大潜力，在 IPD 协议框架下，协作团队能克服传统工作流程中所遇到的困境，使用最有效的工具并且能从项目整体考虑问题（图 1.2-1）。

建筑信息模型　　　　虚拟设计施工　　　　综合项目交付

图 1.2-1　协作团队

（1）建筑信息模型可视化优势

传统的设计表现手法包括平面图、剖面图、立面图（图 1.2-2），结合 BIM 技术以后，包括三维视图和实时漫游等，设计团队能够传递复杂的想法，并更好地把这些想法交给业主察看，获得决策许可后让建造者实施（图 1.2-3）。

三维可视化视角能体现室内装修细节，在项目还没开始的时候，就能让业主理解这种独特设计的意图，以及结合业主的建议来优化设计方案（图 1.2-4）。

直接由 BIM 模型数据生成的实时漫游，能够让业主获得对建筑的视觉化体验，以便让他们觉得此项目值得额外的投资。先前的建筑平面图并不能很直观地传递这种特殊的空间感，虽然设计师向业主解释了所有内容，直到项目团队展示了实时漫游的"飞行"效果

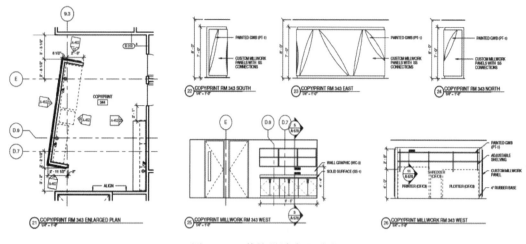

图 1.2-2 传统设计表现手法

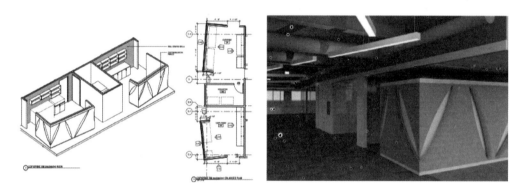

图 1.2-3 三维视图和实时漫游

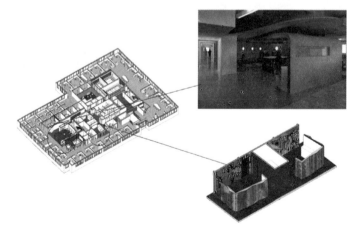

图 1.2-4 三维视图和实时漫游

后，业主才决定对某项设计采取改动的措施（图 1.2-5）。

三维可视化在施工现场的应用，三维视角不仅能用来方案设计和与业主交流，而且也能够用来在施工现场展示，施工人员能够在工程开始的时候就看到要建成的样子，降低了读图难度（图 1.2-6）。

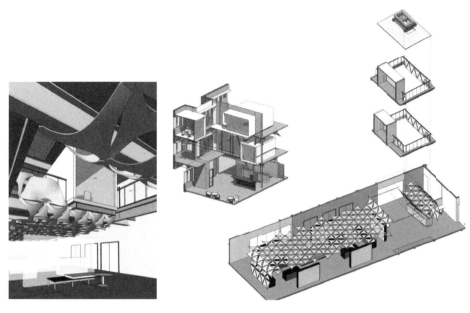

图 1.2-5　三维视图和实时漫游

图 1.2-6　三维视图在施工现场的应用

（2）建筑信息模型之模拟分析

为满足 LEED 白金认证，结合 BIM 工具，从 BIM 模型数据中提取可用信息，导入日照分析和能耗模拟等软件，为设计团队在短时间内交付设计成果提供有力支持。同时，这种图像化的描述也让迭代设计更容易被接受（图 1.2-7～图 1.2-9）。

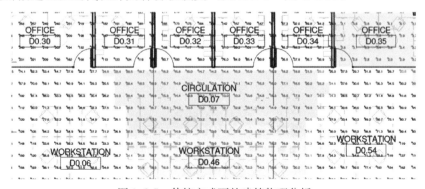

图 1.2-7　传统方式下的建筑物理分析

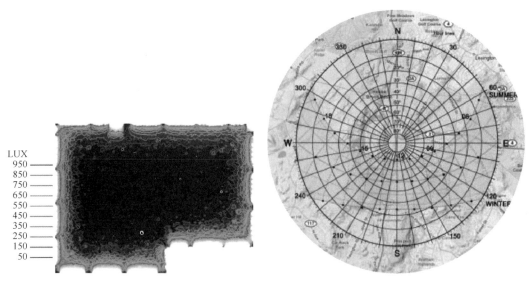

图 1.2-8　结合 BIM 技术的照度模拟　　　　图 1.2-9　结合 BIM 技术的日照分析

　　三维激光扫描，在项目开始的时候，使用三维激光扫描记录场地信息，包括那些不会被传统"记录文件"记下的细节。激光扫描的成果可作为 BIM 场地模型的参照，能事先发现施工隐患，避免之后可能发生的协调问题（图 1.2-10）。

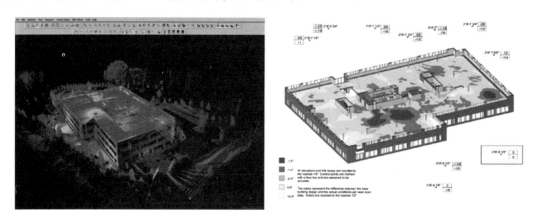

图 1.2-10　三维激光扫描场地

　　机电专业 BIM 应用，机电团队使用 BIM 数据来检核管网尺寸并且与建筑师协调空间问题。例如，如图 1.2-11 所示主管网用红色表示，有最低噪声要求的管网用黄色表示，开放式工作空间的管网用橘色表示，有噪声最高要求的会议空间用紫色表示。

　　施工单位利用 BIM 数据来测试、归档、传递施工进度和序列信息（图 1.2-12）。

　　（3）建筑信息模型与文档管理

　　传统的纸质文档，如设计图纸和规范等（图 1.2-13），被可共享的数据模型所代替。在设计师和施工人员的共同维护下，可共享的数据库记录了项目的信息，包括从项目起始的概念设计到预算、协调、记录疑义、施工设备管理等（图 1.2-14）。

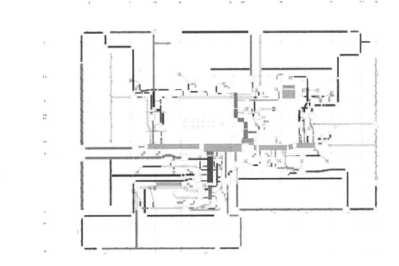

图 1.2-11 机电专业 BIM 应用

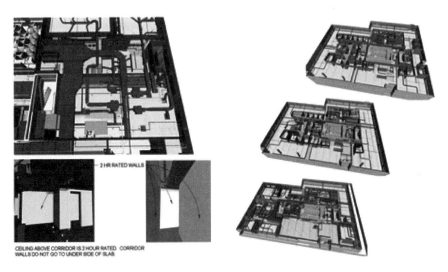

图 1.2-12 结合 BIM 技术的施工模拟

图 1.2-13 传统的纸质文档

制定 BIM 数据组织架构，在项目开始的时候，项目团队协同一起制定了 BIM 实施方案，记录了 BIM 数据的需求，设定 BIM 数据组织规则，确保 BIM 数据能在项目全生命周期持续有用（图 1.2-15）。

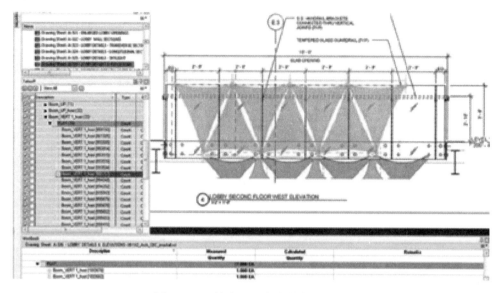

图 1.2-14 结合 BIM 技术储存的文档

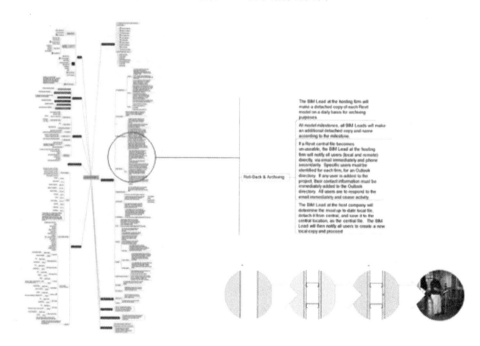

图 1.2-15 项目团队协同制定 BIM 组织架构

处理与分包商的关系，IPD 协议允许项目团队在开始的时候将工程分包给不同专业的分包商，分包商凭借其专业经验为整个项目提供价值。设计师和施工人员在同一个 BIM 模型下协作，协作的方式既可以是现场开会，也可以是基于网络的视频会议（图1.2-16）。

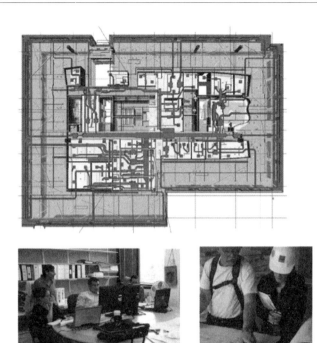

图 1.2-16 结合 BIM 技术与分包商的协作

BIM 数据库提供了可持续的量化成本检查和质量等级确认（图 1.2-17）。经过充分协

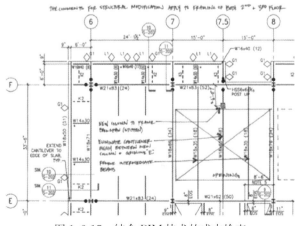

图 1.2-17 结合 BIM 技术的成本检查

同管理下的 BIM 模型，具有可参照的施工精度，如在放置机电设备的时候，可以基于顶棚相对高度放样，而不必拘泥于楼层标高（图 1.2-18）。借助 BIM 模型数据的优势，项目团队优化拼装预制构件的安装过程，如图 1.2-19 所示。

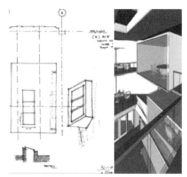

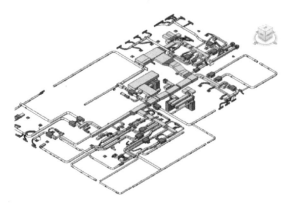

图 1.2-18　结合 BIM 技术的机电设备安装

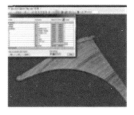

图 1.2-19　结合 BIM 技术的预制件优化

（4）建筑信息模型的实施应用

传统的建造过程把困难都留给施工方，施工单位必须首先弄清图纸，确认无误后才能施工。现在借助预先建立好的BIM模型，实现优化工序，排除图纸错误等，为精细化施工，提升建造品质打下了基础（图1.2-20）。

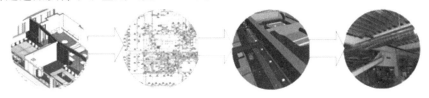

图1.2-20　结合BIM技术的施工优化

结合BIM技术与分包商的关系，项目团队把专业性的复杂任务交给分包商，同专业分包商协同考虑预算、材料供应、施工能力等方面的问题（图1.2-21）。

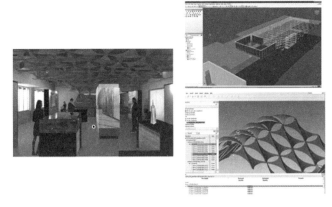

图1.2-21　结合BIM技术的分包协同

BIM数据库应贯穿项目整个生命周期，从设计的初始数据，不同专业持续协同交流，到利用BIM模型数据交付成果，直至运营维护阶段。施工人员基于BIM数据，使用数字全站仪施工放样（图1.2-22）。

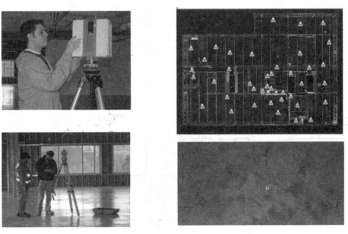

图1.2-22　使用BIM数据现场放样

1.2.2　问题

(1) 现场施工如何结合 BIM 技术进行测量放样？

(2) 如何结合 BIM 技术实现 IPD 项目管理模式？

(3) 机电专业 BIM 应用时，为什么要将管网用不同颜色表示？

1.2.3　要点分析及答案

第 1.2.2 条中的三个问题要点分析及答案如下：

(1) 由测量工程师制定测量方案，将具足够精细度的 BIM 模型数据导入数字全站仪中，结合现场需要进行施工放样。

(2) 结合 BIM 技术实现团队协同；结合 BIM 技术制定组织架构，确定与分包商间的协作模式，借助三维环境和视频会议等实现协同工作；结合 BIM 技术实现数字化的档案管理，包括图纸、规范、合同等；结合 BIM 技术实现数据传递，辅助建筑师、工程师优化设计，辅助现场施工人员优化施工过程。总之，项目团队结合 BIM 技术方便地实现协同工作，从项目整体考虑问题。

(3) 机电专业 BIM 应用，机电团队使用 BIM 数据来检核管网尺寸并且与建筑师协调空间问题。例如，图 1.2-11 中主管网用红色表示，有最低噪声要求的管网用黄色表示，开放式的工作空间的管网用橘色表示，有噪声最高要求的会议空间用紫色表示。因为机电管网相对复杂，根据功能、系统等对管网分类，结合 BIM 工具用颜色加以区分，减小错误产生的概率，最终提升建筑品质。

（案例提供：何颜）

第二章　勘察、设计单位 BIM 应用案例

本章导读

　　本章是 BIM 技术在勘察、设计阶段的应用案例，包括工业厂房、办公建筑、装配式建筑、基础设施以及装饰装修等典型工程。综合阐述了 BIM 技术在不同工程场地分析、建筑性能分析、参数化构建、方案优化、协同设计、深化设计等各方面的应用。

　　其中，以公共建筑为例，主要介绍 BIM 技术在勘察阶段进行场地分析模拟，基于性能化数据分析进行建筑形体方案比选；方案阶段利用 Ecotect、CFD、IES、tarCCM＋、PVsyst 等软件进行风、光、热、能耗分析，以及参数化设计的应用；施工图阶段，基于平台进行全过程 BIM 技术集中协同设计、结构优化、净高分析、钢结构深化、阶段化设计、工程量统计、设计复核、管线深化以及一体化管理平台等应用；水、电专业方面，主要介绍利用 BIM 技术反映各枢纽建筑物相互关系，优化关联部位设计及土方开挖方案；道路桥梁设计方面，主要介绍应用 BIM 系列软件进行基于高精度数字地形模型的设计，以及参数化构建库、协同设计、工程变更管理等；装饰装修方面，主要介绍如何基于 BIM 技术完成室内节能分析、方案可视化展示以及辅助营销；装配式建筑则侧重于工具集二次开发、模型拆分整合方式、预制件深化设计与出图等。

　　勘察、设计阶段是建筑大数据的源头，采用 BIM 技术势在必行。从设计角度实例来分析 BIM 技术对项目带来的根本性提升和改变，有利于向建筑全生命周期管理的应用扩展。

本章二维码

2.1　某海洋博物馆项目 BIM 应用

2.2　某大桥项目 BIM 应用

2.3　某新城建筑工业化项目 BIM 应用

2.4　BIM 技术在精装修深化设计中的应用

2.5　某水电站调蓄水库 BIM 设计应用

2.6　某海外设备维修工厂 BIM 应用

2.7　某西部复杂艰险山区高速公路工程 BIM 应用

2.8　某办公楼改扩建项目 BIM 技术应用

2.1 某海洋博物馆项目 BIM 应用

海洋博物馆项目建筑面积达 8 万 m^2，造型独特、复杂多变，外立面为曲面，内部空间多为异形。由于是场馆类项目，内部空间功能复杂，参建单位较多。BIM 技术为该项目的设计和施工提供了较好的技术支持，设计模型也向施工单位进行了移交。本书主要介绍设计阶段的 BIM 技术应用，该阶段 BIM 技术应用由外方设计师与国内设计团队联合完成，在合作过程中，外方的设计理念、BIM 技术经验和应用习惯，都给了国内团队不一样的参考，收获良多。

2.1.1 项目背景

1. 项目简介

该项目总建筑面积 8 万 m^2，其中陈列展区 39275m^2，公众服务区 11396m^2，教育交流区 5157m^2，业务办公区 3921m^2，文保技术与业务研究区 3586m^2，附属配套区 3466m^2，藏品库房区 13199m^2。同时建造的还包括陆地展场和海上展场，以及海洋文化广场、停车场、道路、园林景观等室外工程。

该项目以展示海洋人文历史和自然历史为主要任务，建成后将成为集展示教育、收藏保护、旅游观光、交流传播等功能于一体的标志性文化设施，海洋科技交流平台和爱国主义教育基地，成为国际一流的文化遗产和海洋自然研究、展示和收藏中心。

2. BIM 应用内容

该项目从方案设计阶段开始即全面采用 BIM 技术，全过程都是以模型作为图纸基础源。应用过程中，BIM 项目团队结合多年 BIM 应用经验，总结出一套 BIM 项目应用体系 l. A. O，即通过收集梳理设计问题和需求信息，分析选择解决问题的方法，根据分析成果指导设计，基于 BIM 技术进行了内外空间设计、绿色建筑分析和推敲，并尝试了 3D 打印。同时，设计模型与幕墙、钢结构深化设计、展陈专项设计等之间进行了积极协同，并传递给了施工总承包单位，设计总承包结合 BIM 技术对全专业全过程进行了参与和把控。

3. BIM 应用介绍

（1）概念设计阶段 BIM 应用

首先从已有地形图获取基础信息，建立三维地形模型，并将规划条件、功能、自然气候信息以及经济技术指标汇总到模型中，以数据信息的方式储存，辅助建筑创意方案设计。以大江中的游船、停泊的船只给人的形体感受，作为建筑体块布置和场地规划的基础概念，以游动的鲤鱼给人的感受作为表皮纹理和建筑形体构成的基础概念。根据项目不同展厅的功能划分要求，提取其中的曲线作为母体，形成某海洋博物馆最初方案的灵感来源。结合 BIM 技术提取相应数据，整合建筑和场地信息，综合设计灵感形成概念方案。这个阶段，成为 Base Data 生长为 Level 1 的阶段（图 2.1-1）。

得益于近年来计算机技术的快速发展，其强大的计算性能被应用于建筑设计领域。建筑设计的"性能"并不是单一的概念——针对设计师感兴趣的某一设计属性，如果计算机可以通过计算向设计师提供可重复的设计结果，并用于设计评价，那么这种属性可被认为是该设计的一种"性能"。它既可以是借助图像或视频表达的视觉性能（如用图像表达的光环境性能），也可以是用数值来表达的物理性能，如结构受力性能。在计算机的辅助下，解放了建筑师的自身脑力限制，使更优秀的设计方案评价成为可能。

通过方案室外的风环境分析及日照分析，室内的功能流线分析，建筑设计师通过动态感受，综合确定方案的合理性，从中发现方案存在的不足（图 2.1-2）。借助 BIM 可视化的优势，业主在此过程中对建筑规模提出了变更要求，然后建筑师综合考虑方案中的不足和业主的要求，对方案进行修改和深化。

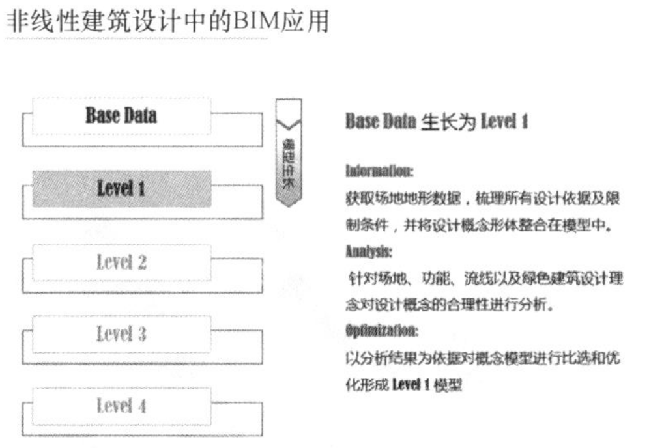

非线性建筑设计中的BIM应用

图 2.1-1　模型生长阶段 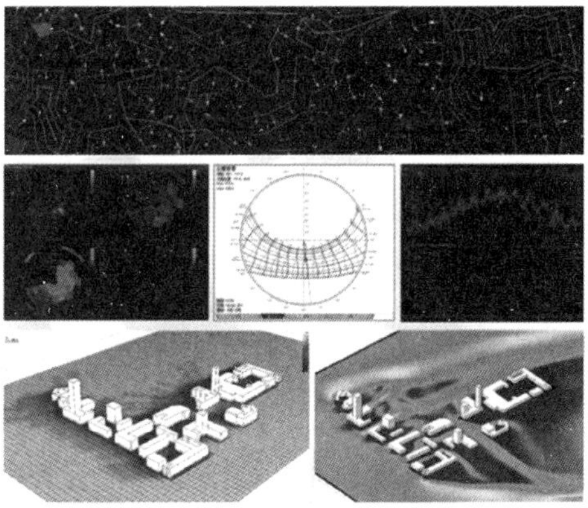　　　　　　　　　图 2.1-2　分析场地环境

依据模拟分析数据针对具体问题优化研究，验证了对原有优点的继承性能，新方案满足各项需求（图 2.1-3）。新一轮的规划布局方案中加入了海星、手掌，与原有的来自"在港口中的船舶"的感受相配合，作为建筑体块布局与场地规划概念，以海葵、鱼类、白色的珊瑚壳表皮肌理和形体元素加入到建筑形体中，使建筑参观入口与景观主轴对应，整合海洋公园游览流线，应用到规划设计布局中（图 2.1-4）。

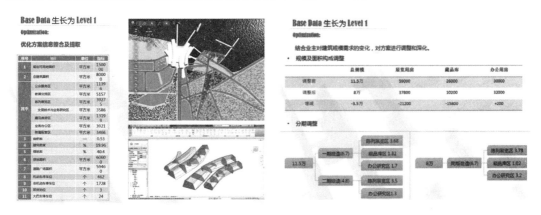

图 2.1-3　提取分析数据

设计者不仅运用计算机的优越计算能力模拟评价了各项设计性能，而且以参数模型为载体，很方便地修改不同参数组合，自动生成大量可备选设计方案，从中发现新的设计可能，这种方法称为"计算机生成方案的设计方法"。该方法可以作为人脑思考的补充，具有一定的创造力，并实际应用到设计循环中。

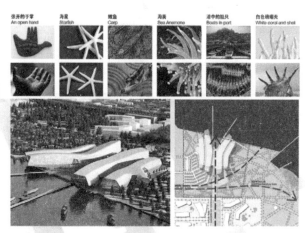

以方案1的概念为基础,结合提出的问题对方案进行优化设计,得出方案2

图 2.1-4 建筑创意

（2）方案设计阶段 BIM 应用

这个阶段主要是形体的推敲和深化,同时要兼顾建设可行性。该阶段我们成为 Level 1 生长为 Level 2 的阶段（图 2.1-5）。

在该阶段,建筑师通过学习了解计算机几何的知识,发现了许多有趣的造型途径,为设计创作提供了帮助。计算几何主要研究几何形体与算法之间的关系,属于计算机科学与数学的交叉领域,而与建筑设计相关的内容可分为两类:几何体静态生成与几何体动态生成。几何体静态生成,通过调节几何形体的参数值,可以生成一系列具有相似特征的几何体。几何体动态生成,控制迭代计算次数的参数,生成不同深度的几何体,生成某种几何体需要遵循一定的数学公式,其生成的过程需要经过多次迭代计算。无论是静态还是动态的方式,设定参数后应能生成确定且唯一的结果。在此阶段,以上一阶段的信息模型为基础,有理化建筑形体（图 2.1-6）。

图 2.1-5 方案设计阶段

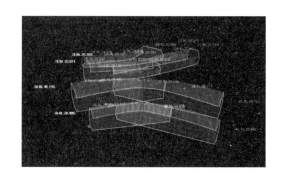

图 2.1-6 自由形体的参数化过程

先分析原有的模型形体，求出放样截面转角处的半径变化，并通过有理化形体截面，统一截面控制线的转角半径。依照优化后的截面控制线，生成新的建筑形体模型，结合初步的结构体系概念，运用参数化手段将形体截面控制线扇形排布，实现非线性元素于形体曲率的联系加强，形成 Level 2 模型（图 2.1-7～图 2.1-9）。

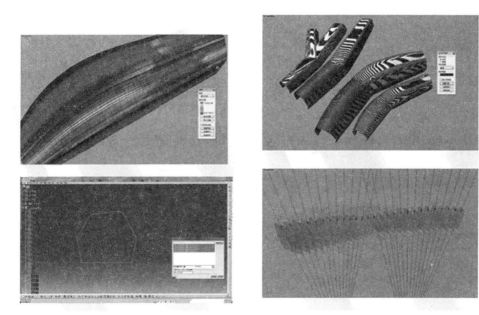

图 2.1-7　表面的有理化　　　　　　　　图 2.1-8　定位控制线的生成

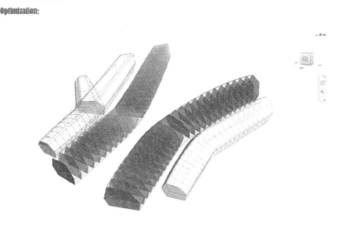

图 2.1-9　定位控制面的形状

Level 2 模型深化，此步骤的主要任务是深化有理化后的形体，进行表皮有理化处理（图 2.1-10）。建筑师借助计算机强大的计算能力，从产品设计领域借鉴参数化建模技术，从性能评价环节切入，逐渐消除与其他专业的知识壁垒，发展自身设计的快速修改与创新生成能力。制定了设计的目标性能后，将设计过程与计算机科学领域的机器智能概念相结合，计算机可以自动开始生成和评价的循环，辅助找出符合目标性能的设计方案（图 2.1-11）。

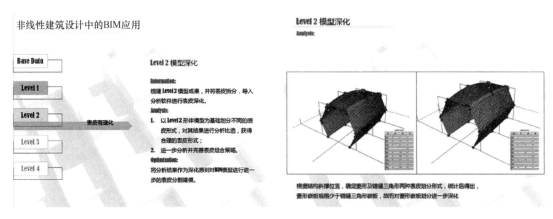

图 2.1-10　模型深化　　　　　　　　　图 2.1-11　表皮肌理比选

提取 Level 2 模型信息，参照初步结构体系概念执行模型分析。参照创意概念几何中鱼鳞纹理结构概念的斜撑走向，形体表皮划分采用铺设了二分之一错缝三角和菱形的形式，从模型数据中快速提取嵌板规格，结合需要来计算内角差并分组。结果显示二分之一错峰三角形远多于菱形嵌板的规格，则需进一步深化菱形嵌板。具体采用参数化手段拆分表皮，将建筑表皮嵌板规格数量控制在合理范围之内（图 2.1-12）。

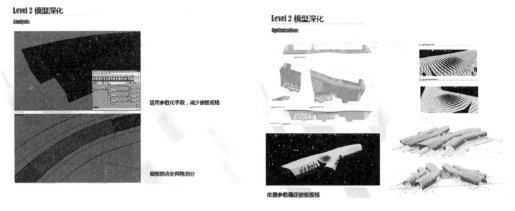

图 2.1-12　模型表皮的有理化

通过若干条舒展的曲线延伸，使用相似的柔和形态截面，得到了建筑最终形态。

Level 2 生长为 Level 3，在项目建筑形体方案确定以后，结构专业开始做精确的结构分析计算，结构深化部分基于上一步的模型成果，进一步优化设计方案（图 2.1-13）。

基于 Level 2 模型数据，提取形体路径、定位、控制线信息，导入结构有限元分析软件中。对导入的路径、定位进行核准，赋予控制线结构构件定义，进行结构受力分析。根据分析结果，优化结构体系，将结果返回导入 BIM 平台软件中，形成 Level 3 模型（图 2.1-14）。

进一步深化 Level 3 模型，考虑建筑的使用空间和复杂形体需求，采用钢、混凝土混合结构形式。搭建结构分析模型时，从 BIM 平台软件提取三维定位线，使用 API 导入结构有限元软件，将构件信息和截面属性与图元准确对应，为精确合理的结构计算分析提供支持。施加荷载并设定相关参数，分析计算得到结果，通过各荷载组合下的位移图、内力图、周期阵型图等，分析判断结构的受力特性，优化支撑体系布置方式。

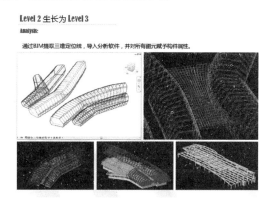

图 2.1-13 模型生长图　　　　　　　图 2.1-14 结构体系的优化

根据此步的设计优化结果，进一步深化 BIM 数据模型，形成 Level 3 模型（图 2.1-15）。

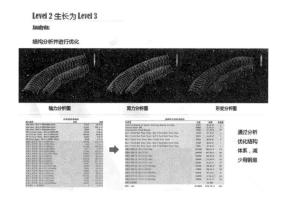

图 2.1-15 进一步模型深化

（3）初步设计阶段 BIM 应用

Level 3 生长为 Level 4，在之前的阶段已确定了项目的建筑形体、功能划分、结构体系（图 2.1-16）。接下来进入机电专业设计过程，机电工程师会根据建筑形体及功能需求进行机电设计。而由上一步确定的 Level 3 模型信息同样可作为此步骤的重要参照，包括室内功能划分、面积统计信息等辅助机电设计决策。

将模型数据导入 Navisworks 中，生成初步碰撞报告，经过归类筛选，最终形成机电综合分析报告，并以此为依据优化建筑内部管线设计（图 2.1-17）。

基于 Level 4 模型数据，深化讨论若干重点问题。首先充分发挥 BIM 平台

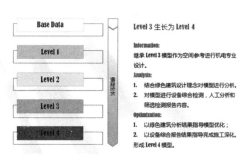

图 2.1-16 初步设计阶段

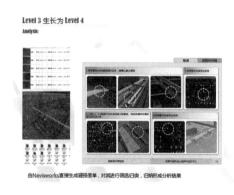

由Navisworks直接生成碰撞报告，对其进行筛选归类，归纳形成分析结果

图 2.1-17 管线优化

环境的三维视觉化优势，在剧场设计中，为确保设计的舒适性和合理性，对每个座位视点分析，根据功能要求优化设计（图 2.1-18）。

结合 BIM 技术模型数据，进行消防专业的疏散模拟，为建筑消防性能分析提供依据（图 2.1-19）。

（4）典型空间 BIM 应用展示

典型空间 BIM 应用综合展示，以海洋博物馆入口大厅为例，介绍典型空间 BIM 技术的应用（图 2.1-20）。展现结合 BIM 的技术应用：满足功能需求的非线性建筑设计，满足室内空间舒适度的可持续设计理念等方面。

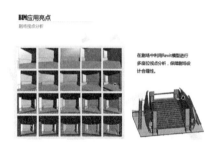

图 2.1-18 功能性空间的可视化分析

图 2.1-19 建筑平面的轴侧表示

节点设计BIM应用方法论

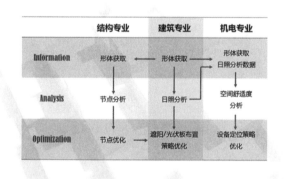

图 2.1-20 关键节点

结合 BIM 技术的应用方法，以建筑专业为主线，从 BIM 平台软件模型数据中提取信息，导入日照分析软件，制定遮阳板和光伏设备排布方案；然后将确定的建筑形体方案数据传递给结构专业，结构设计师对非线性建筑形体进行节点分析，从结构专业角度优化设计方案；机电设计方面，以建筑结构专业提交的空间信息、形体数据、日照分析等为基础，进行室内舒适度分析，辅助机电设计方案决策（图 2.1-21）。

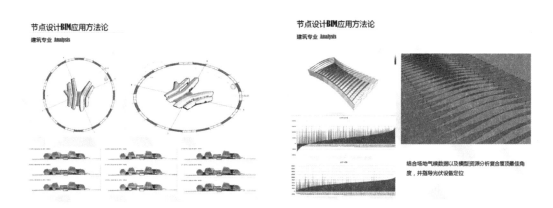

图 2.1-21 日照分析及光伏板排布

建筑专业从 BIM 平台软件模型提取信息作为节点分析依据，设定场地气候数据导入分析软件：分析建筑阴影自遮挡情况，指导建筑遮阳策略；分析复合屋顶最佳角度，指导光伏设备定位。

结构专业把建筑定位线导入有限元分析软件，赋予准确的构件信息和截面属性，设定荷载组合等，经分析得到合理的受力布置结构。深化设计立面大面积幕墙体系的结构形式，结合有限元分析软件分析计算，根据分析结果数据，优化入口大厅处钢结构设计（图2.1-22）。

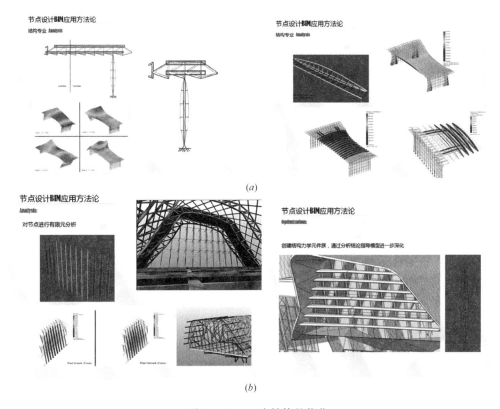

图 2.1-22 二次结构的优化

室内工况分析，机电专业以建筑结构专业提交的空间信息、形体数据、日照分析等作为参考依据，由 Revit 模型数据导出 STL 格式，导入 CFD 软件分析（图 2.1-23）。分析不同的通风模式情况，帮助确定送风策略。经过分析得出：单侧喷口送风可以满足室内舒适度要求，而且有利于节约能源；喷口设置在 5m 高度时能满足室内舒适度要求。然后重点分析 5m 高穿插单侧喷口送风工况，得出该方法满足室内舒适度要求的结论，而且有利于节能减排。最后，根据分析结果指导优化室内设备定位，借助协同平台与装修设计协同考虑，使减少返工和提升建筑品质成为可能。

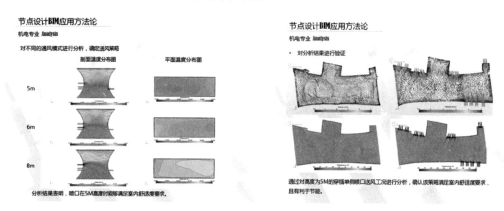

图 2.1-23 室内送风工况分析

该项目创新运用 Level 体系，结合 BIM 技术将各专业整合到一起，从外观设计到结构布置和机电设计，都得到综合考量和系统化处理，光、声、水、电、暖专让等各项设计内容也都实现了合理布置（图 2.1-24）。此项建筑设计在满足人们功能与审美的需求外，将技术创新融入其中，建筑外观做到了与自身功能和周边环境的完美融合，而建筑外层细节设计也成功诠释了此建筑精美而宏大，实现了人与自然的和谐统一。在设计之初就把绿色建筑理念视为重点，从项目外部体量、内部采光、保温等各个方面的设计都考虑节能减排，满足低碳、环保的设计标准，打造出真正的绿色建筑。

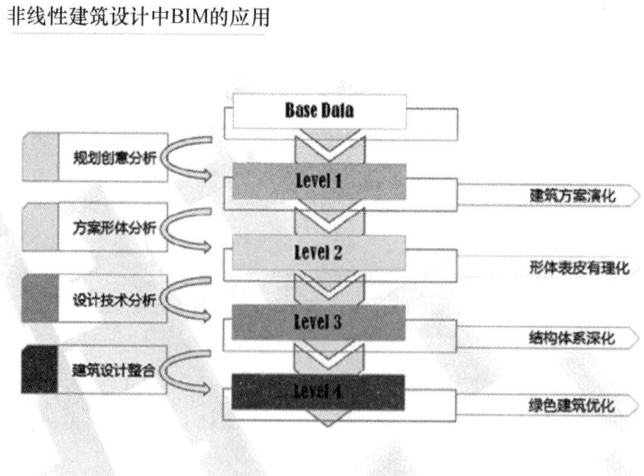

非线性建筑设计中BIM的应用

图 2.1-24 各 Level 的互动关系

2.1.2 问题

(1) 在项目规划设计阶段 BIM 应用，需要哪些专业配合完成？

(2) 专业人员如何结合 BIM 技术完成设计任务？

(3) 结合 BIM 技术，应用建筑参数化设计可以完成哪些任务？

2.1.3 要点分析及参考答案

第 2.1.3 条中三个问题要求分析及参考答案如下：

(1) 建筑专业、结构专业、机电专业等。

(2) 建筑专业从 BIM 平台软件模型提取信息作为节点分析依据，设定场地气候数据导入分析软件：分析建筑阴影自遮挡情况，指导建筑遮阳策略；分析复合屋顶最佳角度，指导光伏设备定位等。结构专业把建筑定位线导入有限元分析软件，赋予准确的构件信息和截面属性，设定荷载组合等，经分析得到合理的受力布置结构。深化设计立面大面积幕墙体系的结构形式，结合有限元分析软件分析计算，根据分析结果数据，优化结构设计。机电专业以建筑结构专业提交的空间信息、形体数据、日照分析等作为参考依据，由 Revit 模型数据导出 STL 格式，导入 CFD 软件分析。根据分析结果，优化机电设计。

(3) （非线性）建筑形体与结构体系的交互设计，（非线性）建筑形体内外空间的结合，（非线性）建筑表皮参数化、模数化，建筑设备管线与内部空间的集成。

（案例提供：向敏、张可嘉）

2.2 某大桥项目 BIM 应用

信息化的手段在桥梁设计施工过程中的仿真技术不断地深入应用，产生了很多传统手段不具备的新的理念，如 3D、4D、5D，还有 BIM 理念和产品全生命周期的理念。如何在设计前期使用三维的手段更好地优化设计和沟通交流，提升设计品质和质量是设计院尤为关注的话题。本案例就某市政设计院在设计某大桥时如何将三维技术应用到设计当中，进行了深入地分析，旨在帮助理解 BIM 技术在桥梁设计中的应用。

2.2.1 项目背景

1. 项目简介

（1）项目特点

该大桥全长约 1750m，其中特大桥长 1310m，东西两端引道长 440m。如图 2.2-1 所示，主桥采用（110＋110）m 独塔双索面预应力混凝土斜拉桥，钻孔灌注桩桥型，主梁采用预应力混凝土双肋式断面；塔柱采用钢-混凝土组合结构，锚固区及以上部分塔柱为钢结构，锚固区以下塔柱为钢筋混凝土结构。

（2）BIM 期望应用效果

独塔斜拉桥形式在当地比较新颖，桥塔造型景观作用明显；塔柱采用钢-混凝土组合结构，结构复杂，设计难度大。为了解决塔柱关键结构设计，本设计院采用 BIM 技术进

图 2.2-1　某大桥三维模型和效果图

行优化设计。

　　① 塔柱钢结构部分。塔柱钢结构节段模型如图 2.2-2 所示，采用参数化建模，直观形象，便于业主与施工单位理解，增强设计与施工交接沟通的效果，为施工建造提供方便。

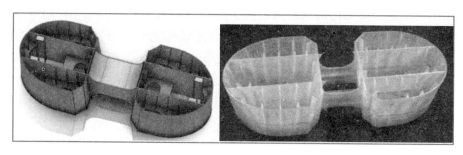

图 2.2-2　塔柱钢结构节段模型和三维打印效果

　　该项目主要应用目标和期望达到的效果。首要的目标是采用 BIM 设计理念，对于构造中的复杂结构设计起到关键辅助与优化设计的作用，并对与业主及施工单位的交流联系提供非常有效的手段与方式，减少常规沟通交接中的误解，同时采用三维打印技术辅助交流和理解。

　　② 建立基于协同环境下的项目管理和数据审核标准流程的 BIM 三维设计体系。学习制造业并向制造业产品全生命周期管理方法靠拢，实现设计问题可追溯，设计结果可视化，设计变更可管控，设计成果可传递至下游施工乃至运维阶段应用。

　　③ 关键节点的深化设计。如钢结构部分的深化和工程量统计应用，为工程招标和造价计算提供依据。

　　④ 施工方案的模拟演示。施工单位更加有效统筹整体项目，保证了施工进度和项目质量，主要体现如下几点：

　　a. 对于施工单位理解设计意图起到辅助作用。

　　b. 对于制造加工起到一定的指导作用。

　　c. 有利于优化施工工期与工艺方法。

d. 三维打印为施工人员的理解提供了一种新的手段。

2. BIM 应用内容

（1）BIM 建设概况及实施路线

目前在建筑工程行业 BIM 软件应用比较广泛的主要为 Autodesk 公司的 Revit、Inventor 软件，以及 Bentley Systems 公司的 Microstation 等 BIM 软件，在很大程度上能满足行业内企业的三维建模及相关应用的需求。本案例采用达索 BIM 软件 CATIA，CATIA 软件在参数化协同设计、大数据装配、知识工程、有限元分析以及项目管理等方面的强大功能是对其他 BIM 系列软件的有力补充。特别是在铁路、公路等大市政系统对大数据、大装配，以及协同设计的强烈需求，客观上要求在软件选择上进行多种形式的搭配，各自发挥优势。

在 2011 年，某市政院与达索系统公司合作成立了 SMEDI-DS 应用软件研发中心，在达索系统平台上研发适合土木工程专业的软件包，作为桥梁和道路市政工程的 BIM 平台软件，重点解决市政工程 BIM 应用的核心问题：设计意图表达交流、协同设计问题、参数化知识库、大尺寸大体量模型装配建模、节点深化三维设计、项目管理、数据审查和性能分析等。

① 搭建基于达索系统协同设计平台，实现协同设计。

② 建立适合市政工程的专业参数化模型知识库，并可以不断完善。

③ 基于建立参数化，基于骨架驱动技术的三维模型标准设计方法。

④ 实现在协同设计平台大数据装配。

⑤ 实现协同设计项目协同管理和数据审查。

根据桥梁专业特点、工程经验并结合 CATIA 三维建模方法，桥梁专业内容范围可以分类如下：

① 一般内容：基本设计流程、部分桥梁设备和部分标志标线属于一般内容范围。一般内容应根据相应的设计标准和规范，使用基本零件方法进行定制，须考虑跨工程项目的通用性。

② 特殊内容：所有桥梁的总体布置、上部结构、下部结构、附属结构以及其他设计内容均属于特殊内容范围。特殊内容应仅针对具体工程使用文档模板方法进行专门定制，不考虑跨工程项目的通用性。

这里主要的实施业务内容如下：

① 软硬件配置。

② 3DEXPERIENCE 平台培训。

③ 桥梁拆分方法实践。

④ 构件建模方法实施。

根据项目实例的建模体会，在大型桥梁中定义一般构件的意义不大。现阶段也已完成了标识、标线、路灯、钢防撞栏杆等，这些构件做在单个构件里面，对今后使用的意义并不大，也不太方便。在装配过程中，构件文件定位繁琐，装配中的阵列操作也不方便，且容易出错。

一般构件方法（零件＋装配）适用于机械制造等其他专业，而在桥梁专业则存在一定水土不服。主要原因有以下三点：

① 不同工程→不同桥梁：现代桥梁工程通常在某种意义上也是景观工程，使得桥梁

往往成为该地区的地标建筑物之一。这样就对桥梁的外观要求比较高，导致在不同桥梁工程中即使同一类桥梁也差别很大。

② 不同桥梁→不同模型：在桥梁工程设计中，受到不同工程设计条件、景观要求等约束限制，要做到跨工程间的重复利用很困难。因此，我们更应该关注的是一个特定桥梁工程中，如何提高数量庞大的、彼此各不相同，又有一定设计规律的分部分项设计效率。

③ 零件装配→模板实例化：在一个特定桥梁工程中，通常有数量庞大的、彼此各不相同又有一定变化规律的分部分项设计单元。这些单元形式和尺寸变化很大，不适合做成零件（即一般构件）进行装配；同时这些单元又具有相同设计变化规则，可以定制成一定类型的模板（即特殊构件）进行实例化。

（2）BIM 应用内容及实施成果

1）设计阶段

本工程 BIM 设计内容涵盖整个工程全部桥梁上下部结构，种类丰富。其中钢-混凝土组合桥塔由于结构极其复杂，涉及钢板、钢筋、混凝土多种材料，结构造型为曲面（图2.2-3）。

① 主桥钢混组合桥塔结构复杂，通过三维设计模型，可以检查钢板、钢筋以及混凝土构件之间相互关系，复核设计图纸，验证施工时的可操作性。

② 工程变更与协同，满足工程设计过程中道路线形、塔形、墩位等变化。

③ 提高效率，构件库的定义，详细设计库模板快速实例化。

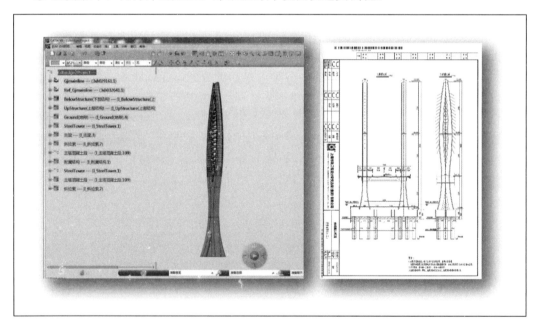

图 2.2-3 大桥主桥钢-混凝土组合桥塔

整个设计阶段流程如图 2.2-4 所示。

2）参数化构件库

构建完备、高效、规范的构件库，是建立桥梁三维模型的基础。构件库的拆分可以依据不同桥梁类型进行分门别类。

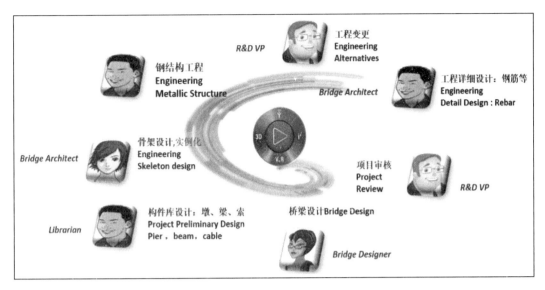

图 2.2-4　桥梁三维 BIM 模型结构工作任务分解

大型桥梁工程中常用的桥型有梁桥、拱桥、斜拉桥和悬索桥等。每种桥型包括的主要构件具有一定的共性，但也有所不同。主要构件可抽象为七大类：主梁、支撑、基础、连接构件、连接节点、桥面系、附属设备等。其中每种构件的形状、采用的材料均是多样的，形式较复杂的主要是主梁、支撑、连接节点三类。

① 主梁是直接承载车辆、行人的构件，包括钢桁梁、钢箱梁、钢板梁、钢-混凝土叠合梁、预应力混凝土梁（大箱梁、小箱梁、板梁）、钢筋混凝土箱梁等。而各种梁形的横断面形式种类繁多，纵向应考虑宽度、高度、板厚的变化。

② 支撑，包括桥墩、桥塔、拱。

③ 基础，包括桩基、沉井、扩大基础等。

④ 连接构件，包括吊杆、拉索、悬索等。

⑤ 连接节点，包括承台、桥台、锚碇、鞍座、锚固节点、索夹、梁拱连接节点、塔梁连接节点、桁架节点等。

⑥ 桥面系，包括栏杆、人行道、铺装、管线、排水设施、照明设施等。

⑦ 附属设备，包括支座、伸缩缝、限位装置、监测设备等。

本项目共建立 26 个构件模版：

① 钢塔：1 个。

② 小箱梁：8 个。

③ 附属：2 个。

④ 主梁：6 个。

⑤ 拉索加锚具：1 个。

⑥ 下部结构：8 个。

这里面使用了参数化设计的理念，例如拉索是基于以下设计数据，一个模板可以使用参数化驱动方法进行灵活变化，表达出如下众多的拉索实例（表 2.2-1，图 2.2-5）。对于后期进行修改，具有非常灵活的特性。

拉索参数化表

表 2.2-1

拉索编号	拉索规格	锚具规格	成桥索力	拉索钢丝面积	锚固点坐标 主梁		锚固点坐标 主塔		拉索倾角 α	拉索倾角 β	理论锚点距离 Lo	拉索垂度修正	拉索弹性伸长	锚具参数 锚杯外径	固定端锚杯长度	张拉端锚杯长度	锚圈外径	锚圈高度	加工索长	拉索单位重	单根拉索重量	拉索根数	拉索总重
			(kN)	(cm²)	X (m)	Z (m)	X (m)	Z (m)	(%%d)	(%%d)	(m)	(mm)	(mm)	(mm)	(mm)	(mm)	(mm)	(mm)	(m)	(kg/m)	(kg)	(根)	(t)
S1	PES(C)7-151	PESM7-151	2614	58.11	11.500	62.664	2.650	87.703	19.4186	70.4860	26.557	0	63	265	355	480	340	135	27.109	49.2	1334	4	5.335
S2	PES(C)7-151	PESM7-152	2371	58.11	17.000	62.655	2.900	90.270	26.9646	62.8677	31.007	0	67	265	355	480	340	135	31.555	49.2	1553	4	6.210
S3	PES(C)7-151	PESM7-153	2934	58.11	22.500	62.643	3.400	92.487	32.5271	57.2984	35.433	0	94	265	355	480	340	135	35.954	59.2	1769	4	7.076
S4	PES(C)7-151	PESM7-154	3311	58.11	28.000	62.628	3.400	95.286	36.8846	52.9060	40.887	0	123	265	355	480	340	135	41.379	49.2	2036	4	8.143
S5	PES(C)7-187	PESM7-155	3374	71.97	33.500	62.609	3.400	97.822	40.3684	49.3208	46.325	0	114	285	375	520	375	155	46.886	60.8	2851	4	11.403
S6	PES(C)7-187	PESM7-156	3437	71.97	39.000	62.587	3.300	100.313	43.2392	46.3990	51.940	0	131	285	375	520	375	155	52.484	60.8	3191	4	12.764
S7	PES(C)7-187	PESM7-157	3549	71.97	44.500	62.561	3.100	102.788	45.6207	43.9730	57.725	0	150	285	375	520	375	155	58.250	60.8	3542	4	14.166
S8	PES(C)7-223	PESM7-158	4237	85.82	50.000	63.532	3.000	105.084	47.6134	41.9252	63.401	0	165	315	410	575	405	180	63.991	72.6	4646	4	18.583
S9	PES(C)7-223	PESM7-159	4648	85.82	55.500	62.500	2.800	107.414	49.3254	40.2030	69.243	0	197	315	410	575	405	180	69.800	72.6	5068	4	20.270
S10	PES(C)7-223	PESM7-160	4818	85.82	61.000	62.464	2.700	109.616	50.7835	38.7132	74.982	0	222	315	410	575	405	180	75.515	72.6	5482	4	21.930
S11	PES(C)7-223	PESM7-161	5051	85.82	66.500	62.425	2.500	111.869	52.0490	37.4240	80.874	0	251	315	410	575	405	180	81.379	72.6	5908	4	23.633
S12	PES(C)7-283	PESM7-162	5302	108.91	72.000	62.383	2.300	114.094	53.0854	36.2270	86.788	1	222	345	445	635	450	200	87.401	91.3	7980	4	31.919
S13	PES(C)7-283	PESM7-163	5446	108.91	77.500	62.337	2.100	116.297	54.0495	35.2263	92.719	1	244	345	445	635	450	200	93.311	91.3	8519	4	34.077
S14	PES(C)7-283	PESM7-164	5627	108.91	83.000	62.288	1.800	118.553	54.9050	34.3401	98.788	1	269	345	445	635	450	200	99.356	91.3	9071	4	36.285
S15	PES(C)7-283	PESM7-165	6001	108.91	88.500	62.236	1.600	120.723	55.6802	33.5622	104.749	1	304	345	445	635	450	200	105.281	91.3	9612	4	38.449
S16	PES(C)7-283	PESM7-166	6372	108.91	94.000	62.180	1.400	122.882	56.3749	32.8649	110.723	1	341	345	445	635	450	200	11.218	91.3	10154	4	40.617
S17	PES(C)7-379	PESM7-167	8437	145.86	99.500	62.121	1.100	125.096	56.9748	32.2100	116.826	1	356	400	510	725	520	220	117.417	122.0	14325	4	57.299
合计																						68	388.2

图 2.2-5　桥梁构件库

3）协同设计管理

协同设计在于 ENOVIA 统一平台进行数据源协同，基于同一骨架模型进行设计协同（图 2.2-6）。ENOVIA 平台提供全面的协同创新、在线创建和协同、一个用于 IP 管理的 PLM 平台、真实感体验、安装即用的 PLM 业务流程。

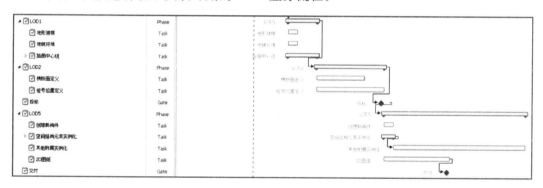

图 2.2-6　标准项目协同交付

通过项目管理 WBS 软件，可以在 BIM 平台上统一定义工作计划和时间节点，由项目经理统一分派任务，在统一的 CATIA 平台上进行协同建模和模型审查，一起协同工作。在 CATIA 设计阶段，可以基于 CATIA 线路中心线进行协同，在统一的坐标系下进行协同设计。

4）总体骨架建模

总体骨架模型从 EICAD 软件中提取道路设计中心线的（x，y，z）坐标 txt 文件，导入 CATIA 设计平台，拟合生成道路中心线（图 2.2-7）。

5）桥梁实例化建模

通过调用构件库，可以快速进行桥梁实例化建模，迅速形成桥梁模型（图 2.2-8、图 2.2-9）。

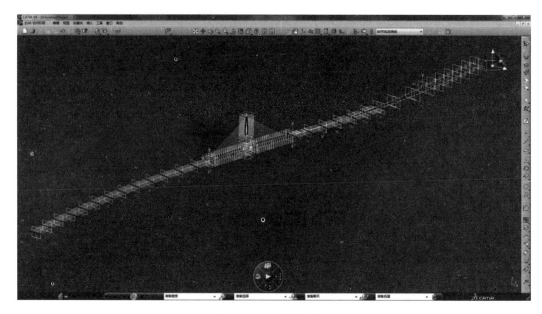

图 2.2-7 大桥骨架模型

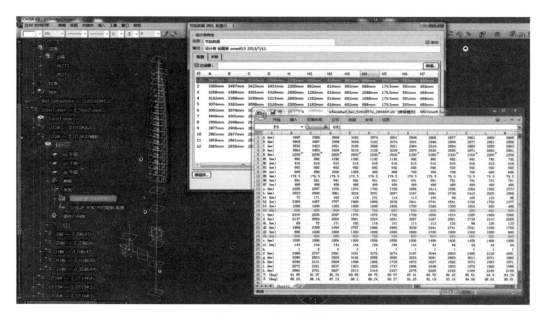

图 2.2-8 构件库调用

6）工程变更管理

工程变更设计改变非常多，如发生构件碰撞时，或者设计意图的微小变化，都会产生变更，变更设计时只需要修改模型参数，三维模型就会随之发生改变。如图 2.2-10 所示是设计过程中主塔内部发生构件干涉时，通过参数改变能快速实现构件的修改，非常方便。

（3）实施经验总结

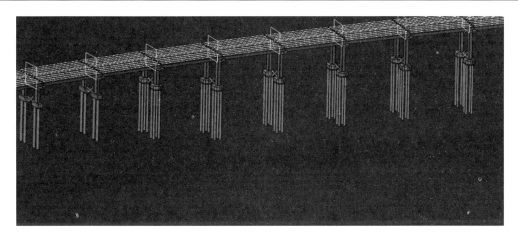

图 2.2-9 桥梁实例化快速建模

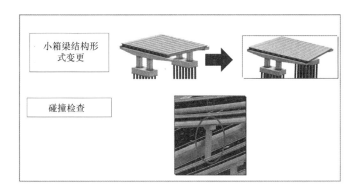

图 2.2-10 设计变更管理

① 设计项目协同

实现同一平台上的设计管理和协同设计，所有三维数据都会在平台上沉淀，并行设计的思路可以形成加快设计进度，达到专业间协同，三维参数化建模协同，软件之间协同。本项目除了应用达索系统系列软件外，还使用其他软件作为协同工作。

标准化的项目管理流程，利于设计质量的管控和进度的控制。同时，积累的项目经验形成知识库，可以供其他类似的项目采用，形成企业可重复利用的智力资产（图 2.2-11）。

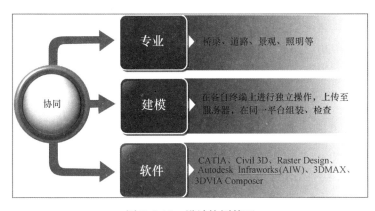

图 2.2-11 设计协同管理

② 项目变更管理

项目变更管理在于把项目的变更流程固化在系统中，形成企业的标准。当发生设计冲突和设计意图发生变化时，CATIA 中设计变化，在于骨架加模板快速修改模型的方法，能够非常便捷实现变更。

在 CATIA 软件中骨架驱动的方法避免了相互之间组装的步骤，事先就把相互之间的关键位置关系用简单的元素（点、线、面等）来确定，各个部件在只需要参考这些元素来建模到最后就组合成整个结构。这其中的骨架就是这些关键的简单元素，它起到了枢纽的作用，既体现了构件之间的相对位置关系，也为各个构件的建模提供了一定的参考。

例如，道路中心线可以作为主梁结构建模的骨架，确定道路中心线的位置，主梁的位置也就确定了；给定了桥墩的顶底标高和其纵向和横向的位置，那么桥墩布置的位置也就确定了。

同时，道路中心线可以作为主梁结构的设计建模参考，桥墩也可以依据其顶底标高和其纵向和横向的位置进行单独设计。这样桥梁各个构件的设计人员就可以比较相对独立的设计建模，不必要再考虑其他构件的位置；对于总体组合的结构，也比较容易检查不一致的地方，出现了问题只需要相关的构件设计人员进行修改。

总之，从这次建模实践来看，骨架的应用已成为现阶段最方便且最实际的建模方法。

③ 参数化设计

CATIA 的设计环境中，具有强大的参数化设计能力。通过参数化的骨架线定义，实现快速的设计协同以及变更修改。同时建立标准的设计流程及模板库，并通过数据库平台进行管理，形成企业自身的体系，如构建编码、颜色区分和分类管理等，建立可以重复利用的项目模板。这次项目丰富了企业的桥梁参数化模板库 26 个，为下次项目重复使用提供了非常便捷的工具。参数化的精髓就在于此，利用参数和参数之间的关系，快速实现修改。

2.2.2 问题

（1）BIM 在市政桥梁设计中的重要应用有哪些？

A. 用于复杂节点的深化设计，并指导后期的加工制造，特点是钢结构桥梁。

B. 对于施工单位理解设计意图起到辅助作用。

C. 对于制造加工起到一定的指导作用。

D. 有利于优化施工工期与工艺方法。

E. 实现三维打印桥梁。

（2）下面哪些不是特指桥梁 BIM 构件库模板构件的分类？

A. 桥墩。

B. 承台。

C. 基础。

D. 桥面。

（3）桥梁设计中 BIM 发挥了哪些作用？

A. 设计理念三维展示。

B. 基于三维的 BIM 模型分析。

C. 设计变更。

D. 高效项目管理。

（4）对于 CATIA 参数化设计的描述哪些是不正确的？

A. 实现参数驱动模型变更。

B. 便于后期基于参数统计工程量。

C. 变更方便快捷。

D. 自由设计。

（5）如何不断完善市政桥梁 BIM 构件库？

（6）BIM 在设计中的重要作用有哪些？

（7）BIM 在桥梁骨架绘制方法有哪些？

（8）桥梁模板构件如何分类？

2.2.3 要点分析及答案

第 2.2.2 中八个问题要求分析及答案如下：

（1）标准答案：ABCD

答案分析：主要考察 BIM 在桥梁设计中都有哪些应用，从设计、加工制造、施工制造和三维打印展示设计意图，均是桥梁设计中的重要应用。选项 E 实现三维打印桥梁也是只为了表达设计意图。

（2）标准答案：C

答案分析：主要考察桥梁 BIM 构件模板构件分类，很明显选项 C 基础不是特指桥梁，在其他民用建筑等都会有基础构件分类。

（3）标准答案：ABD

答案分析：桥梁设计中 BIM 首先是三维表达展示设计理念、基于模型进行分析，对项目高效管理有一定的辅助作用。因此，正确答案是 ABD。

（4）标准答案：D

答案分析：CATIA 参数化设计是基于参数进行关联设计，ABC 选项描述对参数化设计描述正确，因此答案是 D。

（5）首先根据桥梁项目的结构特点进行划分，并确定桥梁构件库的分类和内容，然后在 CATIA 中对已有的构件库进行比较，如果已有构件库不满足设计要求，可以对该构件库中进行内容增加和完善，从而形成企业完善的知识库。

（6）设计中的 BIM 运用，首要的目标采用 BIM 设计理念，对于构造中的复杂结构设计起到了关键辅助与优化设计的作用，并对与业主及施工单位的交流联系提供非常有效的手段与方式，减少常规沟通交接中的误解。

关键节点的深化设计。如钢结构部分的深化和工程量统计应用，为工程招标和造价提供依据，传统的二维图表达困难。

（7）骨架＋模板是达索系统 CATIA 独有的设计方法论，对于桥梁骨架的绘制，根据线路设计 CAD 软件输入的平曲线和纵曲线在 CATIA 中拟合出桥梁中心线，作为桥梁的总骨架线，再根据总骨架分出桥塔和桥墩等构件的定位平面和相关信息，作为二级骨架，用于设计相关的构件。

（8）桥梁模板是根据桥梁的结构特点进行划分，旨在后期能够重复使用，搭建桥梁模型。

a. 主梁是直接承载车辆、行人的构件，包括：钢桁梁、钢箱梁、钢板梁、钢-混凝土叠合梁、预应力混凝土梁（大箱梁、小箱梁、板梁）、钢筋混凝土箱梁等，而各种梁形的横断面形式种类繁多，纵向应考虑宽度、高度、板厚的变化。

b. 支撑，包括：桥墩、桥塔、拱。

c. 基础，包括：桩基、沉井、扩大基础等。

d. 连接构件，包括：吊杆、拉索、悬索等。

e. 连接节点，包括：承台、桥台、锚碇、鞍座、锚固节点、索夹、梁拱连接节点、塔梁连接节点、桁架节点等。

f. 桥面系，包括：栏杆、人行道、铺装、管线、排水设施、照明设施等。

g. 附属设备，包括：支座、伸缩缝、限位装置、监测设备等。

（案例提供：屈福平、伍俊、何春华、魏巍）

2.3 某市新城建筑工业化项目 BIM 应用

装配式建筑作为住宅产业化的实施方式已成为建筑业发展的未来趋势，是应对建筑业劳动力匮乏和环境污染问题的重要解决方案。2013～2016 年以来，全国多个省市发布了相关政策，大力推进装配式建筑在我国的发展。

建筑信息模型（BIM）具有可视化、参数化、集成化等特征，其作用目前已被业界广泛接受，被建设行政主管部门认为是"建筑信息化的最佳解决方案"，在成都金融城、上海迪士尼、上海中心等多个项目中得到了很好应用。

在装配式建筑项目中，深化设计是一个关键环节，起到了整合设计和生产施工信息，承上启下的作用。由于施工图设计的图纸仅包含设计阶段的信息，未包含构件生产和施工阶段的信息，不足以指导装配式建筑的生产施工过程，需要对施工图进行深化设计，达到图纸深度要求。为解决目前装配式建筑深化设计过程存在的相关方协同困难、设计精度要求高、图纸错误返工成本高昂的问题。以某市新城装配式建筑项目为依托，将 BIM 技术应用到装配式建筑深化设计过程中，在 BIM 模型中扩展施工图设计信息，加强各方协同，提高设计质量和管理效率。

图 2.3-1 项目效果图

2.3.1 项目背景

1. 项目简介

某市新城保障房项目总建筑面积 52 万 m²，由三个地块 23 栋住宅组成，其中 A 户型 21 栋，B 户型 2 栋，建筑高度 80～96m。是某市首个装配式高层住宅项目。项目效果图如图 2.3-1 所示。

项目采用装配整体式剪力墙结构，预制构件种类包括预制三明治墙板、预制外角模、预制外挂板、预制叠合板、预制叠合梁、预制楼梯、预制空调板。

项目地下室及底部（大部分为1~6层，部分1~5或7层）为现浇结构，以上为装配整体式剪力墙结构，预制率达到49%。

2. 装配式建筑BIM深化设计难点分析

（1）BIM深化设计与原设计方、构件生产厂、施工单位沟通协调量大，信息高度耦合。BIM深化设计需要消化来自各方的信息，包括业主、设计、生产厂、施工、配件供应方等，并将这些相关甚至可能冲突的信息融合到深化设计中。如果没有统一的流程和信息优先级原则，会在信息不断输入的深化设计过程中造成信息的重复和混乱。

（2）BIM软件出图样式与国内标准不符。目前国内常见的BIM应用软件是Revit，该软件在建模方面较成熟，但在出图方面与国内出图标准差距较大，原因一是缺乏相关的族库及样板文件，二是软件本身底层数据无法按照国内标准进行修改。在国内，出图是BIM软件面临的一大问题。

（3）预制构件数量多，重复工作量大。装配式建筑的一大特点是构件的标准化，在深化设计的初期会尽量将预制构件的种类进行归并，减少构件的数量。然而随着深化设计的深入，由于机电设计、生产和施工单位的介入，可能会在一个预制构件设计基础上产生多个外形一致但又有细微区别的构件。如果用人工的方法对这些相似但又不同的构件进行BIM建模和出图，产生大量的机械重复劳动，对人力资源是一种浪费。

（4）各层模型数据传递不畅。BIM技术的一个重要特点是信息的传递和整合，从而实现数据从设计到施工的无缝传递。而目前主流软件Revit在信息传递方面，在单个模型内部可以较好的实现，但在不同模型之间的传递无法有效的进行。装配式建筑BIM应用的过程中，为了便于单个预制构件的出图和工程量统计，会将项目拆分成每个预制构件模型，在总装模型中通过链接的形式进行拼装，但Revit软件并不支持链接文件的信息提取，这对整个项目的数据整合和传递有较大影响。

以上问题的解决，需要从管理和技术两个方面入手。制定装配式建筑BIM标准，并针对主流软件Revit进行二次开发，为在装配式建筑中成功应用BIM打下基础。

3. BIM应用内容

（1）装配式建筑BIM深化设计工具集开发

根据装配式建筑深化设计BIM应用的难点及具体需求，对Revit软件进行二次开发，形成四大类的实用工具，如图2.3-2所示，提高BIM深化设计效率。

① 出图表达优化。实现Revit软件中钢筋在剖面视图、三维视图中显示样式（隐藏或显示、实体表达或单线表达）的一键式修改，避免以往为达到出图要求而进行的繁琐操作。

② 模型轻量化及整合。将每个预制构件的Revit模型文件进行压缩并提取关键信息，生成轻量

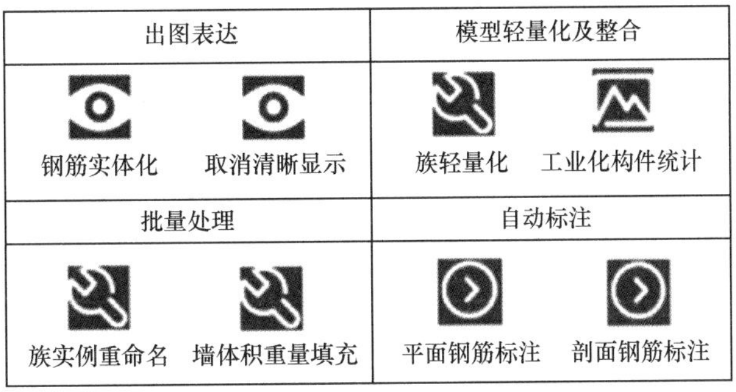

出图表达		模型轻量化及整合	
钢筋实体化	取消清晰显示	族轻量化	工业化构件统计
批量处理		自动标注	
族实例重命名	墙体积重量填充	平面钢筋标注	剖面钢筋标注

图2.3-2　Revit装配式建筑BIM深化设计工具集

化的族文件整合到总体文件中。基于轻量化预制构件族文件包含的关键信息，可以在总体文件中实现整个项目的工程量统计，包括预制构件类型、数量、重量、配件数量等的统计，解决在链接模式下 Revit 信息无法互通的问题。

③ 批量处理。预制构件出图时需要进行大量重复工作，如预制构件 CAD 导出、PDF 打印，预制构件重量计算、族替换和重命名等工作，通过二次开发可对上述操作进行批量处理，大大减少人工重复劳动。

④ 自动标注。通过对各种预制构件特征的归类及梳理，总结出图表达的样式、内容，实现自动标注，从而减轻人工标注出图的工作量。

（2）BIM 模型拆分及整合

将 BIM 模型按照专业进行拆分和整合，有助于各方协同及信息的有序传递，需要根据项目实际情况制定符合专业分工，满足电脑性能需求，便于协同的 BIM 模型拆分方案。

以本项目为例，将装配式剪力墙项目按照楼栋－楼层－专业的方式进行层层拆分，如图 2.3-3、图 2.3-4 所示。考虑到电脑性能，模型所包含的信息，随着层级越往上而越精简，最底一层的模型为包含大量信息的 Revit 模型，总体模型则为仅包含各子项外形及关键信息的轻量化模型。具体模型生成方式如下：

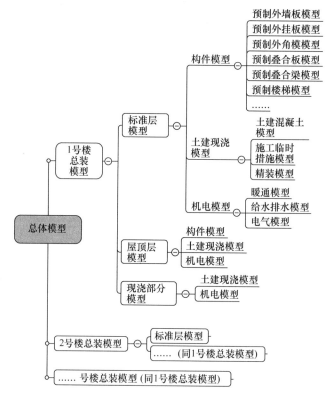

图 2.3-3　楼梯模型

① 底层的模型：每个预制构件模型、单层土建现浇模型、机电模型。格式均为 Revit。

② 标准层/屋面层总体模型：将土建现浇模型、机电模型通过链接方式整合，并将预制构件轻量化后导入，形成标准层/屋面层总体 Revit 模型。

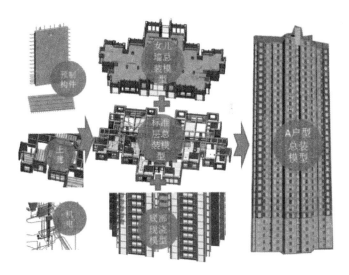

图 2.3-4　BIM 模型整合示意

③ 整栋总体模型：将标准层/屋面层模型进行拼装，形成整栋总体 Revit 模型。如果电脑性能有限，可导成 Navisworks 模型。

④ 小区总体模型：将每栋的 Revit 模型导成 Navisworks 轻量化格式，组合成小区总体 Navisworks 模型。

（3）BIM 预制构件模型深化设计

在深化设计的过程中，通过与生产施工单位的不断配合，加入生产施工信息，形成可以满足生产施工需求的 BIM 模型，深度见表 2.3-1 和图 2.3-5 所示。

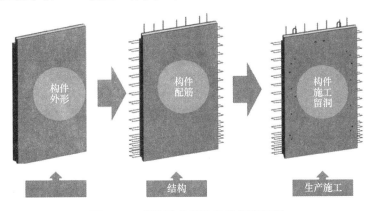

图 2.3-5　预制构件深化设计模型深度

预制构件深化设计信息　　　　　　　　　　　表 2.3-1

类型	几何信息	非几何信息
外形	构件水平垂直定位 构件外形尺寸（长宽高） 洞口（定位、形状、尺寸） 局部造型（企口、倒角、假缝等） 空心减重（如有）	混凝土强度等级 构件体积 构件重量

续表

类型	几何信息	非几何信息
钢筋	钢筋直径 d 钢筋长度信息 $(a/b..)$ 钢筋非弯折段长度 L 钢筋弯折半径 r 钢筋弯折角度 钢筋弯折平直段长度 钢筋外伸部分尺寸 钢筋保护层厚度	钢筋数量统计 钢筋牌号 钢筋简图 单根重量 钢筋使用位置
配件	埋件外形、尺寸 埋件在构件上开洞 埋件在构件上位置	埋件数量统计 埋件类型（施工埋件、窗埋件等）

（4）装配式建筑深化设计协同检查

装配式建筑深化设计涉及多方的协同，在信息不断输入的情况下，可能出现多种类型的碰撞问题，主要包括：

① 预制构件组装：预制构件外形设计完成后，在组装时可能会出现预制构件拼接冲突或不协调等的问题，特别是在拐角、标高变化的部位容易出现（图 2.3-6）。

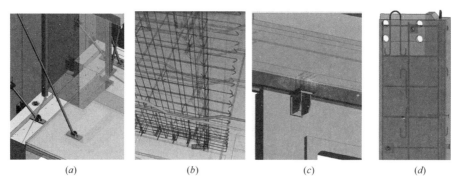

(a) (b) (c) (d)

图 2.3-6 装配式建筑深化设计协同检查

② 预制构件内部钢筋与施工埋件：加入预制构件的施工埋件会影响钢筋布置，需要调整钢筋或施工埋件位置，避免碰撞。

③ 预制构件外伸钢筋之间：各预制构件完成钢筋布置后，在组装时可能会出现预制构件外伸钢筋之间的碰撞问题。

④ 预制构件与机电：机电管道及埋件需要考虑在预制构件上的预留预埋，避免现场开槽情况。

⑤ 预制外挂板埋件对位：预制外挂板内外埋件连接处，需要对埋件进行核对，避免错位。

⑥ 预制墙板灌浆套筒及钢筋：预制墙板上下构件的灌浆套筒和连接钢筋进行连接时，需要对套筒及钢筋位置进行核对，避免错位。

在本项目中，基于装配式建筑深化设计协同检查要点，将 BIM 的自动碰撞检查和人工检查结合，检查出各类碰撞问题，其中预制构件外形拼合问题 2 项，预制构件内部钢筋与施工埋件碰撞问题 600 余项，预制构件外伸钢筋之间碰撞 5 项，预制构件与机电碰撞问题 24 项，预制外挂板埋件对位问题 2 项，预制三明治墙板灌浆套筒及钢筋对位问题 8 项。

（5）预制构件深化设计出图

在装配式建筑深化设计中，出图的主要内容是每个预制构件深化设计出图，比起施工图设计出图，涉及的范围较小，复杂程度有所降低，因此实现达到国内标准的难度也较低。

根据国家建筑标准设计图集和项目相关方具体需求，制定 BIM 深化设计样图，如图 2.3-7 所示。样图中约定图纸的类型和各类型图纸包含的内容。图纸内容需要综合反映建筑、结构、机电及施工的信息，保证图纸深度达到各方要求。

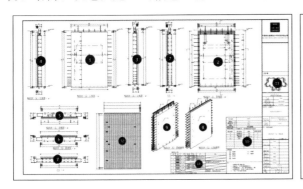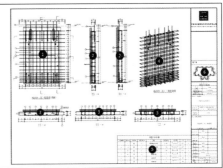

图 2.3-7　预制构件深化设计样图

以预制三明治外墙板为例，一个构件至少需要包括两张图纸：

① 模板图：主要反映预制构件外形尺寸、施工配件尺寸及定位、预留孔洞及构件总体信息。包含构件正视图、背视图、左右视图、顶视图、底视图、三维视图、构件信息表（包括构件名称、尺寸、重量、配件类型及数量等信息）。

② 配筋图：主要反映预制构件结构配筋相关信息。包含构件配筋图（背视），剖面图，钢筋三维视图、钢筋明细表（包括钢筋编号、规格、数量、下料详图等）。

在本项目中，BIM 深化设计出图内容包括：图纸目录 6 张，预制构件平面布置图 6 张，设计说明两张，预制构件深化设计图 434 张。

其中预制构件平面布置图，预制构件深化设计图实现了 100% 的 BIM 出图，直接从 Revit 文件导出 PDF 图纸进行出图。图纸目录通过设计协同平台直接生成，设计说明用原有 CAD 模板生成。

对 BIM 深化设计出图效率进行统计，与 CAD 模式下的预制构件深化设计相比基本相同。

（6）预制构件工程量统计

在每个预制构件 BIM 模型中，统计该构件的混凝土量、配件数量、钢筋明细等信息，并将需要对整个项目进行统计的工程量在轻量化转换过程中集成到构件族中，通过工具集实现整个项目的工程量统计，如图 2.3-8 所示。

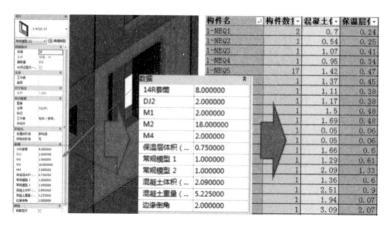

图 2.3-8　项目工程量汇总

2.3.2　问题

（1）使用 Revit 进行装配式建筑 BIM 整合，推荐的做法是什么？

A. 模型层次分为预制构件、单层总装、单栋总装、小区总装

B. 预制构件以 Revit 链接的形式组装成单层总装模型

C. 单栋总装只能用 Navisworks 进行组装

D. 小组总装模型建议用 Navisworks 模型

（2）预制构件深化设计图中，应该包含哪些信息？

A. 预制构件中的钢筋

B. 现浇层的钢筋

C. 施工预埋件（螺母、吊钩等）

D. 施工临时措施（支撑、脚手架等）

E. 预制构件生产模具

（3）装配式建筑深化设计协同检查，主要包含哪些内容？

A. 预制构件内部钢筋与施工埋件

B. 预制构件与机电管线

C. 机电管线之间

D. 预制构件外挂板埋件对位

E. 预制墙板灌浆套筒及钢筋对位

2.3.3　要点分析及答案

第 2.3.2 条中三个问题要点分析及答案如下：

（1）标准答案：AD

答案分析：模型层次分为预制构件、单层总装、单栋总装、小区总装。其中预制构件为 Revit 模型；单层总装建议将预制构件模型轻量化后进行整合；单栋总装可以用 Revit 进行拼装，如果电脑性能有限，则导出 Navisworks 进行组装；小区总装模型建议用 Navisworks 进行组装。

（2）标准答案：AC

答案分析：预制构件深化设计图中仅包含预制构件本身的信息，考虑外部信息，但不反映在图面上。

（3）标准答案：ABDE

答案分析：装配式建筑深化设计协同检查，主要包括预制构件组装、预制构件内部钢筋与施工埋件、预制构件外伸钢筋之间、预制构件与机电管线、预制外挂板埋件对位、预制墙板灌浆套筒及钢筋对位。机电之间碰撞属于常规协同检查内容。

（案例提供：靳鸣、方长建、徐慧、李锦磊）

2.4　BIM 技术在精装修深化设计中的应用

随着社会科技的不断发展，建筑行业也在进行着又一次深刻的技术变革，第一次的技术变革使得设计师摆脱了传统手绘图板使用 CAD 技术得以提高绘图效率，而现在更深层次的技术变革伴随着 BIM 的应用在如火如荼的进行着，BIM 技术将彻底的改变现阶段从设计到施工再到运维的作业模式（图 2.4-1）。

BIM 技术是通过在计算机中建立虚拟的建筑工程三维模型，同时利用数字化技术，为这个模型提供完整的，与实际情况一致的工程信息库。该信息库不仅包含描述建筑构件的几何信息、专业信息及状态信息，而且还包含了非构件对象（例如空间、运动行为）的状态信息。借助这个富含充分建筑工程信

图 2.4-1　设计技术变革

息的三维模型，大大提高了建筑工程信息的集成化程度，这就为项目的相关利益方提供了一个工程信息交互和共享的平台。这些信息能够帮助建筑工程项目的相关利益方增加效率，降低成本，提高质量。结合更多的相关数字化技术，BIM 模型中包含的工程信息，还可以被用于模拟建筑物在真实世界中的状态和变化，使得建筑物在建成之前，项目的相关利益方就能对整个工程项目的成败作出最完整的分析和评估。

2.4.1　项目背景

1. 项目简介

某开发公司在某地块新建购物广场，此购物广场建成后将成为地标性建筑。要求该建筑在装修特色和设计造型都应体现自身特点并与周围环境相协调，并通过利用 BIM 技术达到实时了解现场情况，精准控制现场进度，准确把握资金调配，其中在精装修过程中实时展现设计装修风格，协调商户个性化房间装修与商业整体装修搭配，在施工过程中协调处理好各专业各系统的施工顺序。

某 BIM 总承包单位通过招标承接商业广场精装修 BIM 深化设计工程，承包范围包括：

商场内部整体精装修、针对商户的个性化装饰装修、外立面装饰装修、卫生间精装修、电梯厅精装修和其他房间需做精装修部分。其中垂直载人电梯、卫生间装置由业主招标采购并签订供货合同，并要求 BIM 承包单位利用其所采购设备装修出个性化、私人化的效果。

2. BIM 应用介绍

（1）基于 BIM 的绿色分析：由于本项目建筑造型的独特性，需要分析检验建筑物是否符合绿色节能规范，如图 2.4-2～图 2.4-5 所示。

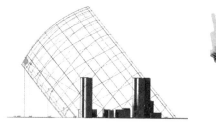

图 2.4-2　日照分析

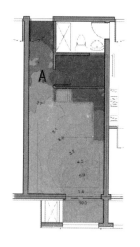

图 2.4-3　光照分析

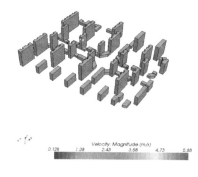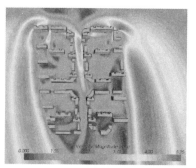

图 2.4-4　风环境分析

（2）可视化展示：通过创建模型进行三维展示，如图 2.4-6 所示。

图 2.4-5　室内环境分析

（3）协调施工顺序，避免返工和重复施工（图 2.4-7）。

图 2.4-6　装修效果可视化展示

图 2.4-7　优化管线排布

（4）模拟施工方案进行施工预演，如图 2.4-8、图 2.4-9 所示。

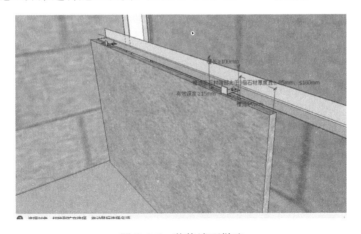

图 2.4-8　装修墙面做法

（5）基于 BIM 的现场部署，模拟现场布置（图 2.4-10）。

（6）生成数据报表，合理调配现场资源（图 2.4-11、图 2.4-12）

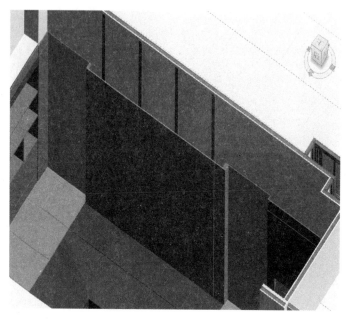

图 2.4-9　三维墙面效果

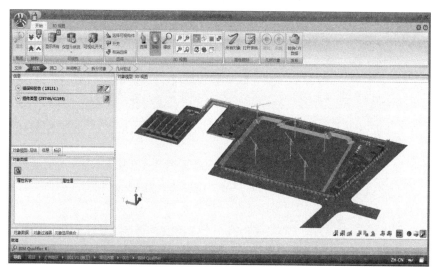

图 2.4-10　模拟现场布置

图 2.4-11　材料报表

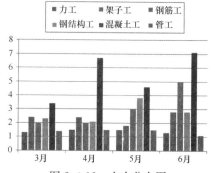

图 2.4-12　人力分布图

（7）辅助营销展示（图 2.4-13～图 2.4-15）。

图 2.4-13　室内装修展示

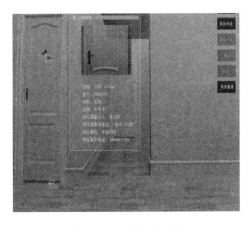

图 2.4-14　构件信息展示

物联网技术 （IOT）	数字化建筑技术 （BIM）	云技术 （Cloud）
物联网技术的兴起，伴随着国家对物联网技术的大力推广，使得基于物联网技术的"智慧建筑"、"智慧园区"已是大势所趋	BIM 应用的普及，使得建设阶段所获得的大量基于 BIM 的信息，完整的应用到运营维管期，将是未来 BIM 技术的最大应用前景	云技术被广泛接受与认可，并开始从实验室中的理论开始走向实用，未来越来越多的基于互联网的应用会基于云技术来实现

图 2.4-15　构件库概述

2.4.2　问题

（1）为保证效果图效果需用哪些渲染软件？

（2）怎样建立企业精装修专业构件库平台？

（3）为保证精装修的个性化与规模化作业怎样建立材质库？

（4）BIM 技术在精装修深化设计中应用点有哪些？

（5）如何实现基于 BIM 技术的虚拟展示？

57

2.4.3　要点分析及答案

第 2.4.2 条中五个问题要求分析及答案如下：

（1）由于各个专业软件侧重不同，现将主流渲染软件列举如下：

1）3DS MAX；2）VRAY；3）Sketchup；4）Lumion；5）C4D；6）HYPER-SHOT。

（2）构件库是以传统构件为数据库，结合 BIM 技术、互联网技术、物联网技术、云技术，搭建统一的覆盖设计—采购—施工—运维一体化平台。

将装修构件经过数据化处理上传到数据库中，并与构件分类编码相关联，关联规则：通过构件分类编码规则对数据中心的数据进行分类整理，并且对构件进行全面的审查，避免出现构件与编码不一致的现象。数据中心的数据库中存在平台关联字段，同时软件程序也会自动识别平台，展示与平台对应的构件数据。

应本着使用方便、以人为本、提高效率的原则，对构件库平台界面合理优化布置，最终实现高质量企业级 BIM 构件库平台。

（3）装修中个性化和规模化看似是一个矛盾点，但通过 BIM 技术的应用搭建项目材质库可以很好地解决该矛盾，企业可通过比选，确定标准的部分材质，以应对规模化作业需求，在个性化装修设计过程中，对于展示个性的部分在 BIM 软件中进行预演，得出最优方案，将个性化和规模化两部分所用材质经过数据化处理上传平台，建立符合自身企业的材质库。

（4）应用点有如下四个：

1）通过应用 BIM 技术创建 BIM 模型可以直观的、可视化的对专业的每一个细节在施工前进行模拟，找出问题，解决问题。

2）通过 BIM 技术的应用，调整各专业的施工顺序，优化施工方案，避免重复施工，节约工期。

3）针对地面工程和天花吊顶工程直接生成排版方案模拟现场排布，充分利用现场材料，避免浪费，节约成本。

4）对于非标准的构件可出图纸，厂家进行生产，现场进行安装。

（5）将 BIM 模型作数字化处理并与 VR 技术相结合，建立虚拟的空间，在这个虚拟的空间中，真实地展示装修效果，直观地表现设计理念，解决效果展示的局限性和装修方案的有限性。

（案例提供：李天阳）

2.5　某水电站调蓄水库 BIM 设计应用

水电行业 BIM 应用已经覆盖水利枢纽、水电站、河道整治、引调水、灌溉排涝、水环境水生态等多类型建筑设施，工程设计中应用 BIM 技术可以创造出更多的技术先进、高品质、绿色生态的设计产品。本案例针对典型的水库枢纽工程开展的 BIM 设计进行阐述和总结，旨在为同类型项目提供参考和交流。

2.5.1 项目背景

1. 项目简介

（1）项目特点

该调蓄水库建筑物组成包括面板堆石坝、溢洪道、压力管道进口塔架、输水隧洞出口闸室及消能设施、库尾挡渣坝、码头设施、环库道路等。由于水库天然库容不能满足电站需求，还需要进行库盆扩挖增加有效库容。区域内各建筑物布置相互制约，交叉干扰大。整个水库枢纽模型的鸟瞰图如图 2.5-1 所示。

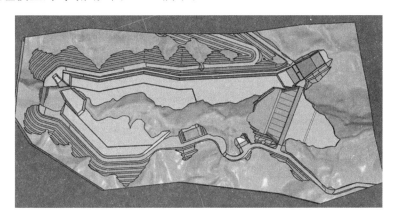

图 2.5-1 水库枢纽模型鸟瞰图

（2）BIM 期望应用效果

该水库区域聚集建筑物较多，交叉部位空间关系复杂，应用 BIM 技术除提升各单体建筑物设计产品质量之外，还期望清晰反映水库枢纽建筑物相互关系，优化关联部位设计，同时能够在保证获取有效库容的情况下尽可能减小开挖量，避免高边坡，提高施工期与业主的沟通效率。通过设计模型直接输出二维施工图纸，避免人为绘制错误，缩减出图时间，确保工程图纸一次性审查通过率。

2. BIM 应用内容

（1）BIM 应用概况及实施路线

1）BIM 设计平台

该项目基于达索 CATIA V5 软件平台实施，该平台具有较强的参数化设计、曲面造型和知识经验集成功能。为便于快速、高效设计，基于服务器端进行了统一设计环境设置和 BIM 设计标准、自主开发设计工具与设计流程以及模板库集成，在此协同环境中开展施工图阶段调蓄水库 BIM 设计。

2）实施路线流程

调蓄水库 BIM 设计涉及水工、金属结构等相关专业不同设计工程师、各专业设计人员在"所见即所得"的枢纽环境中统一进行设计，实现协同工作、信息共享。总体实施路线如下：

① 依据地形数据形成地形数字产品；

② 布置各建筑物初期骨架轴线；

③ 调用方案模板确定各建筑物方案布局；

④ 调整优化确定精准骨架参数；

⑤ 调用详细模板完成各建筑物详细设计；

⑥ 交叉关联部位优化设计；

⑦ 输出施工图纸。

（2）BIM 应用内容及实施成果

1）骨架确定

根据前期设计方案格局，各建筑物轴线需要精准确定后才能实施详细设计，特别是库盆开挖设计对工程的安全、投资和周围环境的影响颇大。施工图阶段充分利用 BIM 设计软件平台的参数化、实时更新等功能，将开挖获取的有效库容数据作为目标值，通过有规律调整开挖基准线得到目标值与开挖量的关系曲线图。根据曲线曲率确定出最佳的开挖基准线，在有限增加开挖量的同时最大限度获取有效库容，实时高效、方便快捷开挖。水库开挖体形式如图 2.5-2 所示。

图 2.5-2 开挖基准线与开挖体

其他建筑物骨架轴线的确定也是以影响关键值作为目标，调整轴线获取最佳目标值，进而定位骨架轴线。确定后的各建筑物骨架轴线如图 2.5-3 所示。

图 2.5-3 各建筑物骨架布局

2）开挖边坡设计

库盆开挖边坡设计是本工程的重难点之一。本项目区域集中布置多标段建筑物，只有当库盆开挖实施后才能为其他建筑物提供施工作业场地，因此库盆开挖是施工关键线路上的第一环节，对工程进度制约非常大。按照业主要求，左岸开挖边坡上还需要设置一条宽度 8m、高差 15.5m 的交通道路；右岸开挖因直接影响输水隧洞施工场地前期准备，要求施工图出图周期大幅压缩，这些要求给设计提出了诸多难题。

开挖边坡设计时充分利用开挖断面模板技术，根据边坡稳定计算结果，实时调整模板边坡开挖坡度、马道宽度、马道级数等参数，快速形成控制性开挖断面。结合左岸斜坡道路贯穿边坡的特殊情况，在开挖基准线控制点处设置控制性开挖断面，最终形成左岸连续开挖面。右岸边坡应用 BIM 技术从开挖方案布置、边坡计算、BIM 模型完成、输出图纸只花费了 4 天时间，因为模型的精准合理，输出的图纸一次性通过审查，充分体现了 BIM 设计准确高效的应用价值（图 2.5-4、图 2.5-5）。

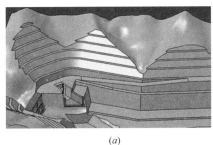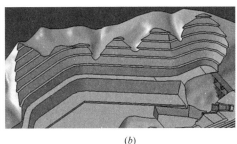

(a)　　　　　　　　　　　　　　　　　(b)

图 2.5-4　库盆左、右岸开挖 BIM 设计

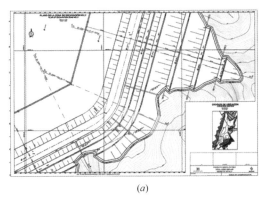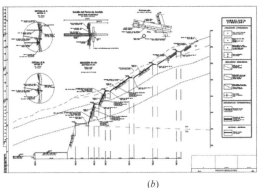

(a)　　　　　　　　　　　　　　　　　(b)

图 2.5-5　模型输出图纸

复杂边坡开挖空间关系复杂，应用 BIM 技术可以清晰表达空间的相对位置关系，并获取准确开挖工程量，且调整便捷，事半功倍。

3）大坝趾板设计

面板堆石坝 BIM 设计关键之一是趾板设计，主要内容包括基准线确定、空间体形布置等。基准线依据地形地质情况按规范要求选定，体型布置则主要依赖模板技术进行空间布局。设计时，以基准线为定位骨架，利用嵌入规则的各类趾板模板，生成符合要求的直线段自适应趾板体形，在基准线转角、趾板变截面处进行局部细节特殊处理。应用 BIM 技术创建趾板 BIM 模型完成趾板虚拟放线，确保趾板空间体形准确，帮助指导现场施工放线（图 2.5-6、图 2.5-7）。

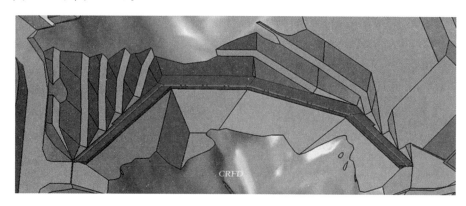

图 2.5-6 趾板基准线及空间体形

（*a*）   （*b*）

图 2.5-7 趾板断面体形

4）基于 BIM 模型的信息交流

CATIA 软件平台具有保留过程数据的功能，利用此功能可以方便地存储过程中的关键信息和数据，制作针对性场景用于信息传递交流。

在本工程施工图出图过程中，业主要求提供按施工图纸开挖后的有效库容数据。基于调蓄水库 BIM 设计模型，定制了有效库容、开挖量表达等场景，在与业主沟通时，以实际模型和直观数据表现了水库开挖量与获取有效库容情况，体现了 BIM 模型无损传递信息的价值（图 2.5-8）。

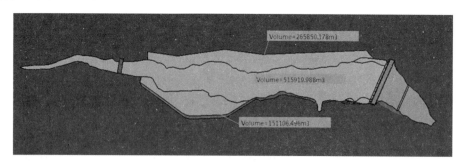

图 2.5-8 定制场景传递信息

5）分析验证

基于构建的 BIM 模型，可以进一步开展一系列分析验证工作，如指导物理模型试验、水流数值模拟等，拓展其应用价值（图 2.5-9）。

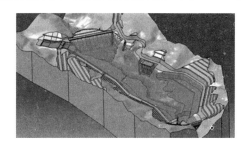

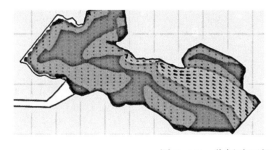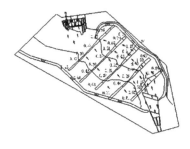

图 2.5-9　分析验证拓展应用

（3）项目实施经验总结

1）BIM 模型设计

应用 CATIA 软件平台，采用骨架驱动的设计理念，充分应用其参数化设计、模板库、过程数据可追溯、协同设计环境等功能，按照初期骨架→加载方案模板→精准骨架→加载详细模板→关联设计优化→输出产品的设计工作流程，调整骨架轴线模型自动更新、更改参数数值模型自动更新、修正过程操作模型自动更新，加载不同细度模板，实现不同阶段设计目标，便捷完成水电工程的 BIM 全过程设计，输出图纸品质大大提高，确保审查一次性通过。

尤其针对复杂开挖设计，工程量计算精度高，出图工作量大大降低。对于趾板此类空间结构，通过 BIM 模型虚拟放线，避免了施工现场发现错误再临时更改现象的发生，保证了工程质量和施工速度。

2）BIM 模型拓展应用

BIM 模型不仅限于输出图纸，也逐渐成为工程师信息传递交流的新介质和分析验证工作的基础。用模型和数据说话开启了一种全新的工作模式，基于统一模型数据源，准确传递信息，大大提高沟通效率，省去了分析软件的前处理工作，精确指导物理模型制作。

通过本项目 BIM 技术的实施，达到了既定的期望值，体现了 BIM 多维度应用价值。

2.5.2　问题

（1）BIM 软件哪些特点适合开展水电工程设计？

A. 骨架驱动

B. 参数化

C. 模板库

D. 所见即所得

（2）如何理解需要采用不同层级的模板表达？

A. 不需要制作不同层级的模板

B. 不同层级模板各有其作用

C. 模板参数设置不宜过多

D. 模板用处有限

（3）BIM 模型的应用价值有哪些？

A. 输出图纸

B. 工程量统计

C. 分析计算前处理

D. 信息传递

（4）协同设计的最大优势是什么？

A. 实现信息共享

B. 避免文件重复拷贝

C. 便于设计变更

D. 完成模型总装

（5）应用 BIM 技术开展水电工程设计的流程是什么？

2.5.3 要点分析及答案

第 2.5.2 条中五个问题要点分析及答案如下：

（1）标准答案：ABCD

答案分析：水电工程建筑物 BIM 设计因受地形地质影响而变化多样，利用骨架驱动可以适应轴线变化，利用参数化可以适应构件变化，利用模板可以快速完成建筑物模型，在所见即所得的环境中设计适应地形地质环境的最优设计方案。

（2）标准答案：BC

答案分析：BIM 设计中针对一种类型构件，应有不同层级的模板进行表达，方案阶段调用详细模板，不仅增加模型数据量，还因参数不能完全确定而影响方案比较工作速度。

（3）标准答案：ABCD

答案分析：BIM 模型是一种数字化成果，除满足生产出图、工程量统计之外，还可以与分析计算软件接口、制作场景与动画传递信息等，实现更多的应用价值。

（4）标准答案：A

答案分析：水电工程设计是多专业、多人员参与的一种复杂活动，设计周期较长。采用协同设计其最大的优势就是统一模型信息源，在共享环境中完成协作，避免信息重复、丢失。

（5）采用骨架驱动的设计理念，按照初期骨架→加载方案模板→精准骨架→加载详细模板→关联设计优化→输出产品的设计工作流程，调整骨架轴线模型自动更新、更改参数数值模型自动更新、修正过程操作模型自动更新，加载不同细度模板实现不同阶段设计目标。

答案解析：水电工程 BIM 设计需要按既定的一种流程实施，以避免工作反复。此处给出一种经工程实践验证后的设计流程方法供参考。

（案例提供：杨顺群、郭莉莉）

2.6 某海外设备维修工厂 BIM 应用

本案例就某海外机械设备维修工厂项目在设计、采购、施工各阶段进行了 BIM 技术的应用总结。该项目以设计 BIM 为基础，让 BIM 模型在各个阶段重复使用，让 BIM 数据在各个阶段流转，目标是实现项目的精细化管理。通过本案例会对 BIM 数据和模型在工厂项目全生命周期的应用有更加清晰的理解和认识。

2.6.1 项目背景

1. 项目简介

（1）项目特点

该项目为海外 EPC 项目，是集设计、采购、施工一体化运作的工程实施模式，工程承包商需要精细化管理各个环节，才能为自己创造最大的经济效益。同时，由于海外施工人员的素质和货运通关周期长等原因，海外项目错漏碰缺问题的处理成本会比国内项目更高，如果现场出现问题，制造返工、货运往返带来的费用高、时间长等问题还会直接影响项目的成本和工期。

（2）BIM 期望应用效果

在设计阶段开始使用 BIM 技术，统一协同标准和平台，加强设计管理，提高设计质量和效率，尽量将施工阶段可能遇到的冲突问题提前解决，并通过协同平台管理交付文件，为后续阶段 BIM 的应用提供基础。

以设计阶段的 BIM 模型为基础，打通从预算、设计、采购、物流、施工的数据链条，让 BIM 模型重复使用，让 BIM 数据在信息化管理系统中真正流转起来，实现项目效益的最大化（图 2.6-1）。

2. BIM 应用内容

（1）搭建 BIM 协同设计平台

本项目使用 BentleyProjectWise 软件为项目的 BIM 协同设计平台，通过自主开发的工具，可以直接从公司的项目管理系统直接导入项目的 WBS、施工图套图和人员权限信息（图 2.6-2），实现设计平台和项目管理平台的数据统一。

（2）设计阶段多专业在线协同设计

本项目参与的有十几个专业，软件种类多、数据格式不统一，版本管理、协同管理难度大。通过 ProjectWise 协同设计平台，将种类繁多的 BIM 软件进行集成，并通过统一协同标准，实现各专业的在线协同设计，改变了点对点的沟通方式，有效地避免了信息孤岛的产生，保障了各专业顺畅有序的信息交流，提高了设计质量和效率。

以某系统为例，结构的计算模型从 PKPM、SAP2000 软件中通过接口程序导入协同平台，SolidWorks 设备模型通过格式转换和轻量化导入协同平台，管线模型直接在 Bent-

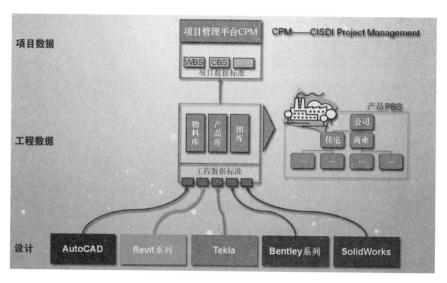

图 2.6-1 项目 BIM 应用流程和目标

图 2.6-2 导入项目套图信息

ley 系统中完成进入协同平台,各专业模型参考在一起组成该系统的完整模型(图 2.6-3)。

(3)智能 P&ID 设计

工厂设计一般会以 P&ID(工艺仪表流程图)软件为基础,而如何保证 P&ID 中设备、元件信息和三维设计一致是非常重要的环节。业主在招标文件中明确要求使用智能 P&ID 软件,实现 P&ID 软件和三维布置模型的自动校验。如图 2.6-4 所示中,绿色显示

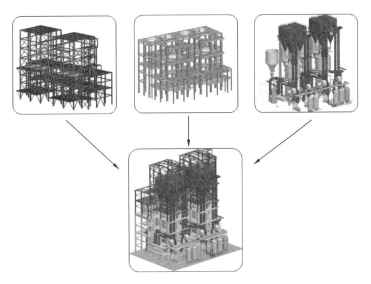

图 2.6-3　某系统在线协同设计

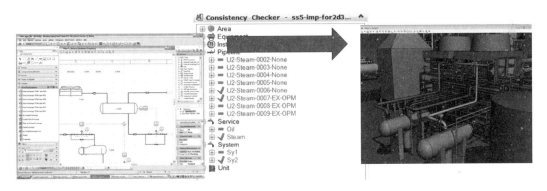

图 2.6-4　P&ID 图纸和 3D 模型一致性校验

的管号和设备表示 P&ID 图纸和三维模型中均包含此对象，且属性一致；红色显示的管号和设备则表示 P&ID 图纸中有此对象，三维模型中尚未建模，需要补充。

（4）管道材料等级表和工程数据库

为确保管道材料选择的正确性和规范性，本项目按流体介质、压力、温度和管道材质，将管道材料分成了的若干个等级，并建立管道材料等级表（表 2.6-1）和工程数据库。管道材料等级表中规定了每个等级下面全部管道的组成件（包括管道、管件、阀门、法兰、垫片、螺栓、螺母以及其他附件）的标准、材料、尺寸和型号等信息；管道材料工程数据库是根据等级表建立的具体元件库，用于驱动三维软件设计建模。

（5）管线 ISO 图

工厂的管线施工，尤其是海外项目，根据管线施工单位的惯例，一般均需设计单位提交 ISO 图纸，即单管轴测图（图 2.6-5）。该图纸需标注管线的详细安装尺寸、焊点，其表达深度远远深于通常的国内管线平断面图纸。该图纸一般最好从三维软件中自动抽取，如果由人工绘制，其工作量非常惊人。一般常用的软件有 SmartPlant3D、PDMS、Open-Plant 等。

管道材料等级表

表 2.6-1

版次	项目名称及编号			外径（系列）mm	公称压力 MPa 16 壁厚/压力 mm/PN	端面形式	压力范围 MPa 0<P≤10 管径1 mm	管径1 mm	设计温度 ℃ 0~60 管径2	管径2 mm	基本材质 碳钢 材质	腐蚀余量 mm 1 标准代号	流体介质 材料表描述
	备注	管件类型											
0		管道		18	3	PE	15	15			20	GB/T 8163—2008	无缝钢管 D18×3
0		管道		23	3	BE	20	20			20	GB/T 8163—2008	无缝钢管 D25×3
0		管道		32	3	BE	25	25			20	GB/T 8163—2008	无缝钢管 D32×3
0		管道		38	3.5	BE	32	32			20	GB/T 8163—2008	无缝钢管 D38×3.5
0		管道		45	4	BE	40	40			20	GB/T 8163—2008	无缝钢管 D45×4
0		管道		57	4	BE	50	50			20	GB/T 8163—2008	无缝钢管 D57×4
0		管道		76	4.5	BE	65	65			20	GB/T 8163—2008	无缝钢管 D76×4.5
0		管道		89	4.5	BE	80	80			20	GB/T 8163—2008	无缝钢管 D89×4.5
0		管道		108	5	BE	100	100			20	GB/T 8163—2008	无缝钢管 D108×5
0		管道		133	5	BE	125	125			20	GB/T 8163—2008	无缝钢管 D133×5
0		管道		159	5	BE	150	150			20	GB/T 8163—2008	无缝钢管 D159×5
0		90°弯头		Ⅱ	sch40	BW	15	15		150	20	GB/T 12459—2005	90°弯头，DN150Ⅱ-Sch40 90E(L)
0		45°弯头		Ⅱ	sch40	BW	15	15		150	20	GB/T 12459—2005	45°弯头，DN150Ⅱ-Sch40 45E(L)
0		异径三通		Ⅱ	sch40	BW	20	20	15	125	20	GB/T 12459—2005	异径三通 DN125×65Ⅱ-Sch40 T(R)
0		等径三通		Ⅱ	sch40	BW	15	15		150	20	GB/T 12459—2005	等径三通 DN125Ⅱ-Sch40T(S)
0		同心异径管接头		Ⅱ	sch40	BW	20	20	15	125	20	GB/T 12459—2005	同心异径管接头 DN100×80R(E)
0		对焊支管座		Ⅱ	sch40	BW	50	50	15	50	20	GB/T 19326—2012	对焊支管座 DN150×50-STD WOL
0		法兰		…	PN16	RF	15	15		150	20	GB/T 9119—2000	法兰 DN100-PN16RF Ⅱ
0	柔性石墨 金属缠绕垫片	垫片		…	PN16	RF	15	15		150	20	GB/T 9126—2008	非金属平垫 RF DN100-PN16
0		螺栓螺母		…	PN16	STUD	15			150	8.8级 8级	GB 901-88、GB/T 6170—2000	螺柱及螺母 M16×100
0		手动闸阀		…	PN16	FL	50	50		150	20		闸阀，Z41H-16C,DN100
0		手动球阀		…	PN16	FL	15	40			20		球阀 Q41H-16C,DN25

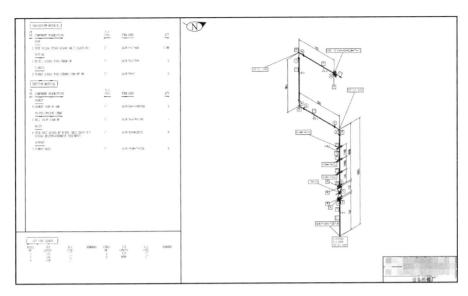

图 2.6-5　管线 ISO 图

（6）基于 BIM 的碰撞检测

本项目制定了《基于 BIM 的碰撞检测实施指南》，将碰撞检测分为施工图设计、施工图深化设计两个阶段（图 2.6-6）。施工图设计阶段的碰撞检测由设计方的 BIM 团队完成，主要目的是复核施工图纸中存在的错漏碰缺问题，优化设计。施工图深化设计阶段的碰撞检测由施工单位完成，施工单位基于其深化设计的结果再一次进行碰撞检测，优化图纸中存在的问题，进一步减少变更和返工，提高工程质量（图 2.6-6）。

（7）基于 BIM 的性能分析

将 BIM 软件中的设备模型导入仿真分析软件，进行结构强度、刚度的仿真分析（图 2.6-7），确保结构的可靠性。

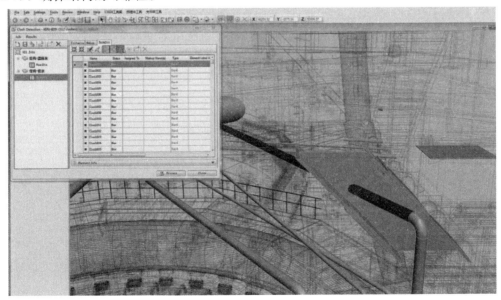

图 2.6-6　基于 BIM 的碰撞检测

69

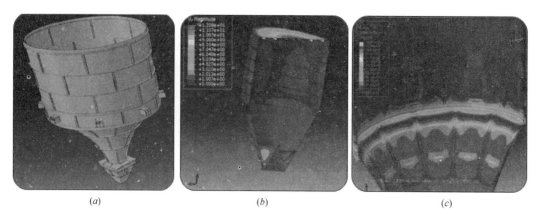

(a)　　　　　　　　　　　(b)　　　　　　　　　　　(c)

图 2.6-7　基于 BIM 的结构强度刚度分析

针对某系统的混风工艺，研究、优化混风装置内部流场及出口气流的均匀性进行仿真分析。通过调整动量比，使支管、主管冷热空气得到更加良好的掺混（图 2.6-8）。

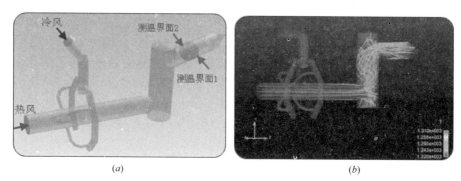

(a)　　　　　　　　　　　　　　(b)

图 2.6-8　基于 BIM 的流场分析

（8）采购阶段材料管理

BIM 数据的后续使用依赖于信息化管理平台在项目中的使用。在本项目中，利用企业自主开发的项目管理平台，才能使得设计工程量与预算工程量、材料表相关联，实现 BIM 数据从设计阶段流转至项目管理平台（图 2.6-9）。以钢结构深化设计为例，Tekla 模型输出的工程量数据进入 CPM 系统，得到基于套图、分图的材料汇总。这些工程量数据后续同步流转到采购清单、物流清单以及进度管控中去。

（9）施工阶段进度管理

项目部制订了详细的实施计划，包括总网络计划、单项工程进度计划、月计划、周计划，特点是单体计划细化到工序。进度管理以工程量完成率衡量。根据参与单位每天填报的工程量，与系统中流入的 BIM 工程量数据对比、评测，得到进度完成率，同时通过 4D 进度模拟（图 2.6-10），及时发现进度瓶颈，优化施工计划和方案。

（10）施工阶段质量管理

在施工现场，使用移动端现场数据采集软件 GDT，将 BIM 模型和图纸导入移动端，实现随时查看 BIM 模型和 CAD 图纸，比对查找质量安全问题，并通过拍照、摄像等方式记录下来，实现缺陷问题可视化（图 2.6-11）。同时也便于问题的跟踪、处理及统计，为

图 2.6-9　基于 BIM 的材料管理

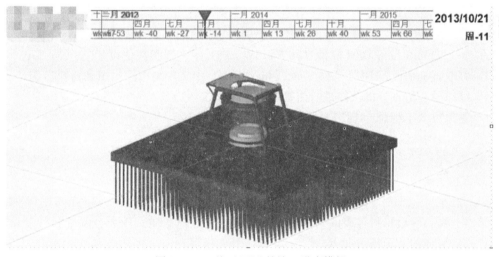

图 2.6-10　基于 BIM 的施工进度模拟

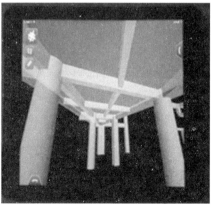

图 2.6-11　基于 BIM 的施工质量管理

决策分析提供有效的数据支撑。

2.6.2　问题

（1）下面关于管道材料等级表的描述，正确的有哪些？

A. 按流体介质、压力、温度和管道材质，将管道材料分成的若干等级

B. 按专业、流体介质、压力、温度和管道材质，将管道材料分成的若干等级

C. 避免设计人在多种管道材料的选择中无所适从，提升设计标准化水平

D. 管道设计过程中分工调整的工具，管道设计人在设计过程中不负责管道材料选用，只负责工艺设计

（2）下面关于管道 ISO 图的描述，正确的有哪些？

A. 较直观且全面地反映管道部件间的相对关系，而且尺寸数据齐全，可以直接用于管道施工

B. 标识了各部件的材料、规格和数量信息，对材料发放和领用带来了很大方便

C. 通过管道 ISO 图，可以得出车间预制和现场安装的管段和部件的数量，可以据此来控制施工进度

D. 明确地标出焊缝编号和焊接类型，方便管理人员对焊接质量的控制

（3）下面关于设备 BIM 模型的描述，正确的有哪些？

A. 可以直接在设备 BIM 软件（如 SolidWorks）中实现参数化设计

B. 可以直接在设备 BIM 软件（如 SolidWorks）中实现制造图出图和材料量统计

C. 可以导入仿真分析软件进行仿真分析

D. 可以导入工程设计 BIM 软件中，进行空间占位

2.6.3　要点分析及答案

第 2.6.2 条中三个问题要点分析及答案如下：

（1）答案：ACD

答案分析：管道材料等级的划分和专业无关，按流体介质、压力、温度和管道材质，将管道材料分成的若干等级即可。

（2）答案：ABCD

答案分析：管道 ISO 图是管路在等轴测视向上的投影图，它描述了管路系统的所有细节，包括管路及其部件的图形、尺寸和焊点信息，材料清单中列出各部件的标准、规格、数量等信息。方便了管路的预制、领料、施工、焊接质量的检查和控制。

（3）答案：ABCD

答案分析：设备 BIM 软件已十分成熟，可以方便地实现参数化设计、制造图出图和材料量统计。同时，经过轻量化的处理，可以方便地导入仿真分析软件和工程设计 BIM 软件中，进行模型的复用。

（案例提供：刘镇、钟星立、焦震宇）

2.7 某西部复杂艰险山区高速公路工程 BIM 应用

BIM 技术的应用可以贯穿交通基础设施的规划、勘察、设计、施工、运营维护等各阶段，实现项目全生命周期各参与方在同一多维建筑信息模型基础上的数据共享，为精细化设计、工业化建造和产业链贯通提供技术保障；支持对工程环境、能耗、经济、质量、安全等方面的分析、检查和模拟，为项目全过程的方案优化和科学决策提供依据；支持各专业协同工作、项目的虚拟建造和精细化管理，为交通运输行业的提质增效、节能环保创造条件。近年来，我国的 BIM 技术逐渐由建筑行业延伸到交通运输行业，在轨道交通、桥梁设计等方面取得了较好的应用效果。

2.7.1 项目背景

1. 项目简介

（1）项目特点

该项目位于我国西南 XX 省。项目里程为 96.974km，桥梁总长 39.654km，占总长 40.8%，隧道总长 16.952km，占总长 17.48%，枢纽互通 1 座，一般互通 6 座。项目沿线多山地，地形复杂，高差比较大，同时地质条件复杂，项目桥隧比例高，使得项目工程规模大，建设难度大，造价高项目局部如图 2.7-1 所示。

图 2.7-1 项目局部图

（2）BIM 期望应用效果

该项目位于西部山区，建设设计面临着一系列问题：测量方面，项目区域地势复杂，测量工作开展困难；地质方面，区域地质构造复杂，断层发育，褶皱较多，地震烈度高，传统处理手段落后；路线路基方面，顺层边坡较多，存在展线困难，互通式立交布设困难；桥隧方面，项目总里程长，桥隧比高，设计效率低。为有效解决传统设计可能遇到的问题，本项目采用 BIM 技术进行设计。

该项目主要 BIM 期望应用效果，首先是通过无人机航测获取项目区域的点云高程数据和影像数据，构建数字三维地形模型；然后，通过 BIM 技术进行选线，初步确定路线走向；通过三维地质工具对地质钻孔数据进行管理，并创建三维地质模型；在三维数字地形的基础上，利用自定义标准横断面实现参数化道路路基模型创建和出图；构建桥梁标准族库，实现常规桥梁的参数化建模；基于可视化的三维平台实时反馈设计问题。

2. BIM 应用内容

（1）高精度数字地形模型

本项目地势复杂，传统测量工作测量效率低、测量周期长。因此，应用先进的无人机航测技术获取测量数据成为必要。目前主流的航测技术包括航空摄影测量、倾斜摄影测量、激光雷达测量三种。三种测量手段各具特点，根据公路设计的特点和要求，本项目采用无人机搭载激光雷达技术进行测量，获取满足 1∶500 测图精度的数据，测量成果包括高清地面正摄影像（DOM）、1∶500 三维地形模型（DEM）、高精地物点云数据（LAS），并可在 infraworks 软件中重新构建出高精度数字地形模型（图 2.7-2），为后续设计工作奠定基础。

图 2.7-2　高精度三维数字地形模型

（2）地质专业进行复杂地质三维建模

在当前传统地质工作中，存在查询资料困难、对上阶段资料的利用不足、重复性工作多（由于调线）等诸多问题，本项目通过三维地质建模（图 2.7-3），能够实现不同项目、不同阶段地质资料共享，并且与设计信息共享，同时可以实现快速出图。

图 2.7-3　三维地质模型

（3）路基专业以部件编辑器为核心参数化创建道路模型

路基专业，通过 Subassembly Composer 参数化路基标准横断面（图 2.7-4），为各结构层赋代码，在 Civil3D 软件中直接生成道路模型。能够快速精确创建道路模型，实现设计方案的三维可视化，直观形象地反映设计中的不合理，有助于及时优化设计方案。

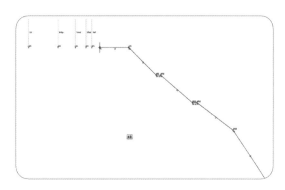

图 2.7-4　道路横断面部件

道路三维模型的快速建立可分为以下几步：首先，对初步的桥梁、隧道以及挡防等构筑物区段进行划分；然后，创建道路标准横断面装配；最后，对道路模型参数进行设定后就可以快速生成道路模型，从而查看设计方案了。对于高填方、深挖方路段我们可以很快地判别，从而优化设计（图 2.7-5）。

（4）桥梁专业基于 Revit 软件进行参数化建模

Revit 软件作为一款结构建模软件非常适用于民用建筑领域，但交通领域的桥梁是基于空间路线设计，单一的 Revit 软件无法满足设计要求。本项目采用 Revit 软件和 Dynamo 软件结合的方式，通过 Revit 软件建立常规桥梁参数化标准构件库（图 2.7-6），然后编写 Dynamo 命令流，导入 Civil3D 路线信息后，在 Revit 软件中完成桥梁上下部结构的自动布设。

图 2.7-5　高边坡自动预警

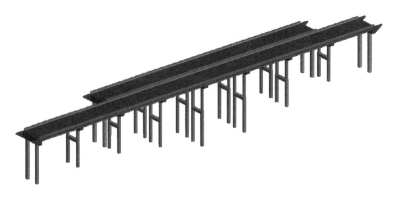

图 2.7-6 常规桥梁模型

2.7.2 问题

（1）BIM 对业主方和管理方的功能价值有（　　　）

A. "所见即所得"，提升基础设施性能

B. 减少变更，减轻协调工作量

C. 加强项目精细化管控能力

D. 降低沟通难度

E. 优化设施运营管理

（2）利用激光雷达测量获得的成果有（　　　）

A. 高清地面正摄影像

B. 1：500 三维地形模型

C. 高精地物点云数据

D. 多角度多方位照片数据

E. 带高程的影像数据

（3）本项目桥梁设计涉及的工具有（　　　）

A. Revit

B. Dynamo

C. Infraworks

D. Civil3D

E. 3Dmax

2.7.3 要点分析及答案

第 2.7.2 条中三个问题要点分析及答案如下：

（1）标准答案：ABCDE

答案分析：业主单位应用 BIM 技术管理建设项目，工程对象在每个建设阶段的工程量计算得到实时呈现，可对工程信息及建设进展实现信息化、批量化、规范化管理，有效控制工程信息传递的错误率，BIM 技术可以让业主单位实现从设计、施工到后期运营维护的多方位综合管理，提升管理效率，节约管理成本，提高管理水平。

（2）标准答案：ABC

答案分析：机载激光雷达测量主要的成果包括高清地面正摄影像（DOM）、1∶500 三维地形模型（DEM）、高精地物点云数据（LAS）。

（3）标准答案：ABD

答案分析：本项目桥梁设计技术路线是 Revit 建立标准参数化构件库，由 Civil3D 提供路线数据，使用 Dynamo 命令流完成桥梁布设。

（案例提供：朱明、肖春红、周玉洁）

2.8 某办公楼改扩建项目 BIM 技术应用

使用 BIM 技术进行设计，从设计深度的提前到思维方式的改变，带给工程设计的是全新的设计方式。它能真正实现所有图纸信息元的单一性，实现一处修改处处修改，提升设计效率和设计质量。对于传统 CAD 时代存在于建设项目设计阶段的 2D 图纸冗繁、错误率高、变更频繁、协作沟通困难等缺点，BIM 所带来的价值优势是巨大的。本案例介绍 BIM 在改扩建设计项目中关于绿色建筑分析、设计优化、协同设计、施工指导等方面的应用及其价值。

2.8.1 项目背景

1. 项目简介

（1）项目特点

本项目位于某市 X 环路，场址属某企业办公区内。大楼设计于 1985 年 9 月，南北朝向，南向临街。东西向长约 58.8m，南北向宽约 23.9m，框剪结构，总建筑面积 8143.96m²，建筑主楼为 10 层，局部 11 层，建筑高度 43.45m，改造后总面积达到 15272.79m²，建筑高度 51.20m，其中主楼为 13 层，局部地下一层，另新增三层副楼（图 2.8-1）。

改造前 改造后

图 2.8-1 项目改造前后图

改造后，办公楼耐火、防水、保温、节能功能都有大幅度的提升，主要用于企业日常办公使用。

（2）BIM 期望应用效果

该项目为既有建筑绿色三星改造项目，关系到旧建筑的拆改以及和新建部分的连接和大量新技术的运用。设计与施工难度非常大，希望通过 BIM 技术实现如下几点：

① 实现绿色建筑、智能化、精细化的设计。

② 通过改造达到绿色建筑三星标准，形成既有建筑改造成套技术。

③ 控制项目总造价。

2. BIM 应用内容

（1）方案阶段

项目完成了室内采光分析、风环境分析以及日照分析，通过对比分析、选型，使其达到绿色建筑标准。

1）自然采光分析

① 外窗通过 Ecotect 模拟分析软件采光模拟，调整开窗面积，满足室内自然采光。

② 设遮阳板与反射板，有效减少眩光与辐射，增加室内采光、使室内更加均匀（图 2.8-2）。

2）风环境分析

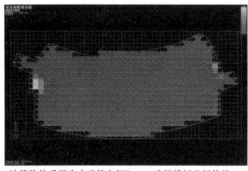

计算软件采用生态建筑大师Ecotect建筑模拟分析软件，
采光结果：自然采光平均照度 572.34
透光率：0.62　（Low-6+12A+6中空玻璃）
饰面材料反射率：0.82　（白色弹涂饰面）
地面反射率：0.59

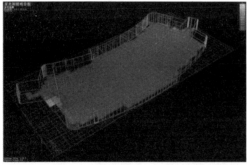

计算软件采用生态建筑大师Ecotect建筑模拟分析软件，
采光结果：自然平均采光系数 6.55
透光率：0.62　（Low-6+12A+6中空玻璃）
饰面材料反射率：0.82　（白色弹涂饰面）
地面反射率：0.59

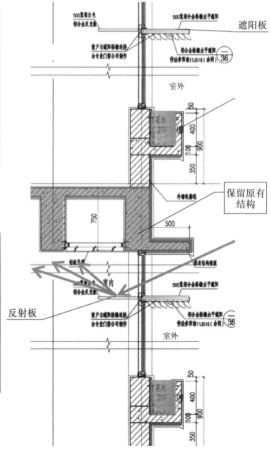

图 2.8-2　自然采光分析

　　根据室外风环境模拟分析的结果，在夏季主导风条件下，各单体建筑前后形成一定的风压差，在本报告中统一以各个单体建筑前后 10m 处的风压差作为输入边界条件。计算区域 1.2m 高度室内自然通风模拟计算结果，如图 2.8-3 所示。

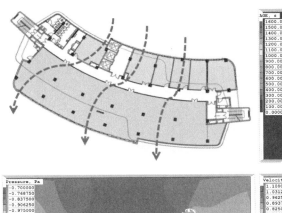
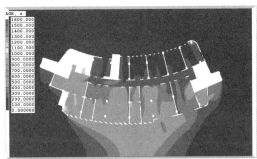
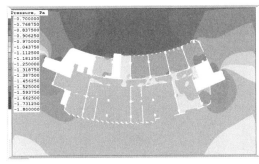
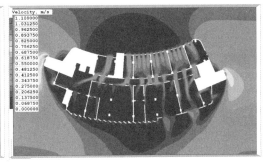

图 2.8-3　自然通风模拟计算结果

　　通过模拟结果计算得出，总进风量为 $8.05m^3/s$，即 $28980m^3/h$，总体分析该层计算条件下自然通风次数约为 9.53 次/h。主楼扩建后的一字弧形迎合夏季风向，导风进入室内，增强自然通风。通风 CFD 数值模拟优化开窗面积、开窗位置，达到自然通风要求。过渡季节，室内平均风速为 0.17m/s，大部分房间形成了较为流畅的穿堂风，迎风侧空气龄低于 300s，理论技术自然通风约为 9 次/h。

　　3）屋顶方案优化

　　裙房二层屋顶绿化，屋面绿化外结合中庭自然排烟窗顶设花池，既增加绿化面积又解决了门厅自然排烟问题（图 2.8-4）。

　　（2）施工图阶段

　　1）幕墙深化设计

　　对幕墙的分隔方式和拉索设置进行深化研究，提取二维平面与结构专业进行配合，深化节点构造，提高设计质量（图 2.8-5）

　　2）建筑深化设计

　　利用 BIM 技术可视化性，提前完成家具布置、精装设计深化等工作（图 2.8-6）。

　　3）副楼隔震及新旧结构连接分析。

　　加层、扩建部分采用与原结构相同的钢筋混凝土结构。既有建筑修建时执行的设计规范为 20 世纪 70 年代系列规范，有诸多不满足现行规程要求的地方，对此，设计师对新旧规范进行了仔细的对比研究，在 Revit 软件内建立模型后导入多种计算软件（ETABS、

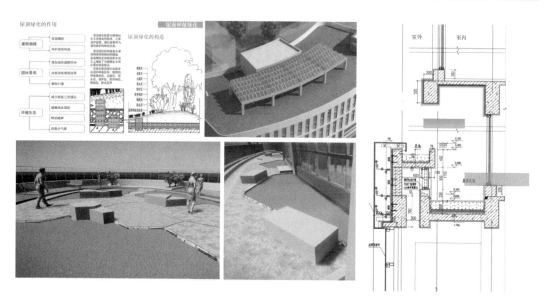

图 2.8-4 屋顶绿化

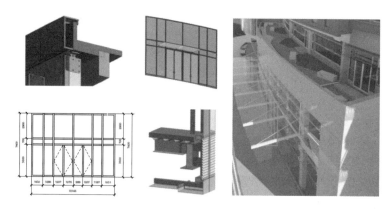

图 2.8-5 幕墙深化设计

图 2.8-6 建筑深化设计

Perform-3D、Midas gen 等）对本项目主楼改造前、改造后结构进行了大量的分析比较，得出最终结果后导回至 Revit 软件内（图 2.8-7、图 2.8-8）。

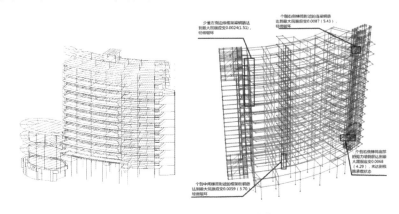

图 2.8-7　ETABS 分析计算

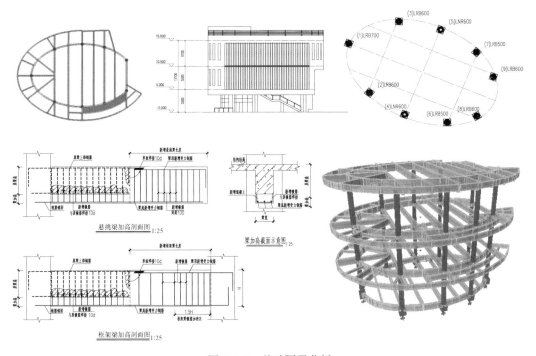

图 2.8-8　基础隔震分析

4）三维设计协同管理。

本项目基于建筑生命周期云管理平台，从方案至施工图阶段采用全过程 BIM 平台集中协同设计模式。不同于传统二维设计方式，在集中协同设计模式下（专业间使用链接方式、专业内使用中心文件方式），全专业设计师在 BIM 平台内进行三维设计协同，及时发现问题，及时修改确认。同时建立核校制度，设计师利用可视化软件完成模型检查工作，形成记录文件（图 2.8-9～图 2.8-15）。项目负责人在平台内可追踪问题解决的完成情况，保证设计质量，减少因设计错漏碰缺造成的修改 3～5 倍。

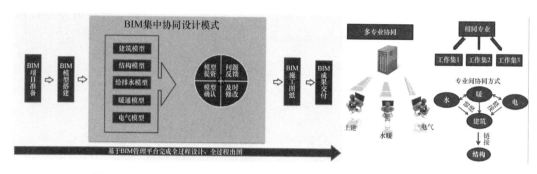

图 2.8-9　BIM 集中协同设计模式（集成多种异构 BIM 建模设计软件）

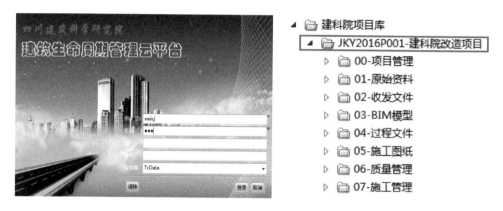

图 2.8-10　基于云端的 BIM 三维设计协同管理

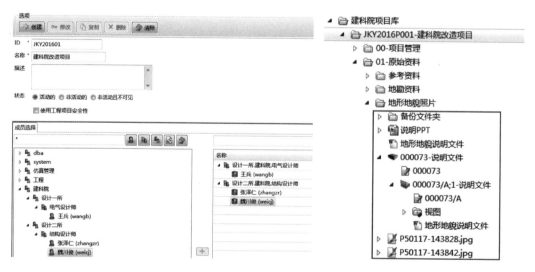

图 2.8-11　项目组织与访问权限控制，2D/3D 一体化的图文档版本、版次管理

5）阶段化设计应用

①项目分为原始、拆除以及新建三个部分。在模型中可方便地查看各阶段模型，帮助设计师直观、高效地完成设计。

②在同一模型内，查看各个阶段状态下的模型，比对各阶段项目状态，直观地查找

图 2.8-12 三维结构化的物料清单管理（构件级工程量清单）

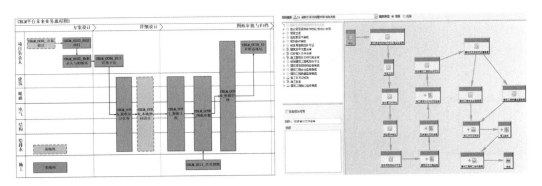

图 2.8-13 设计校审、数据冻结、技术状态发布及变更管理流程电子化

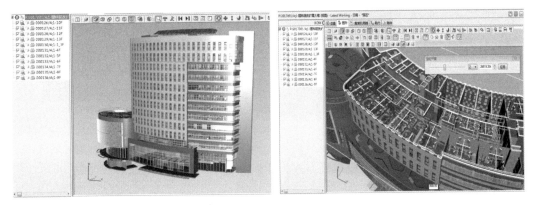

图 2.8-14 BIM 数据轻量化、可视化协同评审（多 BIM 软件数据合模，2D/3D 测量、剖切、批阅等）

设计缺漏。

③ 利用模型的阶段化可视功能，帮助机电设计师完成管线改造、设计优化工作，提高设计质量（图 2.8-16）。设计阶段布设的智能建筑系统终端，亦可为后期运维服务。

6）净高分析应用。

建立模型后，筛选出管线密集且会影响净高部位（包括走道、北侧办公室、楼梯前室）进行分析。依据管线综合图以及梁、喷淋管道、风管、电缆桥架等位置关系，根据风

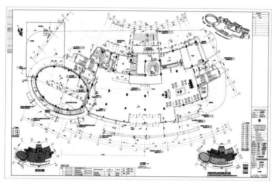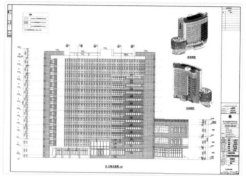

图 2.8-15 BIM 施工图输出

图 2.8-16 阶段化设计应用

口确定吊顶标高,以此调整管线布置方式,达到优化净高目的(图 2.8-17)。

(7)施工阶段

1)管线综合。

采用三维 BIM 技术进行的管线综合设计方式,跟传统管综方法比起来直观快捷,对复杂部位、多专业交叉处的处理更有着很大的优势。通过三维管综,可以因地制宜的布置合理的管线路径(图 2.8-18)。

2)工程量计算。

工程使用广联达、鲁班等算量软件统计模型工程量并用于指导施工,同时将其与传统算量进行对比,通过分析量差原因,找出导模和建模出现的原因,总结经验(图 2.8-19)。

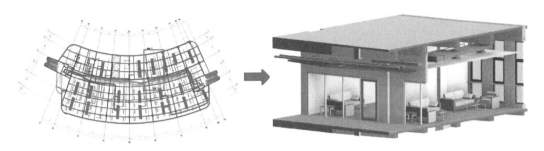

图 2.8-17 净高分析

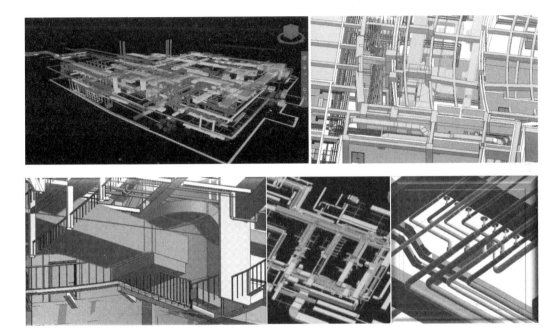

图 2.8-18 管线综合技术

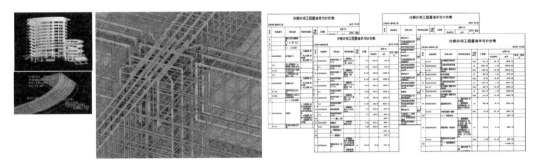

图 2.8-19 工程量计算

3）总平面布置。

由于施工场地狭小且与办公区紧邻，场地内临时道路与材料堆放是个难题。由此使用广联达 BIM5D 软件完成施工总平面布置与优化工作，高效地利用了场地资源（图 2.8-20）。

图 2.8-20 总平面布置与优化

2.8.2 问题

（1）在绿色建筑分析中，不包括（　　）。

A. 风环境分析

B. 日照分析

C. 场地分析

D. 噪声分析

（2）下列关于风环境分析说法错误的是（　　）。

A. 风环境分析一般采用计算流体动力学分析软件完成

B. 风环境分析的结果主要有总进风量、空气龄、风速、风压等指标

C. 分析模型可以从 revit 软件直接导出使用

D. CFD 软件可直接优化开窗面积、开窗位置

（3）关于 BIM 集中协同设计模式说法错误的是（　　）。

A. 专业间使用中心文件方式，专业内使用链接方式

B. 全专业设计师在 BIM 平台内完成设计工作

C. 模型问题均在平台内实时反馈、确认、修改

D. 专业内模型可以进行拆分

（4）阶段化设计应用在改扩建项目中尤为关键，下列关于阶段化设计说法正确的是（　　）。

A. 工程阶段化的实现需借助插件完成

B. 模型除可分为原始、拆除及新建三个部分外，还可增加临时构造

C. 通过相位控制模型阶段化的显示

D. 阶段化只是对模型显示的控制，并不改变模型本身

E. 仅用于设计阶段

（5）简述基于 BIM 的多专业协同设计的特点有哪些。

2.8.3 要点分析及答案

第 2.8.2 条中五个问题要点分析及答案如下：

（1）标准答案：C

答案分析：绿色建筑主要指的是节能、节材、节水、节地，一般分析的是各种物理性能指标，重点在于建筑对能源的节约利用。

（2）标准答案：D

答案分析：风环境分析是绿色建筑分析中重要的一环，主要做法是利用流体力学软件得出进风量、空气龄、风速、风压等数据，可以从 revit 导入 cfd simulation 软件中，但是 simulation 软件不具有精细建模能力，只能外部导入。

（3）标准答案：A

答案分析：基于 Revit 软件的协同是专业间采用链接方式，专业内采用中心文件方式。

（4）标准答案：BCD

答案分析：阶段化是 Revit 软件本身就具有的功能，可以广泛的用于设计施工运维等阶段。

（5）基于 BIM 的多专业协同设计是从方案至施工图阶段采用的全过程 BIM 集中协同设计模式。不同于传统二维设计方式，设计师在 BIM 平台内协同设计，及时发现问题，及时修改确认。设计师可利用可视化软件完成模型检查工作；项目负责人可在平台内追踪问题解决的完成情况；提高设计质量。

（案例提供：杨琼、魏川俊、刘佳）

第三章 施工单位 BIM 应用案例

本章导读

目前，BIM 技术已经被广泛应用在施工现场管理中。在技术方案制定过程中，利用 BIM 技术可以进行方案模拟，分析施工组织、施工方案的合理性和可行性，提前发现并排除可能发生的错误。例如在管线碰撞问题、施工方案模拟等应用，尤其在建筑结构复杂和施工难度高的项目中应用的更为广泛。在施工过程中，将成本、进度等信息集成于模型之中，形成完整的 5D 施工模型，辅助工程管理人员实现施工全过程动态物料管理、动态造价管理、计划与实施的动态比对等，实现施工过程的成本、进度和质量的数字化管控。目前，BIM 技术在施工领域的应用逐渐呈现出与物联网、智能设备、移动技术和云计算等技术集成应用的趋势，发挥出更大的作用。在竣工交付阶段，所有图纸、设备清单、设备采购信息、施工期间的文档都可实现基于 BIM 模型统一管理，可视化的施工资料和文档管理，为今后建筑物的运维管理提供全面可靠的数据支撑。

本章分别从招标投标阶段、深化设计阶段、施工质量安全管理、成本控制管理和项目综合管理等方面，介绍了现阶段施工领域主要的 BIM 技术应用内容，重点关注 BIM 技术在不同施工阶段应用内容的差异和应用方法，以及 BIM 技术与三维扫描、放样机器人等先进测量设备的集成应用。

本章二维码

3.1 某研发中心施工投标阶段 BIM 应用

3.2 ××港××期储煤筒仓工程钢结构深化设计及工厂制造 BIM 应用

3.3 北京某办公楼项目在幕墙深化设计及加工制造中的 BIM 应用

3.4 BIM 技术在交通工程深化设计中的应用

3.5 某大型公建利用 BIM 技术在施工质量中的应用

3.6 某商务写字楼项目施工阶段 BIM 在质量安全方面的应用

3.7 某市中环×路下匝道新建工程基于 BIM 的成本管理应用

3.8 某交通工程基于 BIM 的成本管理案例

3.9 某公司科研楼项目 BIM 应用

3.10 某越江隧道新建工程 BIM 应用实践

3.11 BIM 放样机器人在深圳某超型工程中的应用

3.12 高速三维激光扫描仪在北京某现代化建筑项目中的应用

3.1 某研发中心施工投标阶段 BIM 应用

招标投标，最早起源于英国，作为一种"公共采购"的手段出现，是一种商品交易行为。由于公共采购的资金主要来源于税收，为保证公共采购活动的合理有效，招标投标制度应运而生。招标和投标是交易过程的两个方面，具有程序规范、透明度高、公平竞争、一次成交的特点，有利于节约资金和采购效益的最大化，杜绝腐败和滥用职权。招标投标是一种国际惯例，采购人事先提出货物、工程或服务采购的条件和要求，邀请众多投标人参加投标并按照规定程序从中选择中标交易对象，其实是以较低的价格获得最优的货物、工程和服务。结合本案例，了解 BIM 深化设计协调管理流程，熟悉 BIM 在本项目的应用点，包括模型构件的拆分原则及要求，从而掌握 BIM 系统实施保障方法。

3.1.1 项目背景

1. 项目简介

（1）BIM 应用的必要性

在招标控制环节，准确和全面的工程量清单是核心关键，工程量计算是招标投标阶段耗费时间和精力最多的重要工作。BIM 系统是一个富含工程信息的数据库，可以真实地提供工程量计算所需要的物理和空间信息。借助这些信息，计算机可以快速对各种构件进行统计分析，从而大大减少根据图纸统计工程量带来的繁琐的人工操作和潜在错误，在效率和准确性上得到显著提高。

（2）本项目 BIM 应用特点

1）重难点：总承包管理要求高，组织协调难。

解决方式（即 BIM 深化设计协调管理流程）：

① 建立规范文件存储体系。

② 定制统一的标准。

③ 深化设计变更管理。

④ 竣工模型管理。

2）重难点：占地面积大、单体建筑集中，交通组织、总平面管理难度大。

解决方式：

通过已经建立好的一段与二段实验楼模型对施工平面组织、材料堆场、现场临时建筑及运输通道进行模拟，调整建筑机械（塔吊、施工电梯）等安排；利用 BIM 模型分阶段统计工程量的功能，按照施工进度分阶段统计工程量，计算体积，再和建筑人工和建筑机械的使用安排结合，实现施工平面、设备材料进场的组织安排。具体应用组织如下：

① 临时建筑：对现场临时建筑进行模拟，分阶段备工备料，计算出该建筑占地面积，科学规划施工时间和空间。

② 场地堆放的布置：通过 BIM 模型，分析各建筑以及机械等之间的关系，分阶段统计出现场材料的工程量，合理安排该阶段材料堆放的位置和堆放所需的空间，利于现场施工流水段顺利进行。

③ 机械运输（包括塔吊、施工电梯）安排：塔吊安排，在施工平面中，以塔吊半径

展开，确定塔吊吊装范围。通过四维施工模拟施工进度，显示整个施工进度中塔吊的安装及拆除过程，和现场塔吊的位置及高度变化进行对比。施工电梯安排，结合施工进度，利用 BIM 模型分阶段备工备料，统计出该阶段材料的量，加上该阶段的人员数量，与电梯运载能力对比，科学计算完成的工作量。

2. BIM 应用内容

充分考虑 BIM 技术与项目施工管理的密切结合，同时注重 BIM 模型在施工过程中的变更更新以及信息添加，信息分析应用，以保证 BIM 竣工模型在未来的运营维护管理中发挥作用。

应用本项目的 BIM 标准，在工程量的统计上，不仅可以把 BIM 模型直接导出到概（预）算软件中实现与定额标准的结合，直接算量计价，还可以直接用 Revit 模型按照施工进度要求实时地阶段算量，出具的清单分部分项与概（预）算专业的分部分项的项目编码和分类规则相一致。另外，通过制定统一的信息添加标准和规则，利用 Revit 软件的共享参数和族参数的统一设置，使得 BIM 模型的信息能够随意添加到建筑构件上，并能自由地被查询检索统计。但同时也要注意，该阶段的建模人员须具备一定的工程造价能力或具有施工概（预）算经验。

（1）概念设计阶段 BIM 应用

1）冲突检测。

冲突检测是指通过建立 BIM 三维空间几何模型，在数字模型中提前预警工程项目中各不同专业（建筑、结构、暖通、消防、给水排水、电气桥架、设备、幕墙等）在空间上的冲突、碰撞问题。通过预先发现和解决这些问题，提高工程项目的设计质量并减少对施工过程的不利影响。

通过 BIM 建筑结构、水、暖、电模型的建立，导出到 Navisworks 等碰撞检测类工程软件里，检查施工图的错漏碰缺，出具碰撞检查报告，并提交设计院，协商进行设计优化，使施工图设计实现零错误设计。同时，可以根据项目需要直接从 BIM 模型输出 2D 深化施工图或设计变更，也可以根据项目需要进行净高检查，并与设计和施工规范要求、业主需求作对比检查。

2）模型构件的拆分。

鉴于目前计算机软硬件的性能限制，整个项目都使用单一模型文件进行工作是不太可能实现的，必须对模型进行拆分。不同的建模软件和硬件环境对于模型的处理能力会有所不同，模型拆分也没有硬性的标准和规则，需根据实际情况灵活处理。

① 一般模型拆分原则：

a. 按专业拆分，如土建模型、机电模型、幕墙模型等。

b. 按建筑防火分区拆分。

c. 按楼号拆分。

d. 按施工缝拆分。

e. 按楼层拆分。

② 拆分要求：

根据一般电脑配置情况分析，单专业模型，面积控制在 10000m² 以内，多专业模型（土建模型包含建筑与结构，机电模型包含水、暖、电等），面积控制在 6000m² 以内，单个文件大小不大于 100MB。

（2）团队分工职责（见表 3.1-1）

团队分工职责   表 3.1-1

岗 位		职 责
BIM 项目经理		确保在整个项目实施中信息的统一和 BIM 团队潜力的充分发挥
BIM 技术总监		参与项目实施过程中的 BIM 决策，制订 BIM 工作计划。 对 BIM 实施项目进行考核、评价和奖惩。 负责 BIM 实施环境的保障监督，协调并监督 IT 人员为各项目建立软硬件及网络环境
BIM 高级顾问		为团队成员在项目实施过程中遇到的各种问题提供技术指导
BIM 商务主管		负责项目在实施过程中与项目各参与方的商务对接
BIM 专业 负责人	土建负责人	负责本专业内部的任务分工及协调。 将工程项目中每天的进程和遇到的问题准确反映在 BIM 模型之中，并提供相应的文字报告和会议纪要，提供给项目经理作管理决策。 BIM 专业负责人在项目管理中是最直接的操作者和信息的提供者
	机电负责人	
	造价负责人	
	钢结构负责人	
	幕墙负责人	
BIM 高级 工程师	土建	工程师根据设计单位提供的图纸与模型创建与修改，生成施工管理和运维信息支持所需要的 BIM 模型。 编写各自专业在项目实施过程中的问题报告、汇报文件、制作视频等。 为在建项目提供信息化技术支撑
	机电	
	钢结构	
	幕墙	
	造价	
BIM 工程师	土建	
	机电	
	钢结构	
	幕墙	
	造价	

（3）BIM 深化设计的协调管理

图 3.1-1 中表现出了相关的步骤流程和相关团队的协调管理职责。

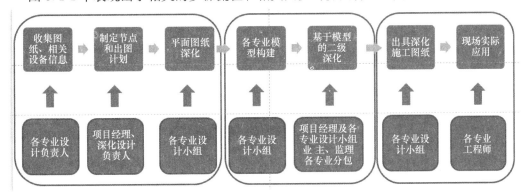

图 3.1-1 BIM 深化设计的协调管理图

（4）BIM 系统实施保障

1）前提保障。

① 保证在实施前各项准备工作能按时完成。

② 高层领导强有力的推进，保证人员的到位。

③ 必须按正常渠道反馈实施中出现的问题。

④ 严格保证现场工程人员的培训效果。

2）建立系统运行保障体系。

3）编制 BIM 系统运行工作计划。

4）建立 BIM 系统运行例会制度。

5）建立系统运行检查机制。

（5）项目进度计划（见表 3.1-2）

项目进度计划   表 3.1-2

成果描述	完工时间（预估）
BIM 组织架构表，组建本项目 BIM 团队	合同签订后的 15 天内
BIM 执行计划书，包括 BIM 实施标准，实施规划的确定	合同签订后的 30 天内
基础模型的搭建，包括场地，园林景观，市政道路及管线，建筑，结构，水暖电施工图模型	合同签订后收到相关施工图纸的 60 天内
CSD、CBWD 等施工深化图纸	与图纸一起递交 BIM 模型
施工变更引起的模型修改	在收到变更单后的 7 天内
精装修模型搭建，幕墙，钢结构深化设计模型	在相应部门施工前的一个月内
碰撞检测报告及解决碰撞	在相应部门施工前的一个月内
4D 施工模拟及进度优化	在相应部门施工前的一个月内
BIM 竣工模型	在出具完工证明以前

BIM 对于建设项目全生命周期内的管理水平提升和生产效率提高具有不可比拟的优势。利用 BIM 技术可以提高招标投标的质量和效率，有力地保障工程量清单的全面和精确，促进投标报价的科学、合理，加强招标投标管理的精细化水平，减少风险，进一步促进招标投标市场的规范化、市场化、标准化的发展。可以说 BIM 技术的全面应用，将为建筑行业的科技进步产生无可估量的影响，大大提高建筑工程的集成化程度和参建各方的工作效率。

3.1.2 问题

考试大纲：

1. 掌握招投标的含义、特点。

2. 了解 BIM 深化设计协调管理流程。

3. 熟悉 BIM 在本项目的应用点。

4. 熟悉模型构件的拆分原则及要求。

5. 掌握 BIM 系统实施保障。

单选题

（1）不属于按照工程建设程序分类的招标方式有（　　）。

A. 建设项目前期咨询招投标 　　　　B. 勘察设计招标

C. 材料设备采购招标 　　　　D. 专项工程承包招标

（2）该项目中 BIM 深化设计协调管理流程的第一步是（　　）。

A. 建立规范文件存储体系

B. 定制统一的标准

C. 深化设计变更管理

D. 竣工模型管理

（3）公开招标是指招标人以公开发布招标公告的方式邀请（　　）的，具备资格的投标人参加投标，并按《中华人民共和国招标投标法》和有关招标投标法规、规章的规定，择优选定中标人。

A. 特定 　　　　B. 全国范围内

C. 专业 　　　　D. 不特定

（4）不属于施工投标文件的内容有（　　）。

A. 投标函 　　　　B. 投标报价

C. 拟签订合同的主要条款 　　　　D. 施工方案

（5）在招投标阶段，面对邀请招标的 BIM 招标文件我方须相应的准备那些资料，下列选项哪个描述更为合适（　　）。

A. 投标清单、投标资质证明材料等

B. 针对招标文件内容撰写的 BIM 投标文件（含技术标、带有 BIM 资质证明材料的商务标、保证类文件等）、BIM 能力展示视频等

C. 包含投标报价的商务标和包含技术实施路径的技术标

D. 针对招标文件的服务项撰写的资格预审文件、技术服务材料和商务服务材料，并最终形成投标文件（包含技术标、商务标、保证类文件等）

多选题

（6）建设工程招标按工程承发包模式分类的种类有（　　）。

A. 工程咨询承包 　　　　B. 交钥匙工程承包模式

C. 设计施工承包模式 　　　　D. 设计管理承包模式

E. BOT 工程模式 　　　　F. CM 模式

（7）在招标控制中的应用的 BIM 模型的建立途径有（　　）。

A. 直接按照施工图纸重新建立 BIM 模型

B. 得到 AutoCAD 格式的电子文件，识图转图将 dwg 二维图转成 BIM 模型

C. 复用和导入设计软件提供的 BIM 模型，生成 BIM 算量模型

D. 利用概念设计方案生成概念模型

（8）BIM 在投标过程中的应用有（　　）。

A. 基于 BIM 的方案设计 　　　　B. 基于 BIM 的施工方案模拟

C. 基于 BIM 的 4D 进度模拟 　　　　D. 基于 BIM 的资源优化与资金计划

（9）下列选项哪些可以作为 BIM 资质的参考类文件（　　）。

A. 以往案例（带合同）　　　　　　B. 业绩视频

C. 工程技术文件　　　　　　　　　D. 国家级 BIM 奖项

E. 科研课题（已申报并结题）　　　F. 软、硬件专利

简述题

（10）一般模型拆分原则是什么？

（11）BIM 系统实施保障有哪些？

3.1.3　要点分析及答案

单选题

（1）标准答案：D

（2）标准答案：A

（3）标准答案：D

（4）标准答案：C

（5）标准答案：B

答案分析：投标前需准备公司资质证书、营业执照、法人授权委托证明书、拟委派项目经理简历、投标保证金等证明文件（以上内容可附在投标文件里），技术方案（技术标文件），经济标（商务标文件）等，同时需按照招标方要求提交资格预审文件，但若为邀请招标项目则不用提交资格预审文件，故选 B。

多选题

（6）标准答案：ABCDEF

（7）标准答案：ABC

（8）标准答案：ABC

（9）标准答案：ADEF

答案分析：BIM 资质证明类文件须为具有国家或法律支持的结果证明类文件，本题中的 B、C 不在此类。

简述题

（10）参考答案及分析：

a. 按专业拆分，如土建模型、机电模型、幕墙模型等。

b. 按建筑防火分区拆分。

c. 按楼号拆分。

d. 按施工缝拆分。

e. 按楼层拆分。

（11）参考答案及分析：

① 前提保障。

a. 保证在实施前各项准备工作能按时完成。

b. 高层领导强有力的推进、保证人员的到位。

c. 必须按正常渠道反馈实施中出现的问题。

d. 严格保证培训效果。

② 建立系统运行保障体系。

③ 编制 BIM 系统运行工作计划。

④ 建立 BIM 系统运行例会制度。

⑤ 建立系统运行检查机制。

（案例提供：赵雪锋、张敬玮）

3.2　××港××期储煤筒仓工程钢结构深化设计及工厂制造 BIM 应用

3.2.1　项目背景

1. 项目简介

××港××储仓工程，属于钢结构工程范畴。结构主要由型钢和钢板等制成的钢梁、钢柱、钢桁架等构件组成，各构件或部件之间采用焊缝、螺栓或铆钉连接（图 3.2-1）。工程建设规模为 24 座筒仓，单仓容量 3 万 t，内径 40m，高度 43.4m。基础采用钻孔灌注桩，桩径 1000mm，桩长 50m，桩身混凝土强度等级为 C40，单仓桩数为 117 根，单桩竖向抗压极限承载力标准值不小于 14000kN。与前一期工程一样，该期工程的筒仓项目采用圆形现浇混凝土结构，共建设 24 座筒仓。至此，该煤炭港区已有筒仓 48 座，规模在国内沿海港口中居于首位。筒仓的建设，将为煤炭港区彻底摆脱煤炭堆存粉尘飞扬、污染环境的困境提供可能。集团工程部联合集团某钢构公司于 2014 年初中标的×港储煤筒仓×期工程，经过半年多的紧张施工，×港×期储煤筒仓工程以高质量、零事故顺利竣工，获得了甲方的高度评价，获得钢结构金奖。本项目在钢结构深化设计中，采用了 BIM 技术。从根据 BIM 模型搭建的步骤，掌握项目中 BIM 深化设计技术，了解保证项目质量的审核制度。

图 3.2-1　筒仓竖向钢结构架

2. 项目 BIM 的应用

（1）采用 BIM 的原因

传统的建筑设计手法及工具难以满足本项目复杂形体的深化控制，采用 BIM 技术及软件可以进行可视化，即所见即所得。

利用 Revit、Naviswork、tekla 软件进行工程建筑过程，碰撞检测分析及精确控制进行专业协调，实现全新的工作模式"三维协同"。

可进行参数化设计，解决信息不通畅及"信息孤岛"现象，减少施工过程中的返工现象。

BIM 具有更好的协调设计和指导施工，发现和解决冲突，省资源耗费，缩短工期。

（2）模型搭建步骤

① 在综合排布过程中，首先将设计院的简易图纸通过 CAD 软件初步深化，制作重要部位剖面图、初步排布之后的专业图。

② 将 CAD 底图导入到 REVIT 软件中，制图人员根据底图搭建初步模型。同时，可以将建筑、结构模型通过"链接"功能链接过来，在绘制过程中及时避让梁、柱等结构。

③ 模型建立完成后，通过可视化的三维模型及模型碰撞检测功能，对一些平面图中反馈不到的信息，进行可视化体现并且进行修改。

（3）硬件配置（见表 3.2-1）

硬件配置

表 3.2-1

名称	型　号	备　注
BIM 工程硬件配置（高配）		
主板	Intel Z270/LGA 1151	可支持高主频的 CPU 和内存条
CPU	四核 I7-7700k4.2GHZ 主频	主频越高，效率越好
显卡	GTX1080T I11G 显存或 Quadro P5000	显卡型号越高、显存越高，效率越好
内存	DDR4 2800 8G×4＝32G	内存越大，缓存效率越高
固态硬盘（SSD）	512G	固态硬盘可以极大的提升读写速度
机械硬盘	2TB	更大的磁盘空间可以存储更多的工程文件
散热	水冷	好的散热可以保证机器的稳定运行
电源	750W	负荷太大的话，需要更高的电源来带动
显示器	24 寸专业级硬屏显示器	可以获得更好的色彩校正和更宽广的色域

（4）深化设计概况及总体思路

本工程深化设计部分是根据业主提供的招标文件、答疑补充文件、技术要求及图纸为依据，结合制作单位工厂制作条件、运输条件，考虑现场拼装、安装方案及土建条件，同时针对本工程所作的计算、分析结果基础上进行编制。本工程深化设计作为指导本工程的工厂加工制作和现场拼装、安装的施工详图。

1）深化设计概况。

本工程结构体为钢结构和钢筋混凝土的复合结构体系。钢结构部分主要为 H 型钢梁、型钢柱、钢梁间隔撑、柱间钢支撑、钢桁架、钢网架和压型钢板等。钢柱主要截面形式为工字形、圆形和十字形，钢结构耐火极限为 1～3h（图 3.2-2、图 3.2-3）。

2）深化设计总体思路：

① 深化设计遵循的原则。

以原施工设计图纸和技术要求为依据，负责完成钢结构的深化设计，并完成钢结构加工详图的编制。

图 3.2-2 筒仓上部钢结构（一）

图 3.2-3 筒仓上部钢结构（二）

根据设计文件、钢结构加工详图、吊装施工要求，并结合制作厂的条件，编制制作工艺书，包括制作工艺流程图、每个零部件的加工工艺及涂装方案。

加工详图及制作工艺书在开工前经详图设计单位设计人、复核人及审核人签名盖章，报原设计单位审核同意，招标人盖章确认后开始正式实施。

原设计单位仅就深化设计未改变原设计意图和设计原则进行确认，投标单位对深化设计的构件尺寸和现场安装定位等设计结果负责。

② 深化设计流程如图 3.2-4 所示。

结合以往的深化工程设计经验，对于本次钢结构项目的深化设计，主要采用芬兰 Tekla 公司的 Xsteel16.1 软件进行各楼层钢结构的详图设计，采用 CAD 绘图软件进行主桁架及典型节点的详图设计。

③ 深化设计步骤。

深化设计图纸的设计思路：建立结构整体模型→现场拼装分段（运输分段）→加工制作分段→分解为构件与节点→结合工艺、材料、焊缝、结构设计说明等→深化设计详图。具体步骤如下：

a. 初步整体建模：按图纸要求在模型中建立统一的轴网；根据构件规格在软件中建

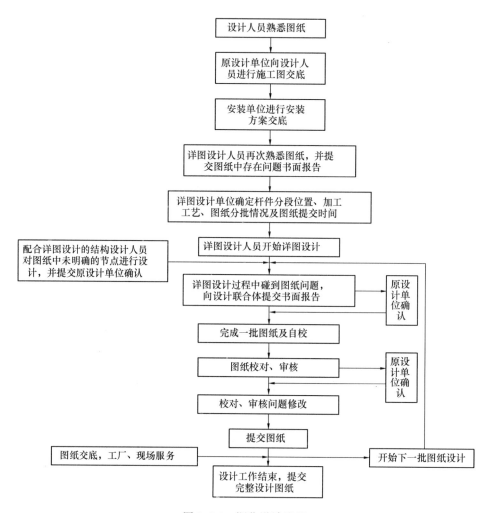

图 3.2-4 深化设计流程

立规格库；定义构件前缀号（如一层主钢梁定义为：1-GL＊，一节柱定义为：1-GZ＊），以便软件在自动编号时能合理的区分各构件，使工厂加工和现场安装更合理方便，更省时省工；校核轴网、钢柱及钢梁间的相互位置关系。

b. 精确建模：根据施工图、构件运输条件、现场安装条件及工艺等方面对各构件进行合理分段、对节点进行人工装配。

c. 模型校核：由专人对模型的准确性、节点的合理性及加工工艺等各方面进行校核；运用软件中的校核功能对整体模型进行校核，防止各钢构件间相碰。

d. 构件编号：模型校核后，运用软件中的编号功能对模型中的构件进行编号，软件将根据预先设置的构件名称进行编号归并，把同一种规格的构件编号统一编为同一类，把相同的构件合并编同一编号，编号的归类和合并更有利于工厂对构件的批量加工，从而减少工厂的加工时间。

e. 构件出图：应用软件的出图功能，对建好的模型中的构件、节点自动生成初步的深化图纸（构件的组装图及板件的下料图）；然后对图纸在尺寸标注、焊缝标注、构件方向定位及图纸排版等方面进行修改调整，力求深化图纸准确、简洁、清楚及美观。

f. 校对及审核：深化图纸调好后，应由专人对图纸进行校核及审核，确保深化图合理、准确。

④ 深化设计内容。

深化设计内容包括制作深化设计、安装深化设计，制作深化设计主要由加工制作厂完成，包括详图设计、加工及焊接工艺设计、质量标准和验收标准设计。以深化设计详图为主，其他的内容将融入深化设计详图中，以图纸和说明的形式体现。

A. 深化设计图纸包括两部分：

a. 根据设计图对钢结构的构造、节点构造、特殊的构件（如铸钢、球形支座）进行完善。

b. 钢结构施工详图设计。

B. 结构完善部分：

a. 国外标准与中国标准的转化。

b. 大型复杂节点（带状桁架节点、外伸桁架节点）设计与工艺相协调要求的完善。

c. 连接节点螺栓数量、排布，连接板、节点板尺寸规格的完善。

d. 构件、节点组装焊缝类型、等级要求的完善。

e. 考虑施工变形及结构受力变形，对结构的预变形处理。

C. 施工详图内容：

a. 深化设计总说明：按照原设计图纸的要求进行，包括工程概况；规范、标准、规程和特殊的规定；主材、辅材等的型号、规格及建议；焊接坡口形式、焊接工艺、焊缝质量等级及检测要求；构件的几何尺寸及允许偏差；防腐、防火方案；施工技术要求等。

b. 整体轴侧图：反映工程整体三维关系、主要控制坐标等宏观信息。

c. 预埋结构定位及详图：（略）。

d. 构件的平面布置和立面图：注名构件的位置和编号，构件的清单和图例。

e. 构件图：主要用于工厂装配和现场组装，需要标明：

a）构件的编号、构件的几何尺寸和截面形式、定位尺寸。

b）确定分段点、节点位置和几何尺寸，连接件形式和位置。

c）焊缝形式、坡口等焊接信息，螺栓数量、连接形式等信息。

d）构件的长度、重量、材料等信息。

f. 零件图：主要用于材料采购、工厂排料和下料切割：

a）所有组件的编号，几何尺寸。

b）开孔、斜角、坡口等详细尺寸。

c）材料的材质、规格、数量、重量等材料表。

g. 制作工艺、焊接工艺设计：原材料检验工艺设计、下料工艺设计、装配方案设计、装配胎具设计、焊接工艺设计、涂装工艺设计。

h. 拼装、安装深化设计：

施工方法的选择和经济性比较、施工过程的仿真分析、施工支撑体系等措施的设计与计算分析，现场焊接工艺的设计等。

i. 构件分段：

深化设计中对构件进行分段，需要综合考虑加工制作，运输分段，安装方案，节点划分，制作工艺，焊接收缩及变形，结构预起拱等因素。

加工制作分段（运输分段）的拆分原则，构件分段设计应该是在充分考虑并结合了原材料规格、运输的各种限制以及最终确定的安装方案的基础上进行。

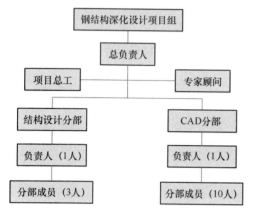

图 3.2-5 深化设计组织机构图

3. 深化设计质量保证措施

（1）组织机构

为了做好本工程钢结构深化设计工作，结合公司丰富的钢结构工程制作施工经验，确保迅捷高效地完成各项设计深化任务，专门成立深化设计项目组（图 3.2-5）。

（2）审核制度

公司为本工程的深化设计组织强大的队伍，为图纸深化设计的高质量提供了人力方面的保证。除了个人能力，对深化设计来说，严格合理的工作流程、体制和控制程序是保证深化设计质量的关键因素。根据中国钢结构行业的具体情况，制定了符合建设部颁布的各项制图标准和设计规范的深化设计标准，建立起了完善的三级审核制度。

① 自检过程：深化设计人员将完成的图纸有针对性地进行检查，并对结果予以记录，以便校核人员参考。

② 校核过程：校核人员的检查内容和方法同自检时基本相同，检查完成后将二次审图单交深化设计人员进行修改并打印底图，必要时要向具体的深化设计人员将错误处逐条指出，但对以下内容要进行进一步审核：深化设计制图是否遵照公司的深化设计有关标准；对特殊的构造处理审图；结构体系中各构件间的总体尺寸是否冲突。

③ 审核过程：以深化设计图的底图和二次审图单为依据，对图纸的加工适用性和图纸的表达方法进行重点审核。对于不妥处，根据情况决定重复从审图人员开始或深化设计人员开始的上述工作。当深化设计出现质量问题，在生产放样阶段被发现时，及时通知设计院。

3.2.2 问题

考试大纲

1. 熟悉钢结构的特点。

2. 了解采用 BIM 技术的原因。

3. 熟悉 BIM 模型搭建的步骤。

4. 掌握该项目中 BIM 深化设计步骤。

5. 了解保证项目质量的审核制度。

单选题

（1）钢结构的主要缺点是（   ）。

A. 结构的重量大

B. 造价高

C. 易腐蚀、不耐火　　　　　　　　　　　D. 施工困难多

（2）该项目中，钢框架柱的计算长度与下列因素无关的是（　　）。

A. 框架在荷载作用下侧移的大小

B. 框架柱与基础的连接情况

C. 荷载的大小

D. 框架梁柱线刚度比的大小

（3）在钢材的力学性能指标中，既能反映钢材塑性，又能反映钢材冶金缺陷的指标是（　　）。

A. 屈服强度　　　　　　　　　　　　　　B. 冲击韧性

C. 冷弯性能　　　　　　　　　　　　　　D. 伸长率

（4）在一个常规 BIM 项目中，对于台式电脑硬件的配置，以下方案更优的是（　　）。

A. 双核 CPU，主频 2.8，显卡 GTX970，内存 8G，硬盘 1TBHDD

B. 双核 CPU，主频 3.6，显卡 GTX1060，内存 16G，硬盘 128SSD

C. 四核 CPU，主频 3.4，显卡 GTX1060，内存 16G，硬盘 256SSD

D. 四核 CPU，主频 3.6，显卡 GTX1070，内存 16G，硬盘 256SSD

（5）下列关于钢结构和钢筋的 BIM 应用点描述，说法更为合适的是（　　）。

A. 钢结构的深化设计可以用深化设计类软件（如 Tekla 等）来解决，钢筋的算量可以用建模类软件（如 Revit、Bentley 等）来解决

B. 钢结构的深化设计可以用受力分析类软件（如 PKPM 等）来解决，钢筋的算量可以用建模类软件（如 ArchiCAD、Bentley 等）来解决

C. 钢结构的深化设计可以用概念设计类软件（如 SketchUp 等）来解决，钢筋的算量可以用深化设计类软件（如 Tekla 等）来解决

D. 钢结构的深化设计可以用深化设计类软件（如 Tekla 等）结合施工经验出图解决，钢筋的算量可以利用钢筋算量类软件或建模软件配合插件（带有扣减规范的插件）来解决

多选题

（6）钢结构具有的特点包括（　　）。

A. 钢材强度高，结构重量轻

B. 钢材内部组织比较均匀，有良好的塑性和韧性

C. 钢结构装配化程度高，施工周期短

D. 钢材能制造密闭性要求较高的结构

E. 钢结构耐热，但不耐火

F. 钢结构易锈蚀，维护费用大

（7）选择钢材时应考虑的因素是（　　）。

A. 结构或构件的重要性　　　　　　　　　B. 荷载性质

C. 连接方法　　　　　　　　　　　　　　D. 土质

（8）该项目中深化设计包括（　　）。

A. 制作深化设计　　　　　　　　　　　　B. 功能深化设计

C. 安装深化设计　　　　　　　　　　　　D. 造型深化设计

简答题

(9) 模型搭建步骤有哪些?

(10) 该项目中 BIM 深化设计步骤有哪些?

3.2.3 要点分析及答案

单选题

(1) 标准答案:B

(2) 标准答案:C

(3) 标准答案:C

(4) 标准答案:D

答案分析:鉴于当下 BIM 类软件对硬件的要求,越多的核心数会导致总频率越高,对软件的性能展现的越好,但单核主频的最高时钟也会影响性能(某些软件不支持多核运算,单核主频越高越好),至于显卡代数越高、显存越高自然越好,在独立台式机端的普通工程机型里(不计专业制图硬件),对性能的影响 CPU>内存条>显卡>硬盘(以固态硬盘 SDD 为例)。

(5) 标准答案:D

答案分析:现阶段对钢结构的深化设计出图在国内比较好的解决办法是由钢结构从业人员利用 Tekla 软件来直接解决(国内在这方面已经有了十几年的成熟经验累计),至于钢筋算量,在现阶段的 BIM 类软件里解决的不甚理想,可寻求国内的钢筋造价算量类软件解决方案或配合基于 BIM 软件的钢筋建模算量类插件来解决(须带有国标规范),但同时也须由具有钢筋施工设计经验的从业人员来配合完成。

多选题

(6) 标准答案:ABCDEF

(7) 标准答案:ABC

(8) 标准答案:AC

简答题

(9) 参考答案及分析:

① 在综合排布过程中,首先将设计院的简易图纸通过 CAD 软件初步深化,制作重要部位剖面图,初步排布之后的专业图。

② 然后将 CAD 底图导入到 REVIT 软件中,制图人员根据底图搭建初步模型。同时,可以将建筑、结构模型通过"链接"功能链接过来,在绘制过程中及时避让梁、柱等结构。

③ 模型建立完成后,通过可视化的三维模型及模型碰撞检测功能,对一些平面图中反馈不到的信息,进行可视化体现并且进行修改。

(10) 参考答案及分析:

深化设计图纸的设计思路:建立结构整体模型→现场拼装分段(运输分段)→加工制作分段→分解为构件与节点→结合工艺、材料、焊缝、结构设计说明等→深化设计详图。

(案例提供:赵雪锋、张敬玮)

3.3 北京某办公楼项目在幕墙深化设计及加工制造中的 BIM 应用

基于 BIM 技术的建筑业项目管理信息化技术是国内近十年逐步应用于建筑行业的一项重大革新技术，其广泛应用于项目决策、项目实施、项目运维的全生命周期过程中，助力项目参与各方更好的对项目进行管理决策及协同工作。北京某工程幕墙采用 100mm 厚石材的办公楼项目，在外幕墙施工图设计及施工下料阶段采用 BIM 技术进行项目的协同设计及管理工作，降低了材料的损耗率及减少了现场的拆改工作，节省成本及工期的同时，保证了项目优秀的品质。

3.3.1 项目背景

1. 项目简介

北京某办公楼项目幕墙主要为石材系统，石材种类多，造型复杂，其中包含有单曲、双曲石材。此项目为国内首例在大面幕墙运用厚度达到 100mm、50mm 的石材面板，在 1~3 层大面石材厚度为 100mm，3 层上部大面石材厚为 50mm，部分石材厚度可达 300mm。由于石材太厚，导致单块石材成本高，且施工难度大（图 3.3-1）。

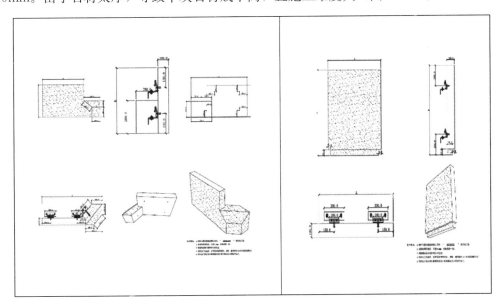

图 3.3-1　石材加工图

此项目石材种类多且复杂，按照传统设计模式很难用二维图纸表达出此项目石材面板复杂的加工图，且项目品质、成本及工期难以控制，为更好的控制项目的成本及工期，业主方积极将 BIM 技术引入本项目施工图深化设计及施工下料阶段，全程用 BIM 管控项目的设计及施工，很好的控制项目成本，保证了项目工期及品质。

2. BIM 工作内容

（1）图纸检查

BIM 工程师在施工图深化设计阶段与深化设计单位协同工作，旨在施工深化设计阶段为业主验证深化系统的可行性及检查幕墙图纸的错、漏、碰、缺问题，减少现场施工的拆改、返工（图 3.3-2、图 3.3-3）。

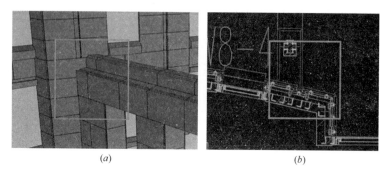

| *(a)* | *(b)* |

图 3.3-2 图纸检查

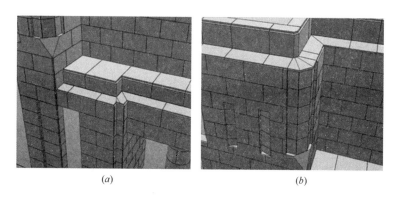

| *(a)* | *(b)* |

图 3.3-3 转角石材模型

（2）下料定位

在施工下料阶段，通过 BIM 模型进行构件加工图、下料单及定位图的输出，通过 BIM 进行下料、定位，精度更高，更加准确（图 3.3-4～图 3.3-6）。

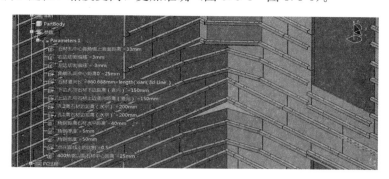

图 3.3-4 参数化搭建龙骨开孔模型

3. BIM 应用优势

（1）可视化参数设计：项目方案、设计、建造、运营和维护过程中的沟通、讨论、决策都在可视化的状态下进行。

（2）降低风险，提高质量：通过三维模型可以检查出二维图中设计不足之处，特别是

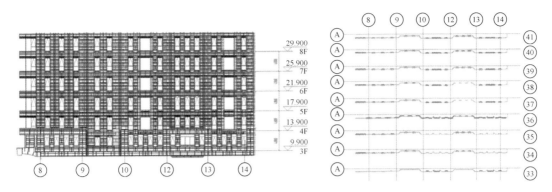

图 3.3-5 龙骨平立面布置及开孔图

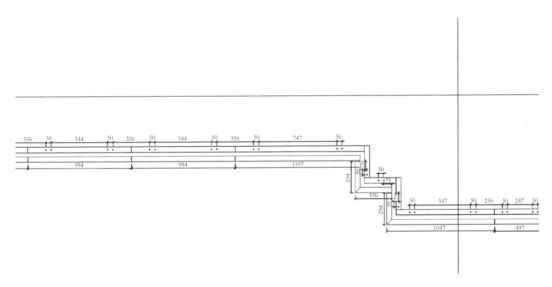

图 3.3-6 龙骨平面布置及开孔局部放大图

对二维图纸表达不清及难以表达的地方，对可能出现的问题提前预知及时解决。

（3）提高精度，降低成本：传统的二维图纸往往会投入大量人力成本及时间成本，并且误差较大错误率高，对后期施工也造了很大的影响。通过三维参数化设计，软件自动生成所需要的数据，提高了工作效率及精度，大大降低成本，对后期施工提供了有力保障。

3.3.2 问题

（1）本项目施工图深化设计阶段 BIM 与深化设计的配合流程是什么？

（2）本项目施工下料阶段 BIM 与深化设计的配合流程是什么？

（3）本项目石材种类多，数量大，如何确保板块下料准确度及精度？

（4）本项目石材种类多，导致龙骨开孔种类比较多，如何保证龙骨开孔与石材开孔一一对应并精确指导现场施工定位呢？

3.3.3 要点分析及答案

第 3.3.2 条中四个问题要点分析及答案如下：

（1）在本项目中，BIM 方作为第三方顾问单位，在施工图深化设计阶段帮助业主对施工单位的深化图纸进行审核，并检查图纸的错、漏、碰、缺问题，并将发现的问题反馈给深化设计方进行图纸修改（图 3.3-7）。

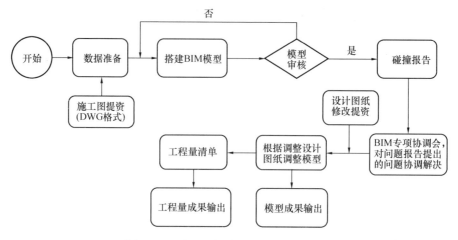

图 3.3-7 施工图深化设计阶段工作流程

（2）在本项目中，BIM 方作为第三方顾问单位，在施工阶段根据施工深化图纸搭建面板及龙骨模型，并导出石材加工图、下料单以及龙骨开孔定位图，待业主及施工单位确认后提供给工厂加工（图 3.3-8）。

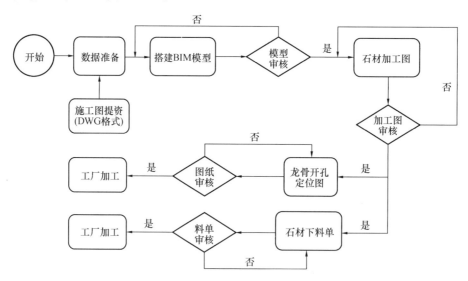

图 3.3-8 施工下料阶段工作流程

（3）在本项目中，为保证石材下料准确度及精度，BIM 团队在软件运用上选择了精度更高的机械软件 CATIA（Digital Project），通过 CATIA（Digital Project）软件搭建石材面板模型，石材面板的尺寸可以精确到 0.001mm，所有尺寸均用参数化精确控制，每一个构件的尺寸可以随时读取，数据管理更加方便，同时通过参数化方式对每一块石材面板进行编号，并让其与之对应的加工图一一关联，最终保证导出的下料单与加工图一一对应（图3.3-9），便于工厂对数据进行管理，方便工厂加工，现场施工。

工程名称：		桥苑艺舍东立面柱子			工程下料编号：			下单		2014.12.1	
加工要求：		1、6面防护，注明石材使用部位、规格，标在石材侧面，所有货物需编号整个立面发货。2、请在发货清单上注明下料单编号，按编号整个立面加工齐全后发货到现场。 3、无掉角明显裂纹，石材±1mm，对角线需一致。4、请严格按照要求加工生产									
序号	石材名称（加工面）	使用部位	石材编号	规格（mm）						加工要求及附图
				长(A)	高(B)	半径	弧长	玄长	弓高	
190	130mm厚福建霞红荔枝面	柱子	D-1-190	292	874					QY-SCJG-3
191	130mm厚福建霞红荔枝面	柱子	D-1-191	292	874					QY-SCJG-3
192	244mm厚福建霞红荔枝面	柱子	D-1-192	244	1127					QY-SCJG-8
193	130mm厚福建霞红荔枝面	柱子	D-1-193	1000	874					QY-SCJG-10
194	244mm厚福建霞红荔枝面	柱子	D-1-194	244	1127					QY-SCJG-8
195	130mm厚福建霞红荔枝面	柱子	D-1-195	292	874					QY-SCJG-3
196	130mm厚福建霞红荔枝面	柱子	D-1-196	292	874					QY-SCJG-3
197	244mm厚福建霞红荔枝面	柱子	D-1-197	244	1127					QY-SCJG-8
198	130mm厚福建霞红荔枝面	柱子	D-1-198	660	874					QY-SCJG-10
199	30mm厚福建霞红荔枝面	柱子	D-1-199	160	930					QY-SCJG-11
200	130mm厚福建霞红荔枝面	柱子	D-1-200	660	874					QY-SCJG-10
201	244mm厚福建霞红荔枝面	柱子	D-1-201	244	1127					QY-SCJG-8
202	244mm厚福建霞红荔枝面	柱子	D-1-202	244	1750					QY-SCJG-9

图3.3-9 石材下料单

（4）在本项目中，固定石材的次龙骨（角钢）的模型与石材模型搭建工作同步进行，每一块石材均有按其尺寸、厚度等因素确定的开孔方式。因本项目石材种类多，石材开孔尺寸较多，故次龙骨（角钢）的开孔位置需要跟着石材面板的开孔位置变化而变化，BIM在搭建次龙骨模型时，通过参数化的方式将龙骨的开孔方式与其对应的石材的开孔原则相关联，编制一定的计算机规则，通过计算机自动运行，批量生成龙骨并在相应位置进行开孔操作，省去了大量的人工的重复操作，且有效地避免了因人工操作而导致的错误，建模效率及准确率大大提高，大大地节省了设计周期。待各方对模型确认无误后，通过BIM模型导出龙骨定位图，指导现场对龙骨进行定位安装。

（案例提供：郭伟峰）

3.4 BIM技术在交通工程深化设计中的应用

BIM技术是通过数字信息来模拟建筑物的真实状况技术。近年来，建筑信息模型（BIM）在国内被越来越多的人所了解和接受，并尝试着开展各类应用，取得了一系列的进展和效益。所有的信息数据在BIM中的存储，主要以各种数字技术为依托，从而以这个数字信息模型作为各个项目的基础，去进行各个相关工作。

3.4.1 项目背景

1. 项目简介

北京市某地铁车站项目，车站总长153.8m，标准段总宽20.9m，站台计算长度118m，站台宽12m。站厅公共区建筑面积3334m²，站台公共区建筑面积3334m²。这个项目采用了 BIM 动画展示，利用 BIM 技术强大的可视化能力，在不依靠专业动画公司的条件下快速形成项目可视化展示成果。

工作的可传递性，在于使用 BIM 技术贯穿整个建筑的生命周期，从设计阶段，到施工阶段，到后期运营阶段，BIM 模型不断深入，信息不断完善，用于指导各个阶段的工作。

设计阶段，运用设计可视化，可以直观设计环境，复杂区域出图，图纸可以从模型中得到图纸，减少"错、漏、碰、缺"；利用专业协调碰撞检查，可以进行各专业模型之间的碰撞检查，提高设计质量；模拟人员应急疏散，还可以模拟人的视线，体验广告、标识设计效果。

在施工阶段，利用机电设备安装软件可以辅助深化设计，基于协调好的模型，模拟机电设备安装顺序，模拟管线安装顺序，避免安装错误，提高机电安装深化设计的准确度和效率；利用施工顺序模拟软件，可以剖切任意截面，地上地下剖切分析，模拟施工进度，进行基坑 4D 施工模拟。

在运营阶段，业主可以运用项目信息集成系统，集成各类相关信息，通过属性查询运行设备维护管理，对压力管线出现故障进行应急处理；查询重要设备运行维护记录、资产信息管理、机房设备查询及维护、查找故障控制设备等。

2. BIM 应用内容

（1）BIM 在此工程案例中的基本方法

① 可视化设计。

BIM 引入到地铁项目对提高设计生产率，减少设计返工，减少施工中曲解设计意图乃至提高地铁建设的整体水平具有积极的意义。BIM 在地铁中的应用具有广泛的意义，必将给我国的市政工程带来新的契机，BIM 在三维可视化表达非常精确，不存在歧义，BIM 生成的建筑模型在精确度和详细程度上令人惊叹。因此期望将这些模型用于高级的可视化，如城市地铁项目的渲染，精确分析站内外光环境分析、Falcon 风环境分析、室内风环境分析、人体舒适度分析、结构云分析、管线综合等。

② BIM 工作集中心文件 BIM workingsetcentralfile。

对于采用欧特克 REVIT 作为 BIM 建模软件来说，多专业协同的最好方式肯定是工作集，工作集主要是提供一种工作共享的方式，将一个专业的设计快速反映到其他的专业中去，让自己的设计意图、设计进度反馈给其他专业并进行信息共享，比如，一个 BIM 组包含建筑、暖通、给水排水、消防四位成员，小组以工作集的方式进行工作共享，那么，暖通工程师在进行自己的设计或建模过程中能在自己的项目文件中查看其他三个专业的进展情况，只需要将本地文件与中心文件同步即可，同样，自己对模型进行的任何修改都能通过同步到工作集的方式反馈到其他专业的项目文件中，最终的成果存在服务器上。

③ 优化设计。

针对地铁线路复杂，存在多条线路交汇，以及周边市区管网复杂的工程，BIM 将整个项目整合到一个共享的三维建筑空间模型中，建筑结构与设备、设备与管线的空间关系可以在三维模型中任意查看，从而可以得到最佳的空间分配和管线安排，最终形成最优化的综合管线设计方案。

多专业模型进行碰撞检测，可以将冲突点结合三维空间信息，为设计人员提供二次优化的设计方案。

④ 协同设计。

协同设计是指 BIM 软件实现提升工程建设行业全产业链各个环节质量和效率终极目标的重要保障工具和手段。协同分为协同设计和协同作业。协同设计是针对设计院专业内、专业间进行数据和文件交互、沟通交流等的协同工作。协同作业是针对项目业主、设计方、施工方、监理方、材料供应商、运营商等与项目相关各方，进行文件交互、沟通交流等的协同工作。设计师常说的协同更多地是指协同设计。

⑤ 自动碰撞检测。

碰撞检查是指在提前查找和报告在工程项目中不同部分之间的冲突。碰撞分硬碰撞和软碰撞（间隙碰撞）两种。硬碰撞指实体与实体之间交叉碰撞，软碰撞指实体间实际并没有碰撞，但间距和空间无法满足相关施工要求。

目前设计院全部都是分专业设计，机电安装专业甚至还要区分水、电、暖等专业，且大部分设计都是二维平面，要把所有专业汇总在一起考虑，还要赋予高度变成三维形态，这对检查人员的素质等要求都很高，遇到大型工程更是难上加难。后来才诞生了利用系统和软件进行碰撞检查的方式，系统直接把二维图纸变成三维模型并整合所有专业，如门和梁打架，通过软件内置的逻辑关系可以自动查找出来，即所谓的碰撞检查。

（2）BIM 在轨道交通工程设计中的应用实例

① 建模成果。

利用 REVIT 软件把模型构建出来，设计过程三维可视化、复杂空间设计优化、全专业协同设计-信息模型图纸化、全专业协同设计-模型与图纸的一致性（图 3.4-1）。

② BIM 管线综合协调。

在地铁车站项目的设计中，管线综合

图 3.4-1　效果展示

是重要而又繁琐的工作。管线综合问题处理的得当，既有利于地下空间的充分、合理、有效的适用，又有利于管线的施工安装和管理维护，同时还可以减少管线安装过程中的返工现象。否则，会造成施工难度、施工周期、投资等的增加。

地铁车站综合管线十分复杂，主要包括通风空调、给水排水、消防给水、动力照明、FAS、BAS、供电、通信和信号等，通过 BIM 技术可以更加直观、全方位的查看各种管线的位置、走向、高度，从而做出最合理的修改和排布，其中设计环节中往往会忽略施工安装、运营维护等实际问题，通过模型可以很直观的发现这些在设计环节当中不容易发现的问题（图 3.4-2）。

③ BIM 车站室内设计。

通过本项目 BM 技术的实践，我们可以很好的将 BIM 技术运用到室内设计项目中，针对室内设计的项目要求，利用 BIM 技术，将工程做法、材料信息、设备信息整合在模型中，极大地方便了施工方施工，并向运营商提供了详尽的后期运营管理资料。我们将设计人员的信息也输入进模型中，针对在设计中出现的问题，直接查找信息，快速、准确地

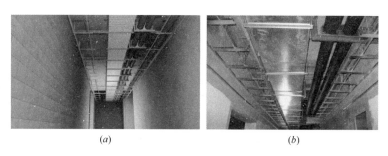

(a)　　　　　　　　　　　　　　(b)

图 3.4-2　虚拟和实际管线布置

解决了各专业间对接的问题（图 3.4-3）。

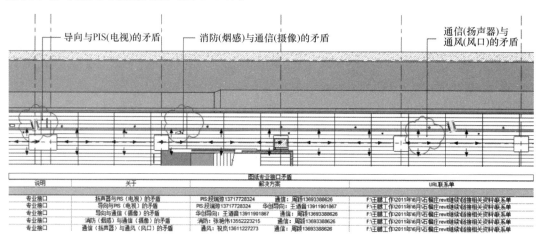

图纸专业接口矛盾			
说明	关于	解决方案	URL联系单
专业接口	扬声器与PIS（电视）的矛盾	PIS 闵瑞琰13717728324　通信：周舒13693388626	F:\王鹏工作\2011年\6月\石榴庄revit地续链接相关资料联系单
专业接口	导向与PIS（电视）的矛盾	PIS 闵瑞琰13717728324　华创导向：王通昌13911901867	F:\王鹏工作\2011年\6月\石榴庄revit地续链接相关资料联系单
专业接口	导向与通信（摄像）的矛盾	华创导向：王通昌13911901867　通信：周舒13693388626	F:\王鹏工作\2011年\6月\石榴庄revit地续链接相关资料联系单
专业接口	消防（烟感）与通信（摄像）的矛盾	消防：张艳伟13552223215　通信：周舒13693388626	F:\王鹏工作\2011年\6月\石榴庄revit地续链接相关资料联系单
专业接口	通信（扬声器）与通风（风口）的矛盾	通风：祝岚13611227273　通信：周舒13693388626	F:\王鹏工作\2011年\6月\石榴庄revit地续链接相关资料联系单

图 3.4-3　BIM 车站室内设计多专业协同

通过对多个地铁站的调研，发现近年来多数地铁站存在雨季雨水倒灌的现象，我们在室内设计的过程中，增加了防淹挡板的设计，既美观，又实用（图 3.4-4）。

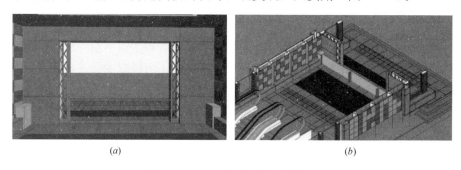

(a)　　　　　　　　　　　　　　(b)

图 3.4-4　BIM 车站室内设计模型

通过模型的建立和施工进度信息的添加，可以使施工方和运营商直观的了解到施工进程，极大地方便了施工管理和设备采购。

针对交通轨道项目的设计要点，将模型导入到 Ecotect 软件中，进行采光和照明的分析，以此为依据合理的设置人工光源的级别和位置。

（3）BIM 在应用过程中的总结

该项目综合运用了 BIM 技术,将所有的项目信息可以集中在 BIM 模型中统一管理,在设计阶段优化设计、协同设计,并可以以可视化的方法应用于与业主、施工单位的前期沟通中,更加的直观方便。应用于深化设计和多专业协同,包括性能分析等方面,提高了设计品质和质量。

在施工阶段,BIM 技术可以让设计和施工无缝沟通,帮助施工企业更直观、简单、高效的了解设计意图,而且如果在设计阶段就采用了 BIM 技术,那么对于管线施工来说就有了很大的技术保障。

运营管理阶段是整个项目中时间最长、数据量最大的工作。通过 BIM 技术将车站数据高度集中到模型当中,比如,某处风管可以记录它的截面尺寸、长度、流压系数、雷诺数等参数。同时也可以在模型当中记录它的生产厂家、URL、价格、备件情况等数据。通过后台数据库与模型的链接还可以让需要检查、维护、更换的零部件自行显示在模型当中。当然,这需要借助后期的开发和其他软件的辅助,所以 BIM 平台并不是一个软件或者几个软件的简单集合,而是一个全新的从设计开始一直贯穿施工运营的工作方式。

3.4.2 问题

(1)下面哪些是 BIM 在轨道交通项目中的应用场景?

A. 招标展示,和可视化表达   B. 优化设计

C. 优化施工流程   D. 纯粹三维展示

(2)交通轨道项目是否需要利用 BIM 模型进行采光和照明分析?

A. 需要   B. 不需要

(3)BIM 技术在轨道交通工程设计中的应用有哪些?

A. 轨道线路设计   B. 三维可视化表达

C. 综合管线协调   D. 运行维护

(4)BIM 技术在轨道交通工程在运营管理阶段的应用有哪些?

A. 管配件信息快速定位查询   B. 设备可视化漫游巡检

C. 基于模型记录巡检情况   D. 实现移动云维护

(5)请综合描述 BIM 在轨道交通设计如何进行多专业协同?

3.4.3 要点分析及答案

第 3.4.2 条中五个问题要点分析及答案如下:

(1)标准答案:ABC

答案分析:本题主要考察 BIM 在轨道交通项目中的应用场景,项目前期招标展示、设计优化、施工阶段施工流程优化均为应用场景,D 选项说法不正确。因此答案为 ABC。

(2)标准答案:A

答案分析:本题主要考察 BIM 在轨道交通项目中的采光和照明分析,采光和照明分析为合理的设置人工光源的级别和位置作依据,是需要的。因此答案为 A。

(3)标准答案:BC

答案分析:本题主要考察 BIM 技术在轨道交通工程设计中的应用,A 选项内容需要在线路设计软件中完成,D 选项为运维阶段的应用。因此答案为 BC。

（4）标准答案：ABCD

答案分析：本题主要考察 BIM 技术在轨道交通运维阶段中的应用，ABCD 选项均为重要应用方面。因此答案为 ABCD。

（5）BIM 在轨道交通设计是针对项目相关专业，如结构、建筑、水暖电等进行基于 REVIT 中心文件的交互、沟通交流等的协同工作，各方基于同一中心文件进行数据存储，便于进行设计校审，碰撞检测和关联设计。以此为基础，加快设计速度，进行管线综合和优化设计为目的。

（案例提供：田东红，周健）

3.5　某大型公建利用 BIM 技术在施工质量中的应用

BIM（建筑信息模型）作为一种管理理念，最早提出于 19 世纪 70 年代，目前在欧美等发达国家的建筑业已得到较好的推广与应用。基于 BIM 的建造方式是创建信息、管理信息、共享信息的数字化方式，它的应用可使整个工程项目的施工有效地实现建立资源计划、控制安全风险、降低污染和提高施工效率。本案例就某大型公共建筑高质量的特点，具体阐述 BIM 技术在项目施工质量中的应用。

3.5.1　项目背景

1. 项目简介

（1）项目特点

该工程总建筑面积为 $206247m^2$，地下 3 层，地上最高 23 层，最大檐高 100m，结构形式为框架－剪力墙结构。其效果图如 3.5-1 所示。

图 3.5-1　工程效果图

（2）BIM 期望应用效果

考虑该项目施工重点、难点及公司管理特点，结合以往 BIM 工程应用实践，制定了 BIM 应用总体目标，实现以 BIM 技术为基础的信息化手段对本项目的支撑，进而提高施工信息化水平和整体质量。BIM 辅助项目实施目标如图 3.5-2 所示。

2. BIM 应用内容

（1）BIM 模型建立及维护

本项目根据设计单位提供的设计图纸、设备信息和其他相关数据，利用 Revit 建模软件在工程开始阶段建立建筑专业、结构专业及机电专业 BIM 模型，在建模过程中对图纸进行仔细核对和完善，根据设计和业主的补充信息，完善 BIM 模型。所建立的 BIM 模型如图 3.5-3～图 3.5-5 所示。

遮阳是建筑的重要组成部分之一。它对节约能源、营造高质量的室内光环境和开阔建筑艺术形式上的表现都有很重要的作用。遮阳体的设置要满足几个基本需求，即：有效性、美观性、经济性。基于 BIM 技术建立的遮阳方式模拟及本工程实际采用的遮阳方式如图 3.5-6、图 3.5-7 所示。

图 3.5-2 BIM 辅助项目实施目标

图 3.5-3 整体结构 BIM 模型

图 3.5-4 叶子大厅 BIM 模型

从广义上讲，景观也是建筑的一部分。景观不仅可以提高建筑物的美观性，为游览者提供观景的视点和场所，提供休憩及活动的空间，也是主体建筑的必要补充或联系过渡。

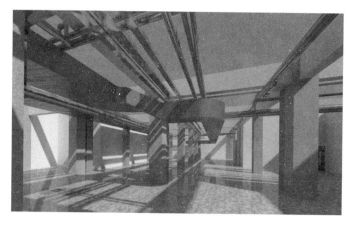

图 3.5-5　机电室内局部 BIM 模型

图 3.5-6　金属遮阳系统

图 3.5-7　外遮阳系统

采用 BIM 技术对场地及屋顶绿化进行的设计及本项目实际景观绿化如图 3.5-8、图 3.5-9
所示。

（2）深化设计

该工程采用基于 BIM 技术的施工深化设计手段，提前确定模型深化需求，对土建专
业、机电管线综合进行了碰撞检测及优化，对叶子大厅钢结构、幕墙及复杂节点钢筋布置
进行了深化设计，并在深化模型确认后出具用于指导现场施工的二维图纸。其碰撞检测优
化效果、钢筋布置深化设计效果如图 3.5-10、图 3.5-11 所示。

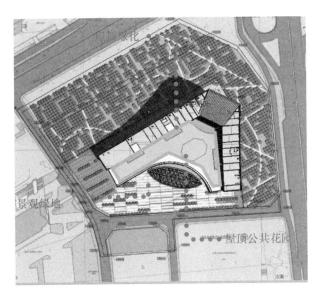

图 3.5-8　景观设计 BIM 模型

图 3.5-9　实际景观绿化

（a）景观绿地；（b）屋顶绿化；（c）中庭绿化；（d）停车场绿化

对于梁下净空，在初始建模阶段明显存在很多设计缺陷，如四根直径 500mm 的空调水管，在走廊空间内水平排布不开，消火栓水管和给水管穿梁等现象。通过初步深化阶段，解决了设计中的缺陷问题。经过二次深化阶段，使得管线排布合理，最终形成可以辅助现场施工人员顺利安装各专业管线。基于 BIM 技术净空分析模型如图 3.5-12、图3.5-13所示。

图 3.5-10 首层外墙碰撞检测优化前后对比　　图 3.5-11 某复杂节点钢筋布置深化设计模型

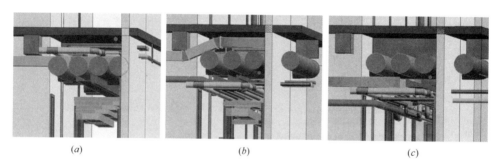

(a)　　　　　　　　　(b)　　　　　　　　　(c)

图 3.5-12 净空分析模型

(a) 初始建模阶段；(b) 初步深化阶段；(c) 二次深化阶段

（3）施工方案规划

该项目施工难度大，施工前对各项施工方案进行提前规划、预演尤为重要。利用 BIM 模型的可视性进行三维立体施工方案规划，可以合理安排生活区、钢结构加工区、材料仓库、现场材料堆放场地、现场道路等的布置。另外，利用 BIM 模型模拟一些危险性大的专项施工方案，可以直观的反映施工现场情况，辅助专家论证，降低施工危险性。基于 BIM 的施工周边环境规划、吊塔布设、施工场地布置及土方开挖方案模拟如图 3.5-14～图 3.5-17 所示。

（4）4D 施工动态模拟

该工程规模大、复杂程度高、工期紧，为了寻找最优的施工方案，给施工项目管理提供便利，采用了基于 BIM 的 4D 施工动态模拟技术对土建结构、叶子大厅钢结构及部分关键节点的施工过程进行模拟并制定多视点的模拟动画。施工模拟动画为施工进度、质量及

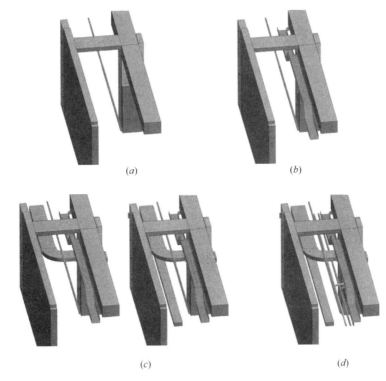

图 3.5-13 管综深化设计模型

(*a*) 消防管；(*b*) 弱电桥架；(*c*) 暖通；(*d*) 给水排水

图 3.5-14 模型周边环境规划模型与二维图纸下的周边环境对比

图 3.5-15 BIM 吊塔布设模型与实际施工现场吊塔布设对比

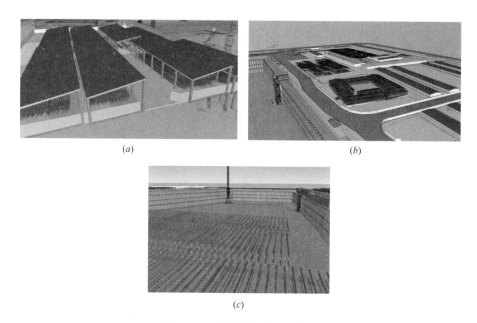

图 3.5-16 模拟施工场地布置
（a）原材料堆放区；（b）厂区设施；（c）钢筋笼

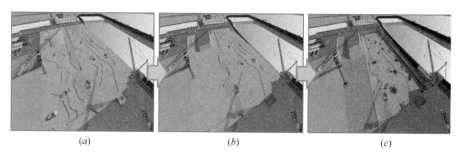

图 3.5-17 土方开挖方案模拟
（a）开挖阶段；（b）下挖阶段；（c）挖槽完毕

安全的管理提供了依据。4D 施工模拟动画截图如图 3.5-18 所示。

（5）总承包施工项目管理

基于 BIM 平台，施工总承包单位对工程项目的管理主要分为协同工作的管理、BIM 模型的管理、数据交互的管理和信息共享管理四个部分，并将常规的工作管理分解到其中，提供协同工作平台，实现管理的集成化。基于 BIM 技术工程管理与常规工程管理的区别如图 3.5-19 所示。

3.5.2 问题

（1）在施工中应用 BIM 技术对工程质量有哪些提高？

（2）本案例中应用 BIM 技术，期望达到怎样的应用效果？

（3）基于 BIM 的 4D 施工动态模拟有哪些优点？

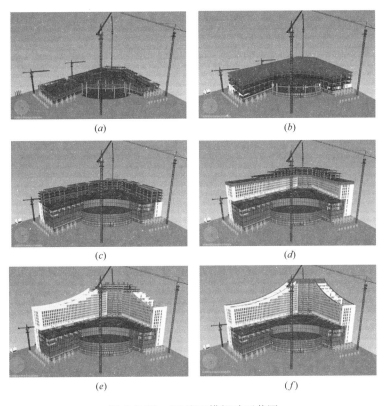

图 3.5-18 4D 施工模拟动画截图

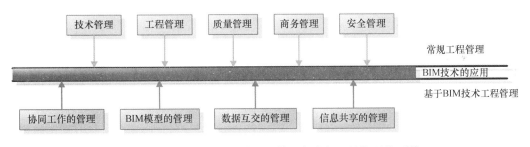

图 3.5-19 基于 BIM 技术工程管理与常规工程管理的区别

3.5.3 要点分析及答案

第 3.5.2 条中三个问题要点分析及答案如下:

(1) 施工过程质量控制是对项目质量实施情况的监督和管理。包括实际项目质量与质量标准的比较、质量偏差的判断、质量问题原因分析与纠偏措施来消除质量隐患。应用 BIM 技术进行质量控制,有效地提高了质量控制水平,节约成本,避免返工,有利于项目进度的控制。

在设计阶段利用 BIM 快速检查结构工程与设备是否有冲突,设备之间是否有交叉碰撞,避免因返工留下质量隐患,参与各方协调沟通,减少设计变更,提高设计质量。

BIM 技术将施工机械、材料质量信息录入建筑信息模型中,施工过程中可以随时查看机械设备是否符合施工要求，严格对比进场材料质量，把好设备、材料质量关。

（2）考虑该项目施工重点、难点及公司管理特点，结合以往 BIM 工程应用实践制定了 BIM 应用总体目标，实现以 BIM 技术为基础的信息化手段对本项目的支撑，进而提高施工信息化水平和整体质量。

（3）4D 施工动态模拟将进度相关的时间信息和静态的 3D 模型链接产生 4D 的施工进程动态模拟，可以将整个施工进程直观的展示出来，实现施工作业流水的三维可视化。

施工计划的可视化使得项目管理人员在计划阶段更易识别和预测潜在的施工流水冲突，合理进行设备定位、现场空间、资源分配计划等分析，以及更高效的与不同项目参与方进行沟通和协调，从而可以提高施工效率、缩短工期、节约成本。

通过对项目现场的实际施工进度进行监控，采集项目进度的相关数据，并将数据信息更新到 BIM 模型，从而保证了模型和项目信息的一致。

（案例提供：刘占省）

3.6 某商务写字楼项目施工阶段 BIM 在质量安全方面的应用

3.6.1 项目背景

1. 项目概述

某商务写字楼项目建筑总高度为 107m，分 A、B、C 三个塔楼，总建筑面积 83564.3m²。其中 A 塔为地上 18 层，地下 3 层，地上部分屋面高度约为 89.5m。B 塔为地上 20 层，地下 3 层，地上部分屋面高度约为 99.6m。C 塔为地上 9 层，地下 3 层，地上部分屋面高度约为 43.8m。工程施工现场专业队伍多、材料多、工序复杂，总承包对现场的项目管理存在各种各样的难点。

（1）现场工程质量、安全问题是由工程质量安全员在现场进行采集后，将问题以文字的形式记录下来再进行分类整理后，提交安全例会中进行处理的。由于工程环境比较复杂，质量安全问题采集处理的工作量比较大，经常出现质量安全问题不能及时提交给相关工作人员进行处理的情况。

（2）现场质量安全问题描述大部分是依靠质量安全员的描述来反映工程问题具体情况，经常出现由于质量安全员的表述不清，造成问题反馈存在偏差。

（3）工程质量安全问题的提交、确认、处理工作需要各方面人员进行交流，相关人员之间的信息沟通时间成本较高，而且效率低。

（4）现场缺乏一个快速更新的工程数据库，管理人员查阅的往往是发生问题时间之前的数据，不能随时随地获取第一手项目资料。

2. 项目 BIM 应用方案

为了解决施工过程中面临的这些问题，项目在工程 BIM 技术应用基础上引入互联网技术。将本地 BIM 应用软件与互联网网络技术相结合，开展新的管理作业方式。具体解决方案如下：

（1）项目在工程开展前期已成立相应 BIM 小组，并制定详细的 BIM 应用方案，依据项目 BIM 应用的需求，选用相应建模软件按照各专业建模规范要求创建所需的项目 BIM 模型（图 3.6-1）。

（2）在 BIM 应用阶段，项目选用 BIM 信息集成应用平台集成项目 BIM 模型及工程信息，并在此基础上进行本地 BIM 技术应用，对工程进度、成本、质量安全等业务进行基于 BIM 技术的管理，辅助项目的日常管理工作。

（3）为了解决施工过程中面临的多专业协调难度大、相关人员获取信息不及时、工程质量安全问题管理繁琐等问题，项目组基于原有的 BIM 信息集成应用平台及其他相关软件的基础上，引入互联网技术，实现基于互联技术的多专

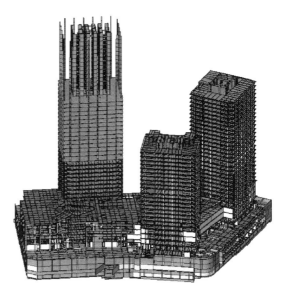

图 3.6-1　项目 BIM 模型

业协同作业、项目信息实时共享、工程质量安全问题系统梳理的施工过程管理的 BIM 解决方案。

3. 项目 BIM 应用实施工作内容

项目进行基于 BIM 技术的质量安全管理过程中，主要工作可以分为以下内容：项目相关人员权限的设定；创建 BIM 云空间数据库；现场质量安全数据采集；基于 BIM 技术的数据系统分析、查阅（图 3.6-2）。

图 3.6-2　基于 BIM 技术质量安全信息流程图

（1）相关人员的权限设定

本项目多级协同平台实施过程中，面临多方面人员的协同作业。由于相关人员各自的工作内容和对 BIM 信息的需求不一样，为了提高各相关人员对 BIM 信息数据的采集、提交、提取、应用效率及保证数据的安全性，由项目 BIM 中心统筹，根据项目具体组织情况，确定管理人员和单个项目相关人员应用权限，并利用申请账号进行权限设置。

1）BIM 管理人员

人员组成：项目经理。

权限设定：可以对所有项目进行查看、管理。针对单个项目，可以添加相关人员。

2）项目相关人员

人员组成：各部门经理、区段长、施工员、质量员、安全员、技术员。

权限设定：只可以对所在项目相关信息进行查看、管理，对其他项目或项目其他信息无权浏览。

（2）创建 BIM 云空间数据库

BIM 中心利用云端技术为工程项目创建一个独立的 BIM 云空间（简称"空间"）作为数据库存储空间，并完成将创建的建筑 BIM 模型、质量安全、进度、成本等 BIM 数据上传云空间，形成项目的 BIM 云空间数据库。通过空间管理功能为空间数据库添加相关人员及对其设置相应的应用权限。各相关人员利用自身申请的账号完成各自项目信息（项目质量安全问题信息）采集、提取功能，实现数据实时共享，为进行数据现场采集、分析及结果快速提取做好准备。

（3）现场质量安全数据采集

施工员、质量安全员等在进行现场巡检或作业时，将现场发生的质量安全问题通过 BIM 平台将问题具体内容信息以图片、语音、文字备注等形式直接记录并将问题发生位置在 BIM 模型上进行定位。问题信息通过互联网技术上传至空间，技术部管理人员通过 BIM 集成应用平台的多个端口（电脑端、网页端）进行实时同步了解工程问题情况并进行及时处理。在项目生产例会中，技术人员通过 BIM 集成应用平台将当前工程质量、安全问题的具体信息及处理情况进行直观汇报，各相关人员快速、准确了解每个问题的具体情况，生产经理依据 BIM 集成应用平台提供的质量安全数据进行下一阶段相关工作部署。

（4）基于 BIM 技术的数据系统分析、查阅

利用 BIM 集成应用平台对每个工程项目所出现的质量安全问题进行实时分析，分析内容包含：质量、安全问题分布趋势；待整改问题负责人分布图；质量安全问题燃烧图；质量待整改问题专业分布图；质量待整改问题类别分布图；质量待整改问题责任人分布图（图 3.6-3）。

通过对质量安全情况进行系统化梳理分析，快速了解当前项目的质量安全问题的具体情况，准确掌握目前项目质量安全问题主要类型和内容，从而明确目前项目质量安全管理存在的不足。依据数据分析结果，针对目前质量安全管理过程中存在的问题进行整改，逐步减少相似问题的出现，从而逐步提高项目质量安全管理工作的管理水平。

3.6.2 问题

请针对项目背景中所描述的质量安全管理的难点，结合 BIM 技术自身的特点，描述上述项目利用 BIM 技术进行项目质量安全的优点。

3.6.3 要点分析及答案

问题分析：

在工程项目施工过程中，工程项目质量安全的管理至关重要，传统方式的质量安全管控方式，在管理实施过程中，存在很多管理难点及不足。本案例主要针对项目在质量安全管理过程中的难点，灵活运用 BIM 技术，加以解决，辅助项目进行质量安全管理。

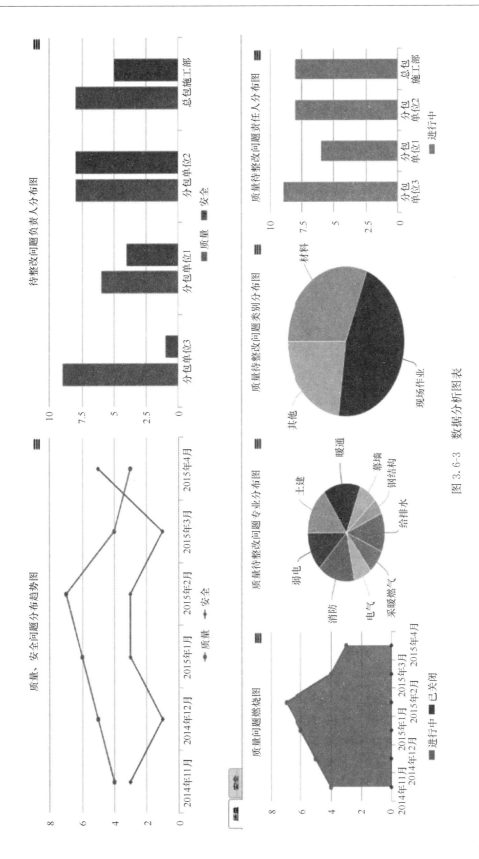

图 3.6-3 数据分析图表

参考答案：

BIM 技术从信息完备性、信息关联性、信息一致性、可视化、协调性等特性出发，与传统工程质量、安全管理方式相比，基于互联网技术与 BIM 技术打造的新的管理流程更加快捷方便。

项目一线人员通过 BIM 相关软件可以将现场发生的质量、安全问题快速准确地进行记录、提交。问题处理相关人员可以快速的获取问题信息。在信息传递过程中，真正做到信息传递及时，无遗漏，问题反映直观、准确，从而大大提高了对工程质量、安全问题的采集及查看效率。

项目通过 BIM 技术对工程质量、安全问题的处理情况进行实时跟踪，责任到人。管理人员随时掌握各单位的相关问题处理进展及工程项目整体情况，确保工程中的各质量、安全问题得以及时解决。整个流程相比传统方式更加快捷、直观，工程施工过程中的质量、安全问题解决率大幅提升。

（案例提供：王安保）

3.7　某市中环×路下匝道新建工程基于 BIM 的成本管理应用

伴随信息时代的发展，我国建筑行业管理方法也在不断改进。BIM 技术应用于建筑行业之后，多种多样的 BIM 工具被开发出来，并在工程项目中发挥独特的作用，这使 BIM 技术逐渐成为行业通用的工具。成本作为工程项目重中之重，同样也是一大难题。如何使用 BIM 技术来优化项目资源，避免不必要的浪费，加强控制的方式，使得成本控制更有效率。本案例以某匝道新建工程为例，阐述 BIM 在成本控制管理中的应用。

3.7.1　项目背景

1. 项目简介

某市中环线内圈×路下匝道新建工程，将新建中环路内圈主线定向右转至×路匝道，改建×路地面道路。该匝道为两车道，设计时速为 40km/h。这将一定程度上分流×路下匝道的流量，缓解中环路主线和周围的交通压力。

本项目采用了达索系统 3DEXPERIENCE 平台，BIM 工程师协同完成钢箱梁结构的建模，用于项目决策、设计、招标投标、施工与竣工等阶段，模型不断深化，帮助项目经理精确控制项目成本。

2. BIM 应用内容

（1）决策阶段

投资决策是项目建设的先决条件，优秀的决策是项目的保证，它与成本有着直接的关系，所以说，一个良好恰当的决策是完成成本控制的必要条件。

进行施工项目的决策时，造价人员根据初步的 BIM 施工模型，提取出一份大体的工程量数据清单，与企业内部施工定额相结合，预估出拟建项目的造价基本信息，如图 3.7-1 所示。

在该项目中，对于不同的板材和型材的定义，包括板材的厚度选项。型材主要是扁钢

Material(string)	Object(string)	DS_Applicable(string)	Preference
Q345qD	8mm	Thickness	YES
Q345qD	10mm	Thickness	YES
Q345qD	12mm	Thickness	YES
Q345qD	14mm	Thickness	YES
Q345qD	16mm	Thickness	YES
Q345qD	18mm	Thickness	YES
Q345qD	20mm	Thickness	YES
Q345qD	22mm	Thickness	YES
Q345qD	30mm	Thickness	YES
Q345qD	FL_100x10	Section	YES
Q345qD	FL_120x10	Section	YES
Q345qD	FL_150x10	Section	YES
Q345qD	FL_250x10	Section	YES
Q345qD	FL_120x12	Section	YES
Q345qD	FL_140x12	Section	YES
Q345qD	FL_180x12	Section	YES
Q345qD	FL_220x16	Section	YES
Q345qD	FL_220x22	Section	YES
Q345qD	FL_260x22	Section	YES
Q345qD	FL_300x19	Section	YES
Q345qD	VS_316x250x8	Section	YES

图 3.7-1 型材和板材图

和 u 形钢，其中 u 形钢材是在建筑行业中特有的异形型材。通过对钢梁的界面和板材型材的统计，就可以非常准确地预估项目的造价成本，帮助项目决策者作出正确的决策和规划。

（2）设计阶段

设计阶段是成本控制的重要阶段。通过 BIM 技术，设计人员能直接在 BIM 模型数据库中选择与当前施工项目相类似的历史施工项目模型的相关设计指标，做出一个经济合理的限额设计，与此同时，造价人员能直接在 BIM 模型中提取工程量数据及项目参数，较为快捷地得到概算价格，这样一来，就能从施工项目的全生命周期角度出发，控制施工项目的实际成本，有效地进行成本控制。

通过 BIM 模型，造价人员一方面可以在项目开始阶段初步对施工项目的成本进行成本计算，然后进行成本控制。另一方面，通过 BIM 模型自带的以三维可视化模拟为基础的碰撞检测和模型虚拟建设，可以在实际施工项目开始前对设计失误和设施错误进行纠正，可以大大减少施工设计变更及发生返工的概率，在前期成本控制中，它是一项非常有效的手段。

本项目通过达索 CATIA 设计软件，采用了骨架驱动的方式进行设计。

第一步，绘制道路中心线，或者导入以及绘制好的中心线，如图 3.7-2 所示。

第二步，根据中心线进行偏移 3D 曲线，作为创建曲面的辅助线，如图 3.7-3 所示。

第三步，扫掠直纹面。基于钢梁外形可以做深化设计，如钢结构中的贯穿孔设计，如图 3.7-4 所示。

（3）招标投标阶段

国内建设项目招标投标模式普遍采用工程量清单计价，BIM 技术的应用推广将对招标投标程序产生重大的影响。造价人员可以通过 BIM 模型及早且尽快地提取工程量数据，将其与施工项目的实际特点编制出较为精确的工程量信息清单，极大地减少漏项、重复及错算情况的出现，在项目开始前就将可能因工程量数据问题而引起的纠纷情况降到最低。

本项目通过对 BIM 精确模型提取工程量，对面板模型和实体模型，以及设计图纸的

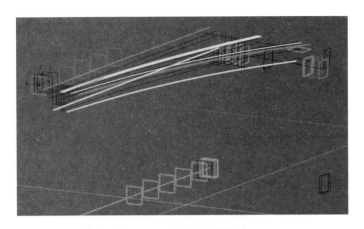

图 3.7-2　道路中心线导入

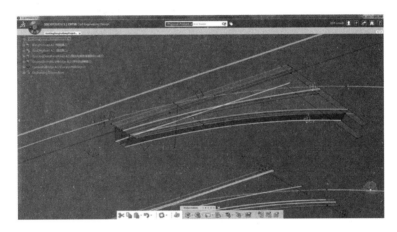

图 3.7-3　钢梁外形曲面

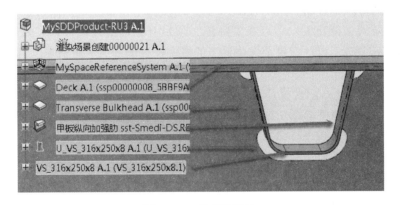

图 3.7-4　贯穿孔设计

钢用量统计，实体模型统计的偏差是最小的，如图 3.7-5 所示。

（4）施工建设阶段

在传统的模式中，当施工企业中标之后，以 2D 平面图纸为基础，设计、施工、建设、监理方需要分专业分方向分阶段核对设计图纸，只针对各自需要。没有信息协同交流

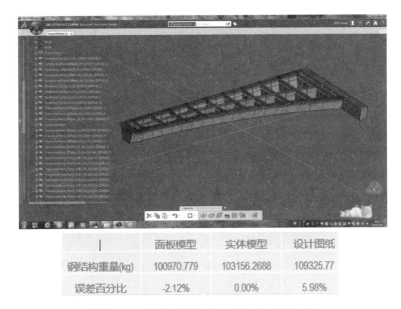

	面板模型	实体模型	设计图纸
钢结构重量(kg)	100970.779	103156.2688	109325.77
误差百分比	-2.12%	0.00%	5.98%

图 3.7-5 最终模型阶段和钢结构用量比对

共享，就不能站在整个施工项目的角度上发现设计图纸的问题与缺陷。而 BIM 技术的核心就是提供一个信息交流的平台，方便各工种之间的工作协同和集中信息。以 BIM 平台为基础，将不同专业的数据进行汇总分析，在通过碰撞检测功能之后，可以直接对出现的问题进行纠正，这就尽可能地避免因设计失误出现的施工索赔问题，对成本控制有着极大的好处。

通过 BIM 技术的应用，在施工组织设计的时候，对各项计划的安排，可以在 BIM 模型中进行试用调整，节约了人力财力，并且根据模型的动态调整，实现动态成本实时监控和控制的目的。

本项目通过达索 DELMIA 软件进行施工模拟，减少在施工组织设计阶段发生的软硬碰撞，及时调整施工方案，减少在后期施工中发生的错误，有效地节约了施工成本，如图 3.7-6 所示。

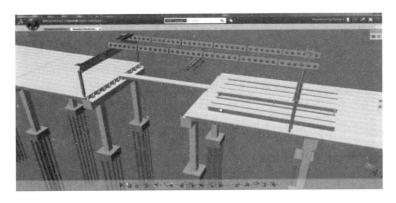

图 3.7-6 施工阶段精细化模拟

（5）竣工交付阶段

在竣工验收移交使用的过程中，会发生资料丢失、信息缺失等状况，这个阶段需要进行竣工结算，造价人员需要通过 2D 平面图纸和工程量计算书等一系列文件，对结构逐件地进行核对结算，在工作强度很大的情况下，易发生计算错误。BIM 技术的应用，在项目施工过程中，对 BIM 建筑模型的不断完善，它所包含的工程信息已经代表项目工程实体，这对成本控制的最后阶段提供了强有力的保证。

在本项目中，通过交付 BIM 技术数据，每个构件都有自身的唯一身份证编号，能够帮助业主和运维工作人员快速精准地查找与这个构件相关的设计、施工、管养资料，同时可查看与任务相关的 3DBIM 模型和技术资料，领导层可随时随地查看检索巡查养护情况，如图 3.7-7 所示。

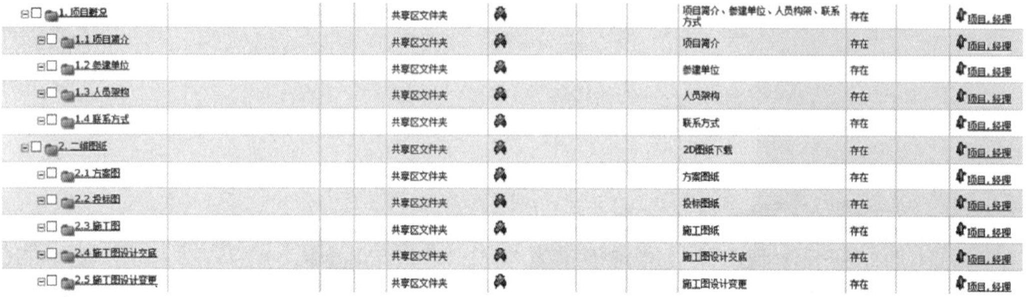

1. 项目概况	共享区文件夹	项目简介、参建单位、人员构架、联系方式	存在	项目，经理
1.1 项目简介	共享区文件夹	项目简介	存在	项目，经理
1.2 参建单位	共享区文件夹	参建单位	存在	项目，经理
1.3 人员架构	共享区文件夹	人员架构	存在	项目，经理
1.4 联系方式	共享区文件夹	联系方式	存在	项目，经理
2. 二维图纸	共享区文件夹	2D图纸下载	存在	项目，经理
2.1 方案图	共享区文件夹	方案图纸	存在	项目，经理
2.2 投标图	共享区文件夹	投标图纸	存在	项目，经理
2.3 施工图	共享区文件夹	施工图纸	存在	项目，经理
2.4 施工图设计交底	共享区文件夹	施工图设计交底	存在	项目，经理
2.5 施工图设计变更	共享区文件夹	施工图设计变更	存在	项目，经理

图 3.7-7　项目资料归档

3.7.2　问题

（1）BIM 在项目哪些阶段的成本控制发挥的作用？

A. 项目决策　　B. 设计阶段

C. 施工阶段　　D. 竣工阶段

（2）在项目成本统计中，基于方式计算工程量最准确。

A. 设计方案　　B. 精确 BIM 信息模型

C. 设计图纸　　D. 手工经验计算

（3）在施工阶段，BIM 如何帮助项目经理控制项目成本？

A. 施工场地可视化布置　　B. 施工工艺模拟优化

C. 资源消耗情况统计　　D. 三维碰撞检测报告

（4）在竣工移交阶段，BIM 在后期运用成本控制方面有哪些意义？

A. 三维移交，避免纸质提交

B. 利于后期业主运营管理

C. 三维可视化，直观查阅

D. 运维工作人员快速精准查找与这个构件相关的三维设计信息

（5）请描述 BIM 在项目各阶段的成本控制发挥的作用。

（6）请描述 BIM 在项目如何帮助设计减少成本。

（7）本案例中，BIM 对于后期项目竣工交付有什么深层次意义？

（8）本案例使用了哪些 BIM 软件，它们在成本控制中的作用是什么？

3.7.3 要点分析及答案

第 3.7.2 条中八个问题要点分析及答案如下：

（1）标准答案：ABCD

答案分析：本题考查 BIM 在项目成本发挥的作用，BIM 在项目决策、设计阶段、施工和竣工都有应用，一定程度上发挥 BIM 的优势，帮助项目控制成本。因此答案为 ABCD。

（2）标准答案：B

答案分析：本题考查 BIM 在工程量计算中发挥的作用，本案例中展示了利用精确的 BIM 模型计算出准确的工程量信息。因此答案选 B。

（3）标准答案：ABC

答案分析：本题考查 BIM 在施工阶段成本控制的应用，D 选项主要在设计阶段运用。因此答案选择 ABC。

（4）标准答案：ABCD

答案分析：本题考查 BIM 在竣工移交后的应用，发挥 BIM 的最大价值，便于业主进行运维管理、三维可视化查阅、查找构件信息等。答案选择 ABCD。

（5）BIM 在项目决策、设计、招投标、施工与竣工等阶段，通过三维模型和属性信息可以精确地统计工程造价，利用 BIM 模型可以进行施工模拟和优化，控制成本，帮助项目经理精确控制项目成本。

（6）通过 BIM 模型，造价人员可以在项目开始阶段初步对施工项目的成本进行成本计算，然后进行成本控制。另一方面，通过 BIM 模型自带的以三维可视化模拟为基础的碰撞检测和模型虚拟建设，可以在实际施工项目开始前对设计失误和设施错误进行纠正，这大大地减少了施工设计变更及发生返工的概率，在前期成本控制中，它是一项非常有效的手段。

（7）本案例最终交付的是基于 3DEXPERIENCE 数据库形式的 BIM 三维和过程数据。业主通过远程访问形式直接读取 BIM 数据库中的三维模型信息，包括项目过程信息。在数据库中每个构件都有自身的唯一身份证编号，能够帮助业主和运维工作人员快速精准的查找与这个构件相关的设计、施工、管养资料。

（8）本案例使用了 CATIA 和 DELMIA，CATIA 软件通过三维模型和属性信息可以精确地统计工程造价，DELMIA 软件利用 BIM 模型可以进行施工模拟和优化，控制成本，帮助项目经理精确控制项目成本。

（案例提供：马彦、苏国栋、王戎、李享）

3.8 某交通工程基于 BIM 的成本管理案例

本案例主要内容是利用 BIM 技术中市政 3D 软件对道路建模后，基于智能联动的快速三维精确设计，从而对道路选线、路面竖向进行模拟分析、判断。可以了解道路分析软件在道路的投资造价前期的应用价值；理解道路模型深度要求；掌握相应软件的操作知识。

3.8.1 项目背景

1. 案例背景

昆明某园内道路位于云南昆明市，项目用地范围内地形变化大，边坡、挡墙较多。甲方要求对道路的投资造价要严格控制。因此，在项目前期的方案比较中，建设单位组织设计人员应用市政 3D 软件（鸿业 Roadleader 及 Civil3D 两款软件）进行方案设计比较（图 3.8-1～图 3.8-3）。

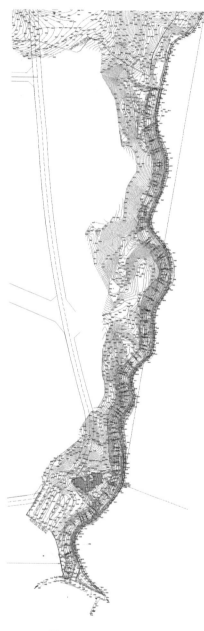

图 3.8-1 原始地形图

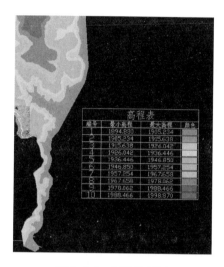

图 3.8-2 高程分析图

图 3.8-3 3D 模型图

2. BIM 技术应用的内容

市政 3D 软件应用于本项目道路设计，基于智能联动的快速三维方案精确设计，软件的三维地形处理功能为道路的纵断面设计、横断面设计和土方设计提供了更加便捷、准确的数据基础（图 3.8-4、图 3.8-5）。其结果与初步设计及后期施工图软件无缝衔接。在道路中输入表类结果时，往往输入逐桩坐标表、土方计算表、路基设计表、路基土石方计算表等表格样式（表 3.8-1、表 3.8-2）。

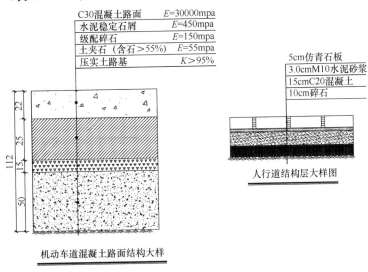

图 3.8-4 方案一 水泥混凝土路面

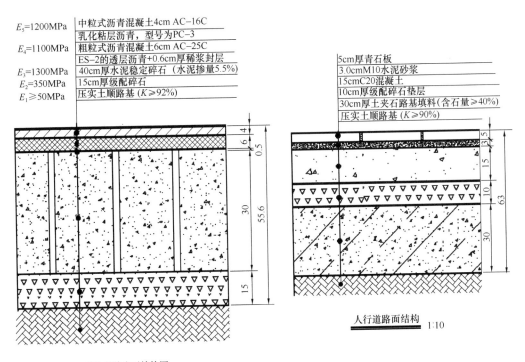

图 3.8-5 方案二 沥青混凝土路面

方案一 表 3.8-1

项目	单位	数量	预估价（元）	备注
道路	m	931.96		7m 宽
C30 混凝土	10m³	123	132338.0031	22cm 厚
水泥稳定石屑	10m³	196	112286.7905	25cm 厚
土夹石	100m³	12	56148.99	15cm 厚
压实土路基	100m³	39	187163.31	50cm 厚
人行道	m	931.96		2.5m 宽
青石板	m²	5592	167860.16	5cm 厚
M10 水泥砂浆	m³	168	46943.94	3cm 厚
C20 混凝土	10m³	84	66169.00	15cm 厚
级配碎石	100m²	56	27663.11	10cm 厚
压实土路基	100m³	28	98037.92	
路缘石	100m	22	10719.01	
填方	100m³	405.60	1939412.07	
挖方	100m³	193.95	927398.09	
绿化	株	414.00	372600.00	乔木
路灯	盏	62.00	620000.00	
工程其他费			1429422.12	
总造价			6194162.53	
平方米造价			553.87	

方案二 表 3.8-2

项目	单位	数量	预估价（元）	备注
道路	m	931.96		7m 宽
中粒式沥青混凝土	m²	7828	939415.68	4cm 厚
乳化沥青粘层	m²	7828	234853.92	
粗粒式沥青	m²	7828	939415.68	6cm 厚
透层沥青	m²	7828	234853.92	
水泥稳定碎石	10m³	313	179658.86	40cm 厚
级配碎石	100m²	56	27663.11	15cm 厚
压实土质路基	100m³	39	137253.09	
人行道	m	931.96		2.5m 宽
青石板	m²	5592	167860.16	5cm 厚
M10 水泥砂浆	m³	168	46943.94	3cm 厚
C20 混凝土	10m³	84	66169.00	15cm 厚
级配碎石	100m²	56	27663.11	10cm 厚
土夹石	100m³	17	80212.85	30cm 厚

项目	单位	数量	预估价（元）	备注
压实土路基	100m³	28	98037.92	
路缘石	100m	8	2401.07	
填方	100m³	405.60	1939412.07	
挖方	100m³	193.95	927398.09	
绿化	株	414.00	372600.00	乔木
路灯	盏	62.00	930000.00	
工程其他费			2205543.75	
总造价			9557356.231	
平方米造价			854.59	

3. 组织流程及实施要求

市政 3D 道路设计软件的主要设计流程：

地形处理→平面设计→纵断面设计→纵断面绘图→横断面设计→横断面计算绘图→道路土方统计出表→数据导出/效果图/平面图分幅出图。

方案一采用水泥混凝土路面，总造价约 6194162.53 元，每平方米造价 553.87，方案二采用沥青混凝土路面，总造价约 9557356.231 元，每平方米造价 854.59。

3.8.2 问题

（1）国内外的市政 3D 软件在市政项目中 BIM 技术应用的主要功能及作用是什么？

（2）在道路 3D 软件中输入表类结果时，往往输入哪几种表格样式？

3.8.3 要点分析及答案

第 3.8.2 条中两个问题要点分析及答案如下：

（1）3D 软件基于 BIM 理念，以脱离 DWG 图形的独立的 BIM 信息为核心，所有设计、三维、算量、出图等工作都紧密围绕这个核心进行。对数据有了精确把握，路基和边坡、路面结构层、缘石等都是拥有完整属性的整体对象，不再是传统的靠断面拼凑的数据，因此能够提供精确的工程算量数据。并且，随着 BIM 概念在工程建设领域的推广应用，BIM 信息将成为衔接规划、设计、施工、运维的整个工程全生命周期的信息载体。国内外的市政 3D 软件系列软件都旨在为市政道路设计人员和公路设计人员提供一套完整的智能化、自动化、三维化解决方案。软件比较完整的覆盖了市政道路设计和公路设计的各个层面，能够有效地辅助设计人员进行地形处理、平面设计、纵断设计、横断设计、边坡设计、交叉口设计、立交设计、三维漫游和效果图制作等工作。

但是，3D 软件在道路设计中的缺点也同样较为明显，那就是道路平面设计部分。目前国内的城市道路平面设计基本都是设计人员用 CAD 手工绘制和标注完成的。之所以这么做，就是因为目前没有一款软件能够较为完善的处理这部分设计内容。这是道路设计软件所具有的共性问题。如果国内外市政 3D 软件能在今后的版本中将不足的方面不断完善加强，未来将在国内的道路设计软件的市场竞争中领先于其他对手。

（2）参考答案及分析：在道路 3D 软件中输入表类结果时，往往输入：逐桩坐标表、土方计算表、路基设计表、路基土石方计算表等。

（案例提供：杨华金）

3.9　某公司科研楼项目 BIM 应用

BIM 技术是通过仿真模拟建筑物所具有的真实信息而得到的所有数字信息的综合。对实际项目的施工过程，首先在虚拟建筑上进行分析模拟，得到最优方案，从而提高工作效率，避免和减少现场问题，不仅仅是简单的数字信息集成模型，还应该是一种数字信息的应用。国内在工程施工领域的 BIM 应用仍处于摸索阶段。本文通过一个项目的 BIM 应用情况，阐述现阶段 BIM 在施工阶段主要应用点及所带来的价值。

3.9.1　项目背景

1. 项目简介

该项目是由×集团投资，建筑面积 8.1 万 m²，结构形式为钢筋混凝土框架剪力墙结构，地上 13 层，檐口高 60m，力求建成高效、绿色、节能、人性化、智能化的科研楼。项目单位与清华大学合作，进行全国首个 IPD 项目试点研究。项目于 2015 年 1 月 15 日开工，计划于 2017 年 1 月 30 日竣工交付使用。施工期间跨越 2014 年冬季，结构施工跨 2015 年雨季，季节性施工投入大和施工效率降低，工期紧。结构层高较高，首层大厅为超高大空间，高度 15m，四周悬挑结构较多，难以形成有效流水。周转材料一次性投入量大，周期长。现场护坡桩距离红线最大局部不足 3m，周边场地只能用来搭设一栋办公室及小部分周转材料堆放。其他设施均需在场外租地，然后运至现场。要求实现争创"鲁班奖"标准及国优工程，北京市绿色安全样板工地，争创全国"AAA"级安全文明标准化工地，施工质量、安全文明施工标准高。在施工中积极推广应用新技术、新工艺，依托科技创新，提升施工质量。

2. BIM 技术应用内容

（1）碰撞检查及管线综合

本项目作为全生命期的 BIM 实施项目，在承接设计和运维的基础上将 BIM 技术落地重点放在施工阶段。

在设计模型的基础上，BIM 技术人员进行了更深入的完善，通过将各专业模型进行整合，对各专业平、立、剖面图纸进行了校核，对 BIM 模型进行碰撞检查，出具了相关"碰撞检查报告"和"信息缺失报告"，并反馈设计单位相关人员，避免了现场返工，如图 3.9-1、图 3.9-2 所示。

（2）方案优化

项目 BIM 团队积极参与 IPD 模式，基于 IPD 的理念和激励机制调动参建各方的积极性，发挥 BIM 的基础支撑功能。设置 BIM 参与单位和人员集中办公场所，做到技术和成本问题不解决不出 BIM 办公室。

建筑结构施工中提前发现和解决各类问题 126 个，例如 B2 层东侧汽车坡道，设计模

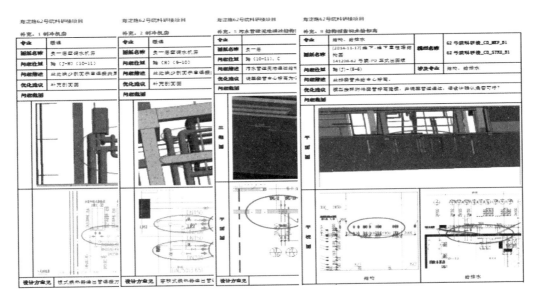

图 3.9-1　碰撞检查报告

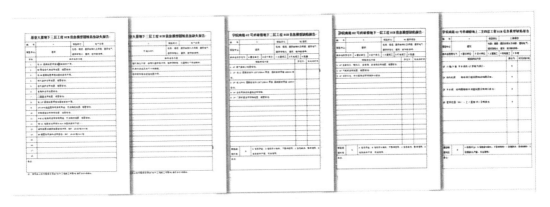

图 3.9-2　信息缺失报告

型中，结构比建筑标高高 0.025m，在施工前发现并解决此问题，后期返工杜绝，并为修改方案提供了可视化的有利于各方协调的方案（图 3.9-3）。

净高是否合理直接影响建筑物消防验收及使用舒适度，基于此，BIM 技术人员对每楼层每个房间都进行了净高分析，发现 B2 层有三处不满足净高的部位，向设计院反馈后在施工前解决了该问题（图 3.9-4）。

（3）方案模拟及交底

大空间模架安全是施工控制的重点，BIM 技术人员将模型导入模架软件，进行模架虚拟建造，通过软件内置规则进行计算，判定安全范围，并出具材料清单，三维模型的建立使专家更快速、更直观地了解了本工程高大空间模板方案（图 3.9-5）。

（4）工程量统计

BIM 技术人员在原有设计模型的基础上丰富了施工相关信息，并通过 Revit 建模软件完成了各类构件工程量的统计。BIM 技术人员在管线综合调整后，还进行了深化前后工

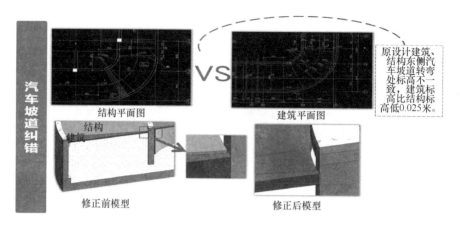

图 3.9-3 方案优化

净高分析		
范围	设计净高	综合后管底高度
B3	2300mm	2350mm
B2	2300mm	2350mm
B1	走廊2400mm	走廊2550mm
	房间2900mm	房间3300mm
F1-F13	走廊2400mm	走廊2500mm
	房间2700mm	房间2900mm

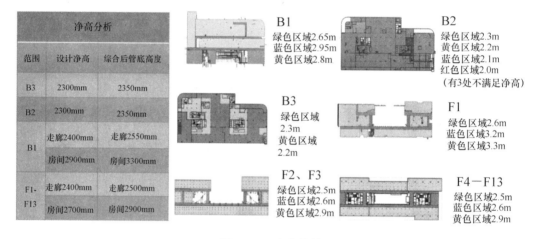

图 3.9-4 净高控制

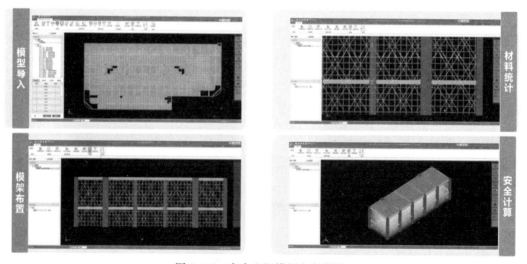

图 3.9-5 高大空间模板方案模拟

程量的对比，有效分析了 BIM 模型深化设计后带来的工程量的变化以及节约的成本（图 3.9-6、图 3.9-7）。

墙明细表

体积	功能	厚度	长度	面积
8.31 m³	外部	300	7800	28 m²
8.31 m³	外部	300	7800	28 m²
8.31 m³	外部	300	7800	28 m²
8.39 m³	外部	300	7875	28 m²
9.48 m³	外部	300	7800	32 m²
9.48 m³	外部	300	7800	32 m²
8.51 m³	外部	300	7000	28 m²
11.79 m³	外部	300	9525	39 m²
13.65 m³	外部	350	7951	39 m²
13.65 m³	外部	350	7800	39 m²
23.43 m³	外部	350	13391	68 m²
115.50 m³	外部	350	66000	330 m²
1.64 m³	外部	450	7225	4 m²
4.47 m³	外部	450	20476	10 m²
1.73 m³	外部	450	7846	4 m²
1.26 m³	外部	450	5590	3 m²
12.28 m³	外部	450	17974	27 m²
23.19 m³	外部	450	34350	52 m²
2.67 m³	外部	450	4175	6 m²
4.90 m³	外部	450	13774	11 m²
14.53 m³	外部	450	46800	32 m²
1.83 m³	外部	450	14000	4 m²
1.78 m³	外部	450	3950	4 m²

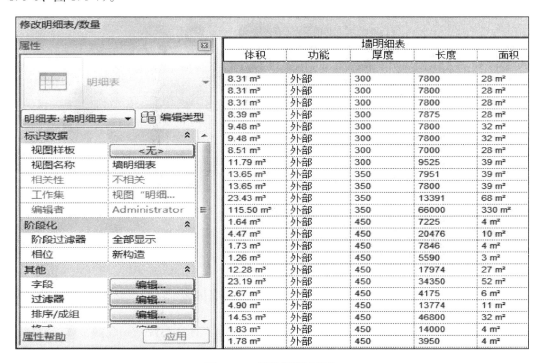

图 3.9-6 墙体混凝土明细

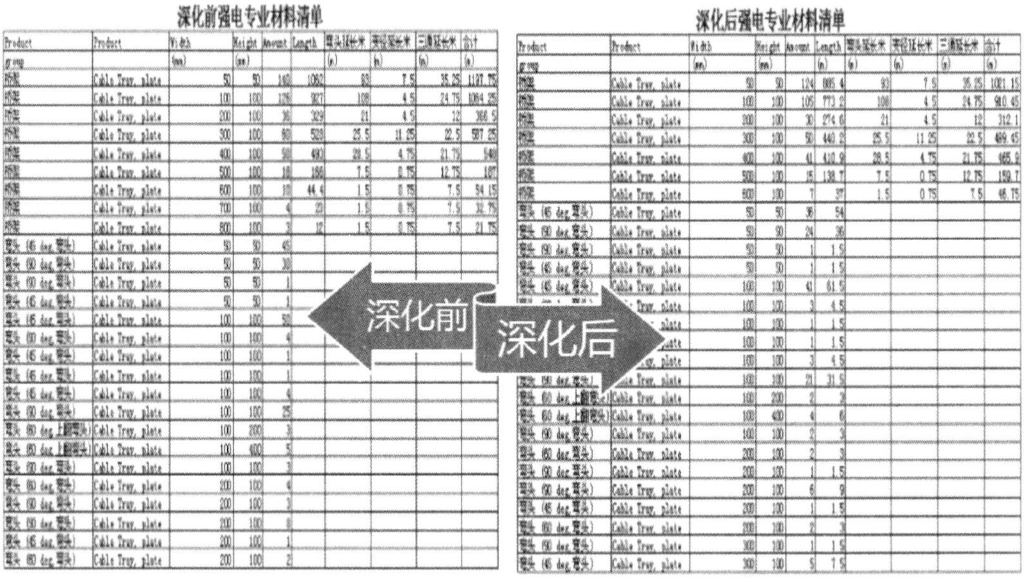

图 3.9-7 深化前后工程量明细

（5）支吊架设计及净高分析

在管线综合后，BIM 技术人员先尝试将支吊架布置在样板间位置，根据项目现场情况和图纸要求对支吊架的选型进行了校核计算，并将结果提交设计院结构工程师，审核同意后再从样板间区域向整个区域布置，并进行了支吊架材料的统计，给物资部提供参考，如图 3.9-8 所示。

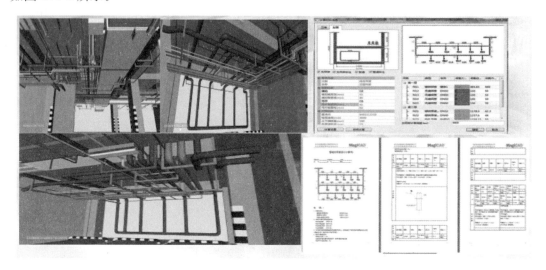

图 3.9-8　支吊架分析

（6）基于 BIM 的合约规划

BIM 技术人员在合约管理方面运用 BIM 技术实现了对合约规划、合同台账、合同登记、合同条款预警等方面的管理。可实时跟踪合同完成情况，并根据合同履行状况出具资金计划、资源计划。通过模型和实体进度的关联，依据实际进度的开展提取模型总、分包工程量清单，为业主报量及分包报量审批提供数据参考。系统内置合同条款预警信息，当合同完成情况及报量、签证出现偏差时，及时预警相关责任人，如图 3.9-9、图 3.9-10 所示。

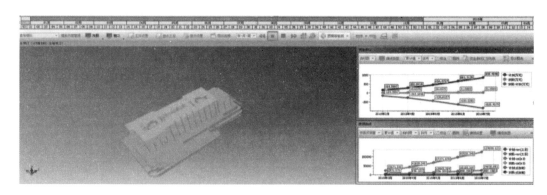

图 3.9-9　资金计划、资源计划

（7）施工总平面布置规划

BIM 技术人员将场地平面建立三维模型，并进行漫游模拟和不同阶段的场地变化模拟，帮助狭小施工场地提前合理安排物料运送路线和物料设备摆放，对施工现场管理起指导作用，有效辅助施工组织设计合理安排（图 3.9-11）。

（8）基于 BIM 的进度管理

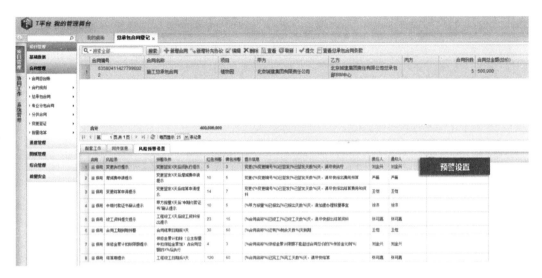

图 3.9-10　预警设置

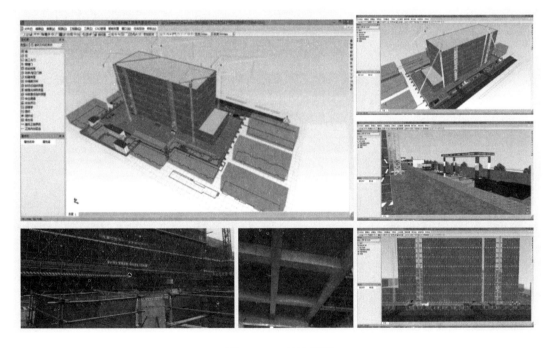

图 3.9-11　场地模拟

在进度管理方面，将计划与模型分别挂接，根据现场情况进行动态进度模拟，指导现场；根据系统设定的预警规则，将进度风险前移，帮助管理者尽快决策改正；通过模型辅助商务报量，减轻了商务工作量，目前共计报量5次，报量数据基本满足业主要求（图3.9-12）。

（9）合同与成本管理

BIM技术人员将BIM模型导入BIM系统平台，与预算、进度、合同等相关数据挂

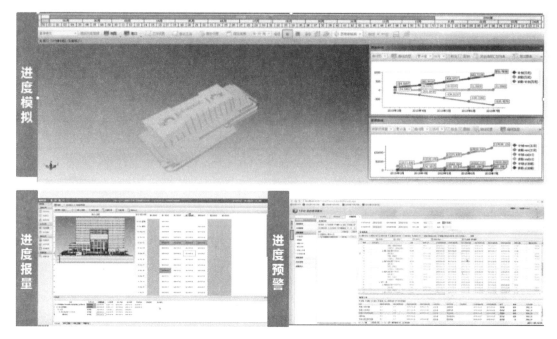

图 3.9-12 进度管理

接，可以按时间、流水段、区域或自定义方式进行快速查询，并出具工程量表，指导商务报量和物资采购工作，如图 3.9-13～图 3.9-16 所示。

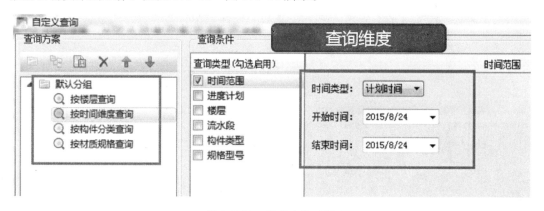

图 3.9-13 定义查询时间

（10）图纸管理

除了进度和报量，BIM 技术人员还将项目中的图纸文件进行分类和版本管理，实现了图纸文件存储电子化，搜索智能化；而且对图纸的申报也作了相应管理，通过平台显示的数据，项目领导可以一目了然的洞察各类报审信息（图 3.9-17）。

（11）劳务管理。BIM 技术人员将参与科研楼项目的各劳务队信息与人员信息输入管理系统，真实管理劳务人员的进出场信息，严格把控考勤管理，落实了劳务队伍的精细化管理，保障了现场各工作有序开展（图 3.9-18）。

	类别	材料编码	材料名称	规格型号	单位	工程量
1	人	0001001	综合工日		工日	121769.5
2	材	1001001	板条	1000×30×8	百根	329.02
3	材	1241551	玻璃胶	335克/支	支	93.76
4	材	0303201	不锈钢螺钉	M5×12	十个	189.25
5	材	CLFBC	材料费补差		元	-1.78
6	材	0103091	镀锌低碳钢丝	φ4.0	kg	68506.82
7	材	0359111	镀锌铁码		支	1805.46
8	材	0505121	防水胶合板	模板用 18	m2	33302.43
9	材	0401013	复合普通硅酸盐水泥	P.C 32.5	t	0.7
10	材	3001001	钢支撑		kg	261004.01
11	材	1233021	隔离剂		kg	38297.96
12	材	0505061	胶合板	2440×1220×4	m2	42.19
13	材	3101071	密封毛条		m	908.78
14	材	0303281	木螺钉	M5×50	十个	378.5
15	材	0601011	平板玻璃	5	m2	221.19
16	材	9946131	其他材料费		元	28977.5
17	材	1143191	嵌缝料		kg	738.53
18	材	1243191	墙边胶		L	30.52
19	材	1143201	乳液		kg	13.06
20	材	1235021	软填料		kg	96.84
21	材	0901001	杉木门窗套料		m3	8.7
22	材	3115001	水		m3	129.6

图 3.9-14　BIM 模型与业务数据集成后，实现主、分包合同单价信息的关联

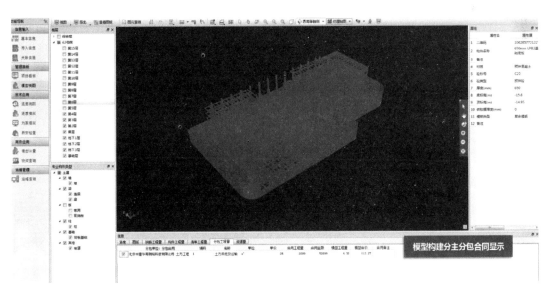

图 3.9-15　BIM 模型与业务数据集成后，实现预算、收入、支出的三算对比

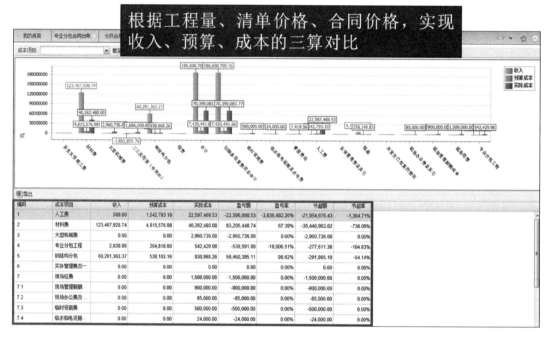

图 3.9-16 收入、预算、成本三算对比

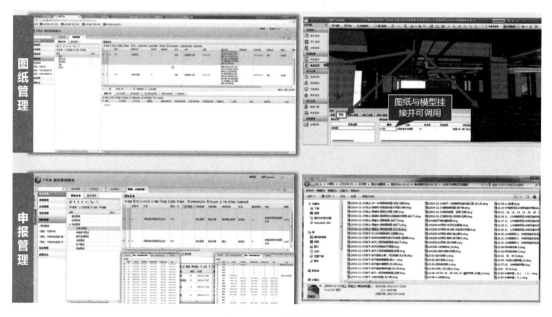

图 3.9-17 图纸管理

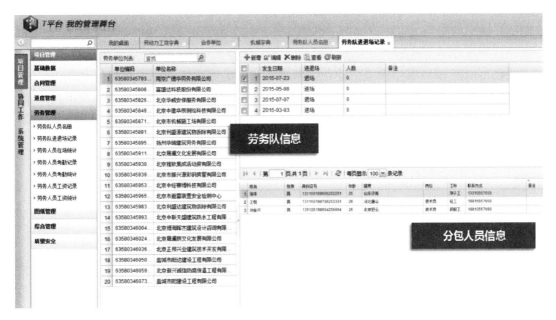

图 3.9-18 劳务管理

3.9.2 问题

（1）案例工程中有哪些方面应用了 BIM 技术？

（2）进度管理应用中，需要哪些部门的人员协同配合工作开展？

（3）使用 BIM 技术，能够给施工单位带来哪些效益？

（4）BIM 算量结果能否直接用于报量结算？如可以，请阐明理由，如不能，仍需要进行哪些工作？

3.9.3 要点分析及答案

第 3.9.2 条中四个问题要点分析及答案如下：

（1）本案例工程中主要在两方面应用了 BIM 技术。一方面是模型基础应用：主要体现在管线综合、碰撞检查、净高优化、高大模架模拟、工程量计算、总平面布置规划。另一方面是模型的综合应用，体现在施工的动态进度管理、图纸管理、合同与成本管理、劳务管理等。

（2）在总承包的动态施工管理中想要做好进度的管理需要项目多个部门配合，如：需要 BIM 中心的人提供各专业整合的 BIM 模型，需要 BIM 中心进行部门间的协调；需要工程部提供项目进度计划；需要各劳务队伍提供每天的施工日报；需要现场的班组提供现场实际工程进展情况；需要项目管理部门做进度整体规划，对出现进度偏差的情况作出决策处理。

（3）BIM 技术对投资方、设计方、建设方、运维方等参建各方都具有非常多的价值，针对建筑施工企业在工程施工全过程的关键价值主要有：虚拟施工、方案优化；碰撞检查、减少返工；形象进度、4D 虚拟；精确算量、成本控制；现场整合、协同工作；数字化加工、工厂化生产；可视化建造、集成化交付（IPD）。

（4）BIM 算量结果可以直接用于报量结算。在本项目中，应用的是某 BIM 系统，可以直接用于报量的前提在于：①BIM 模型是不断随着设计图纸及变更变化更新的，并且项目现场是根据 BIM 模型来施工的；②系统平台中流水段的划分与现场流水施工一致；③系统中清单与业主报量中清单保持一致；④系统中进度计划与现场进度情况保持一致；⑤系统中将 BIM 模型与进度计划、清单、流水段相关联，这样就可以保证 BIM 模型的算量结果可以直接用于报量结算。

（案例提供：祖　建）

3.10　某越江隧道新建工程 BIM 应用实践

BIM 技术在建筑、机械、电子等行业的运用日趋成熟，并带来了革新性的变化。但在隧道等关注民生工程的应用尚未深入。本案例介绍了 BIM 技术在隧道设计和施工阶段中的应用，BIM 技术的应用促进隧道设计由传统的 2D 向 3D 转变，由粗放向精细转型，提升了传统设计的精细度，实现了设计成果的优化，同时设计成果可以有效地为后期深化设计、施工工艺优化做好铺垫，为解决后期各阶段信息集成、碰撞检验等相关问题提供有效的技术保障。

3.10.1　项目背景

1. 项目简介

某越江隧道新建工程是上海一条穿越黄浦江连接浦东与浦西的隧道工程。该工程共分两段明挖隧道、2 个工作井和 1 段盾构隧道 3 部分，全长 4.45km，其中盾构段长约 2.57km，外径 14.5m。隧道主体为双向四车道，设计行车速度 60km/h，隧道净空高度 4.5m。该越江隧道工程建设包括明挖段及工作井土建施工、盾构推进施工、隧道内部结构施工、机电安装、隧道装修、竣工验收等程序，参与单位涉及设计、施工、监理方等。影响工程安全、质量、进度、投资控制等多个目标的因素。工程建设环境复杂，参与单位众多，建设周期紧，任务重，因此，对于其总体筹划及里程碑节点的设定及其可实施性提出了较高要求。

（1）管线情况复杂。如明挖段结构施工或者盾构推进过程中突然出现不明管线，方案调整有时会严重影响工期。

（2）设计管理问题。特别是机电设计多专业多系统、相互交叉，接口及界面不清晰，各专业设计协调不到位，导致设计深度不够，反映到安装施工中会出现错漏碰缺，导致大量变更，影响工期及投资。

（3）明挖段基坑施工安全。若发生变形超标或者透水等重大风险，甚至会导致工程停工；盾构进出洞及旁通道施工推进过程中遇到障碍物及灾害地质等。

（4）隧道出入口明挖段及风井等附属设施因涉及管线搬迁和道路翻交，往往竣工时间比较滞后，影响通车条件，应及早筹划。

2. BIM 期望应用效果

工程隧址沿线环境保护要求高，难度大，在大体量的工程施工中，传统的二维设计很难解决"错、漏、碰、缺"等难点，需要一个全新的设计手段来进行"协同"设计与管理，让业主第一时间参与到工程项目中，发挥其管理的作用，组织设计、施工、监理等单位在一个大环境下协同工作，贯穿项目的全寿命周期。

3. BIM 建设框架及实施路线

本项目方案采用 B/S 架构进行管理，服务器环境要求比较高，所以不宜存放在工地现场。因此中心服务器在 BIM 总体单位端，通过 VPN 远程登录，可以根据权限范围访问服务器资源。其整体架构如图 3.10-1 所示，整个服务器存放在单位机房，保证安全可靠可控。其他地点可以通过 VPN 接入服务器，读取信息模型数据。本项目采用达索系统 3DEXPERIENCE 平台，它是集 CATIA 三维建模，DELMIA 四维施工仿真，SIMULIA 安全分析以及 ENOVIA 多项目协同管理一体化的平台。在设计和施工仿真以及施工安全分析方面发挥重要作用。

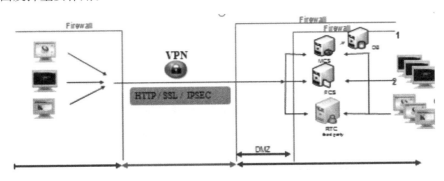

图 3.10-1 BIM 应用服务器和网络架构

4. BIM 技术应用内容

（1）工程前期应用

工程前期阶段，通过 BIM 平台真实地反映工程实体与周边环境之间的关系，有效辅助指导前期的工程管理工作（图 3.10-2）。

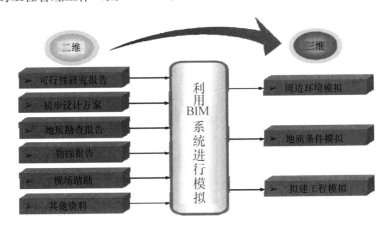

图 3.10-2 工程周边环境模拟

① 直观地看到工程周边环境、地形地貌等情况，利于业主方便直观地对线路及相关方案进行优化。

② 对工程风险提前进行识别、标识，并能够采取相关措施规避或减少风险，例如避免穿越风险较大的危楼、危房及其他较大障碍物。

（2）施工 BIM 模型建立

① 施工 BIM 模型深化。

设计模型主要体现的是项目建成后的最终状态，它是一个静态的模型，为指导施工和设计阶段的计算分析，其精细度要求较高，模型整体性也较高。而施工模型需要对施工过程进行模拟，是一个动态的模型，因此它的模型需要根据不同施工阶段进行分段，同时为确保动画的流畅，它仅需保留结构构件的外形信息，无需达到设计的精度。因此，需在设计单位过来的施工图深度的信息模型进行深化设计。深化设计阶段的模型，要能做到精细化施工的要求，模型的深化程度要体现施工的工艺过程。将精确的模型进行整理后，能够准确地指导施工，同时将构件赋予时间参数，能够直观地反映施工单位的工程进度，并且将施工信息记录传递下去。

根据施工模拟和管理需要，明确设计模型深化要求。调整后的设计模型，进行施工仿真可行性验收后，进入施工模型深化阶段。

施工阶段模型深化内容（图 3.10-3）：

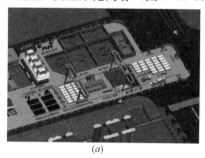 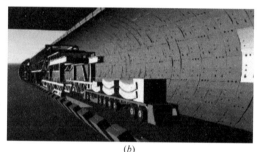

(a) 　　　　　　　　　　　　　(b)

图 3.10-3　施工深化模型

a. 进行施工 4D 模拟所需的机械设备建模。

b. 进行施工 4D 模拟所需的场地布置建模。

c. 将设计提供可调参数模型与施工机械、场地布置模型按工艺进行互动。

d. 关联指导施工。该隧道施工现场模型中包含了机械设备、场地布置和隧道管片等内容。

② 设计意图展现。

用统一的建筑信息模型进行虚拟现实和展示，在施工完成前就可以体验建成后的效果和功能，提前发现问题，包括美观和使用问题，展示设计理念。

利用虚拟现实技术，进行隧道内标志标线的虚拟体验。在信息模型内，完成真实的标志标线的布置，通过虚拟驾驶，对设计进行检验，从而优化设计方案，就是对该隧道模拟，隧道环境、管线、标志标线都很清晰，非常逼真（图 3.10-4）。

（3）施工 BIM 模型深化分析

① 动态工程施工管理。

(a)   (b)

图 3.10-4　隧道设计意图展示

在本工程中，明挖段施工涉及复杂的管线搬迁与道路翻浇。通过运用 BIM 技术的三维可视化手段，为施工方案的编制提供可靠的依据。如在 X 区段的施工，结合浜底清淤安全放坡的情况，可以运用 BIM 模拟围堰断流及南北侧箱涵设置与明挖施工之间复杂的关系。如图 3.10-5 所示，就是这一区段管线搬迁和道路翻浇 BIM 技术的应用和方案的模拟。其优势在于：

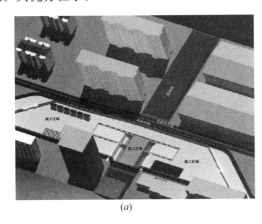 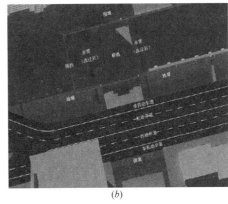

(a)   (b)

图 3.10-5　管线搬迁和道路翻浇

a. 便于前期各方进行有效协同，方便方案的制定。

b. 便于指导施工人员工作，提高施工质量。

在确保管线资料真实、准确的前提下，通过 BIM 的虚拟建造，可以直观反映各类市政管线的空间位置关系，便于进行管线搬迁设计方案的优化、施工方案可行性的判定，以及相关管线搬迁单位进场搬迁顺序的协调和确定，盾构上方以及周围的管线众多，种类多达六种，其中涉及的单位也很复杂。通过 BIM 技术可以直观的表达，以利于方案的选择和进度的安排，以及不同单位的进场施工顺序排列。

另外，在模型中加上阶段化的明挖段隧道模型，可以同时反映不同阶段管线搬迁的状态和明挖段隧道建设状态，使得管线搬迁方案的目的性更加明确、直观，可以检验管线搬迁的方案是否最优，是否存在不必要的多搬、漏搬和误搬的情况。

② 重大专项施工方案分析模拟。

本工程项目中，以盾构机头吊装施工、盾构掘进施工、管片拼装方案进行精细模拟，以揭示方案中的风险点，提高工程质量，确保施工安全（图 3.10-6）。

图 3.10-6 盾构机头吊装仿真

施工过程中存在诸多不可预估的因素，例如天气、环境、人员、设备故障等，因此无法完全精确地模拟出施工过程。通过 BIM 技术可以实现模型与施工进度相关联，可以达到降低施工风险，提高工程质量，合理化施工工艺，降低资源浪费。通过制订方案计划→了解施工工艺→整理深化设计模型→建立施工机械设备模型→利用 BIM 软件进行 4D 模拟→利用模拟结果合理化方案编制→将施工进度信息与模拟动画关联→根据现场情况调整模拟参数，指导施工顺利完成。

通过对主线段盾构隧道施工进行 4D 模拟，在项目前期，合理编排盾构隧道同步施工工艺，从而精确地进行施工筹划协调、安排，减少不必要的工期浪费。在项目实施过程中，根据现场实际情况，对模拟动画进行时间属性调整，实现在第一时间检查调整后工程筹划的合理性，达到动态控制、协调工程筹划的效果。

将盾构机头吊装施工、盾构掘进施工等重大节点施工进度信息与管理系统同步，达到了解实际进度与计划进度偏差的作用，方便进行远程管理。盾构机运行的工艺及工期总览，盾构机头吊装工艺及工期总览，如图 3.10-7 所示。

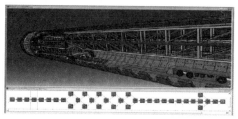
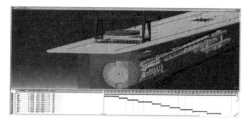
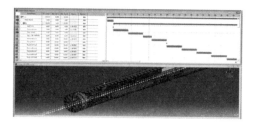
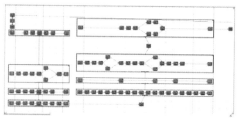

图 3.10-7 BIM 模型与进度计划的结合

③ 施工信息管理系统。

利用 BIM 模型，将隧道管片信息与信息管理系统结合，实现可视化管理技术，确保信息的可追溯性（图 3.10-8）。

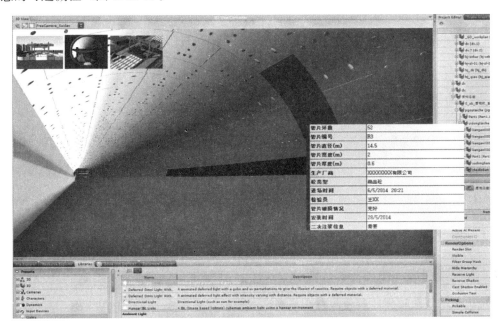

图 3.10-8 BIM 模型实现可视化管理

④ 检测数据可视化预警。

在本工程中，针对主线盾构段隧道纠偏及明挖段基坑的沉降变形，将检测数据与 BIM 模型进行联动，并将这个带有检测数据信息的模型与设计的理论模型进行比对，将偏差超出允许值的部位可视化展示，警示相关工程技术人员，及时采取纠偏措施，实现监测数据的可视化预警（图 3.10-9）。

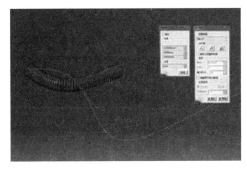 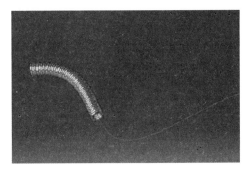

图 3.10-9 BIM 隧道线性控制示意图

5. 项目实施经验总结

（1）协同设计

首要的是建立协同环境，结合 BIM 应用要求，结合标准化管理流程，制定 BIM 隧道工程的标准，由标准再形成各种不同软件和硬件之间的接口，真正做到智能化建设、施工管理。协同环境是开展整个项目实施的关键，达索系统平台提供了很好的协同设计环境，帮助实现施工企业 BIM 的协同工作问题。

（2）大型施工设备 BIM 建模和管理

市政项目工程的施工往往依赖于许多大型的专业机械设备，施工企业对于 BIM 模型的应用往往是在建造过程中的，因此需要将这些专业的机械设备进行建模，并与设计的主体结构进行互动关联。在该越江隧道项目中，我们除了对双头卡车、混凝土搅拌车、龙门吊等常规设备建模外，还对整个盾构机行了建模，并运用了机构模型让这些静止的模型具备了物理运动的特性（图 3.10-10）。

图 3.10-10　盾构机模型示意图

（3）施工方案优化

施工方案优化在于建立真实的实际项目环境，通过对实际施工方案的模拟优化，再调整模拟优化的迭代过程，避免浪费和不确定性因素。各个施工工艺甚至于施工专业之间的"硬碰撞"、"软碰撞"（机械设备的运作、施工流水的布局等）问题光靠甘特图是很难算清的，通过 BIM 技术的四维仿真分析，可以将这一过程直观的表现出来，为项目运作的方案讨论提供了便利的沟通方式，从细处着手来优化工艺和节省工期。

3.10.2　问题

（1）下面描述哪些是施工企业应用 BIM 的内容?

A. 施工建模　　　　　　　　　B. 施工深化设计

C. 施工工法模拟　　　　　　　D. 运行维护

（2）下面描述哪些是工程前期应用 BIM 做好工程管理工作?

A. 直观地看到工程周边环境、地形地貌等情况

B. 对工程风险提前进行识别、并标识

C. 利于业主方便直观地对线路及相关方案进行优化

D. 施工深化设计，便于查阅工程情况

（3）结合轨道 BIM 应用，阐述施工阶段模型深化内容有哪些?

A. 进行施工 4D 模拟所需的机械设备建模

B. 进行施工 4D 模拟所需的场地布置建模

C. 将设计提供可调参模型与施工机械、场地布置模型按工艺进行互动关联，指导施工

（4）对于盾构隧道 BIM 的应用，需要建立哪些 BIM 模型实现施工模拟?

A. 盾构机　　　　　　　　　　B. 场地模型

C. 施工设备　　　　　　　　　D. 隧道模型

（5）施工工艺流程仿真方法如何建立？

3.10.3　要点分析及答案

第 3.10.2 条中五个问题要求分析及答案如下：

（1）标准答案：ABC

答案分析：本题主要考察施工企业应用 BIM 的内容。A 选项内容是为 BC 选项内容服务，ABC 均为施工企业 BIM 应用内容。因此答案为 ABC。

（2）标准答案：ABC

答案分析：本题主要考察工程前期 BIM 应用，ABC 均为 BIM 在前期勘测中发挥的重大作用，D 选项为后期施工应用。因此答案为 ABC。

（3）标准答案：ABC

答案分析：本题考察对施工 BIM 应用准备认识的全面性。轨道交通 BIM 应用主要在于为施工仿真服务，为了准确进行施工模拟，需要对设计模型进行深化，深化内容可以从机械设备、施工场布和设计模型考虑。因此答案选择 ABC。

（4）标准答案：ABCD

答案分析：本题考察盾构隧道 BIM 的应用。进行盾构施工模拟，需要的 BIM 模型为盾构机、施工相关配套设备、隧道模型以及施工场地模型。因此答案选择 ABCD。

（5）首先建立施工 BIM 模型，同时建立施工机械设备，以及场地布置等，然后根据施工工艺计划，关联 BIM 模型，进行进度模拟，对于复杂的施工步骤可进行精细化的模拟仿真，避免施工过程的问题和错误。

（案例提供：丁永发、王利强、王春洋）

3.11　BIM 放样机器人在深圳某超级工程中的应用

作为能把 BIM 模型真正带入到施工过程中，直接使用 BIM 模型数据进行施工放样的硬件系统，BIM 放样机器人已经成为众多建筑施工企业的新宠。从 BIM 模型中获取现场控制点坐标和建筑物结构点坐标分量作为 BIM 模型复合对比依据，从 BIM 模型中创建放样点。施工团队进入现场之后，所有的放样点将导入 Trimble Field Link for MEP 软件中，开始使用 BIM 放样机器人进行楼层贯通点和挂钩预埋件的放样。BIM 放样机器人通过发射红外激光自动照准现实点位，实现"所见点即所得"，从而将 BIM 模型精确的反映到施工现场，加强深化设计与现场施工的联系，保证施工精度，提高效率。

3.11.1　项目背景

1. 项目背景及应用目标

（1）项目背景

该工程属于超高建筑，总建筑面积约 46 万 m^2。业主在项目前期即对工程建设提出了高目标，希望成为真正的精品工程。项目模型三维视图如图 3.11-1 所示。

超高层项目机电安装量大，综合管线多，塔楼设备层多，垂直运输高度高，设备吊装

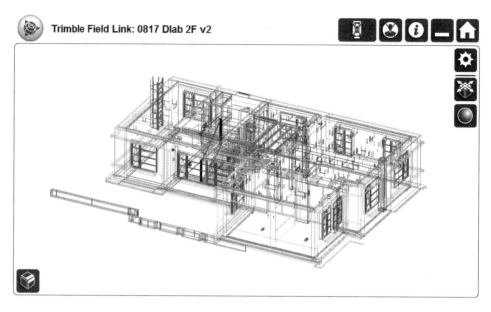

图 3.11-1　模型三维视图

的风险控制难度大，过程中往往会面临因施工错误而造成的返工情况，延误工期，降低效率。该建筑结构空间复杂，机电系统众多，施工精度要求高，则面临着更高难度的挑战。这不仅为机电管线综合设计与施工带来了重大考验，也对机电总承包单位提出了高度要求。传统机电安装施工方法将面临许多难以解决的问题：如现场施工偏差造成返工及设计变更；施工队的传统工作方法无法满足精度与效率要求；传统验收过程相对粗糙，信息检查核准不够完善等。作为机电总承包单位将如何应对以上难题，顺利完成专业间协作，保障高难度机电施工顺利进行，这将是个高难度的施工挑战。

（2）BIM 期望应用效果

近年来，伴随信息化发展浪潮，BIM（建筑信息模型）作为一项带来行业革命的新技术，已成为推动建设行业智慧发展，实现创新项目管理的重要工具。同时，BIM 技术也为提高施工效率、确保施工质量带来了新的突破点。

据该项目总工程师介绍，项目业主非常重视 BIM 技术在项目实施及后期运营维护过程中的应用，在招标投标阶段即明确提出 BIM 应用任务，这也为施工单位的 BIM 解决方案选择、BIM 应用实施水平带来考验。业主希望交付的机电施工 BIM 模型能用于项目后期运维管理，这对 BIM 应用的深度提出了相当高的要求。除了运用 BIM 技术实现常规的管线碰撞检测、支吊架布置、管线复核、方案优化等内容，还需要将施工过程中建立的 BIM 模型不断完善和精细化。施工单位需要把机电管线设备的参数、零部件更换维修时间周期等信息全部输入 BIM 模型，与智能楼宇管理系统相连接，从而形成基于 BIM 的运维管理平台，未来将简化后期机电系统的运维操作难度，更便捷地去查找机电系统故障原因、锁定零配件更换位置、快速找到系统维修方案。

2. 项目 BIM 应用的内容及成效

该项目的最大挑战之一是需要在最短的时间内，在每层楼 3000 多 m² 的空间里定位数百个点，因此任何错误和返工对于超高层建筑施工都是巨大的时间浪费，施工时必须把验证过的 BIM 模型带到工地，并快速准确地放样，才能保证施工质量和效率。为此采用了国外先进的 BIM 放样机器人系统，并将其应用于深化设计、管线安装施工、施工验收等整个机电安装施工阶段。

（1）深化设计，现场放样

在机电和管道的设计完成协同并被批准后，施工团队通过 Trimble Point Creator（TPC）软件进行 2D 和 3D 现场放样点的创建，从 BIM 模型中获取现场控制点坐标和建筑物结构点坐标分量作为 BIM 模型复核对比依据，根据 BIM 模型中的机电综合管线坐标及尺寸数字信息创建放样点。施工团队进入现场之后，所有的放样点将导入 Trimble Field Link for MEP 软件中，开始使用 BIM 放样机器人进行楼层贯通点和挂钩预埋件的放样。BIM 放样机器人通过发射红外激光自动照准现实点位，实现"所见点即所得"，从而将 BIM 模型精确的反映到施工现场，加强深化设计与现场施工的联系，保证施工精度，提高效率（图 3.11-2、图 3.11-3）。

图 3.11-2　BIM 放样机器人

在标准层施工过程中，即使设计过程中已经应用 BIM 技术解决了很多碰撞问题，但由于专业协调工作问题以及实际工艺偏差，仍会导致管线碰撞和净空标高控制困难等问题发生。面对这种情况，机电施工 BIM 团队要尽可能保证模型信息的真实准确度，从而尽可能的减少变更。相比传统放样方法，BIM 放样机器人范围更广，每一个标准层都能实现 300～500 个点的精确放样，并且所有点的精度都控制在 3mm 以内，超越了传统施工精度。同时，BIM 放样机器人可操作性比较强，技术门槛比较低，人员投入也相对简单，单人一天即可完成 300 个放样点的精确定位，效率达到传统方法的 6～7 倍，精度更有保障（图 3.11-4）。

（2）工厂预制，安装施工

该项目施工现场周边被建筑紧密包围，无形中加大了项目施工的难度。在这样的施工条件下，项目团队选择采用工厂化预制－现场组合装配的工作流程，以优化施工流程，确

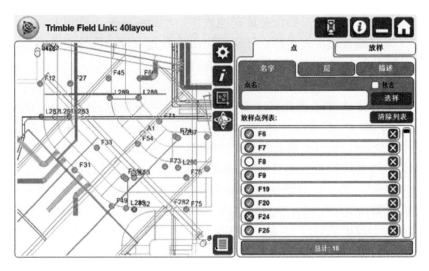

图 3.11-3　软件放样视图

图 3.11-4　BIM 放样机器人放样报告

保施工效率。

技术人员采用 BIM 放样机器人与 BIM 模型相结合进行现场定位放样，通过精确的三维模型信息完成施工深化设计、结构复核，继而在电脑中预先制作出装配图纸，在工厂完成模型构件预制，运输到现场直接安装，实现工厂与现场的无缝拼接。这种创新工作流程简化了以往的施工工艺程序，人员投入简单，降低现场劳动力成本，构件组合拼装更精准，有效提高了工作效率。

根据放样机器人反馈的精确三维信息，运用 BIM 模型指导构件加工，尺寸非常精确，大大减少了现场人工作业所带来的错误与不便。该项目机电设备多数构件都实现了工厂加工、现场组装。项目几乎所有的构件都是根据 BIM 模型下料，在工厂预制好。实际施工时，只需要通过 BIM 放样机器人自动放样，根据风管分段安装图，利用 BIM 放样机器人测点放线确定安装位置，确保安装成功率。

（3）辅助施工验收

在施工验收阶段，应用 BIM 放样机器人实测实量，采集现场施工成果的三维信息，通过设计数据与实际数据的一系列简单对比分析来检查管线、设备的安装施工质量。通过机器人辅助施工，既能够确保管线和设备安装的较高精度，也能够实现对施工成果更加全面细致的验收。

以往通过传统的施工验收方法验收精度为厘米级，而使用 BIM 放样机器人辅助，验收精度可突破性地达到毫米级，更有利于提高施工验收的质量。同时，BIM 放样机器人可通过无线网络将现场验收情况实时传递到办公室，实现远程验收同步保存实时的影像记录，确保验收过程精确可靠。

BIM 放样机器人在该项目中实现了令人满意的高精度、高效率。管道套管的架设如果出现任何精度问题，会导致一系列后续问题。项目要求精度在 1~2cm 之间，而实际精度已达到毫米级，大大高于预期，"把模型带到工地"技术真正为该项目解决了精度问题。

3. BIM 放样机器人系统技术简介

（1）外业的 3D 工作数据

① 3D 可视化，可在 3D 环境中进行现场点的放样，例如，墙壁穿透点、吊架位置点、电缆桥架点和突出点。

② 通过模型的查看功能，可轻松地切换图层和背景，清楚地查看问题区域。

③ 将设计文件导入到 Trimble Field Link 外业软件，外业人员可以在顶层设计文件中轻松地创建放样点。

（2）直观的放样接口

① 放样点列表可以帮助外业人员轻松地跳过不需要放样的放样点。

② 用户可定制放样视图，视图可为全屏模式、列表模式、2D 视图和 3D 视图。

③ 放样模式"Bullseye"视图可以在棱镜靠近放样点时显示水平和垂直偏差。

（3）TrimbleVision 视频控制

① 通过安装于 Trimble 外业平板电脑上的 Trimble Field Link 软件传输回来的实时视频，用户可实现远端的查看、控制和测量。

② Trimble Field Link 软件能够显示精确的设计文件和现场影像，包含点和线的任何数据可以显示在影像上面。

Trimble Vision 技术是 Trimble 空间成像传感器强大的可视化工作方式。Trimble Vision™ 的设计是为了改善数据采集和前线测量人员交付数据的时效，从外业测量到办公室决策，体现在整个工作流程中。采用控制器屏幕亮丽的实时活动图像，用户可用点击屏幕方式快速容易地识别和捕获相关数据。Trimble Vision 技术可提供实时参考，显示已经完成和仍需进行的工作。Trimble Vision 视觉文件工具还通过提供真实可视的相关文字数据，为各种业务和各种客户担当助手（图 3.11-5）。

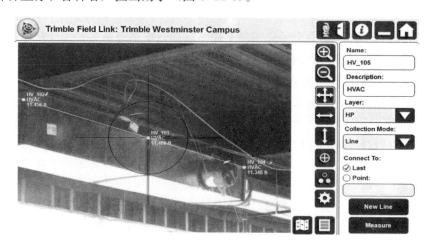

图 3.11-5 Vision 技术软件界面

（4）数据分层显示，图像化指导放样

可从 DXF 文档直接建立放样点，增加蓝图背景功能。例如，点和线的编辑和输入，根据图层来选择点进行放样。以图形的方式显示目前测站、棱镜和放样点三者之间的关系，并指出前进方向和距离，快速准确找到放样点。

（5）MEP 放样

轻松放样点、线、弧，任意选择你想选择的放样点，各种强大的计算功能，度身订造的 MEP 放样模块。在地面往楼底或屋底进行开孔或悬挂点进行放样时，可以使用机械人免棱镜的功能，全站仪配有红色激光直接投放所在的位置，无需把放样点从地面转射至顶部。

（6）质量检测，放样偏差报告，更新 BIM 模型

放样机器人自动采集实际建造数据，能够使现场环境被准确测量，出具放样偏差报告，并可以以实际建造数据去更新设计 BIM 模型，为下一步工作提供精准数据。

4. 总结及展望

前景展望——实现项目全生命周期管理。

在建筑生命期中，施工阶段是承上启下的关键环节，BIM 技术是实现项目全生命期管理的优秀平台和手段，施工阶段项目总承包商 BIM 团队基于 BIM 技术不断开展深化应用研究，后期将为业主提供一套实用的运维管理模型，从而为项目建成后的物业管理提供有效保障。天宝 BIM 放样机器人的引入，将 BIM 设计数据直接带入工具，不仅为施工环节的精确实施提供保障，同时也为精细化施工管理带来了新的思路。BIM 技术具有非常广泛的功能与潜力，在机电施工领域的深入应用值得期待。

3.11.2 问题

（1）BIM 放样机器人免棱镜模式的距离是（　　）米以内。

A. 300　　　　　　B. 500　　　　　　C. 1000　　　　　　D. 3000

（2）下列哪一项不是现代放样机器人系统的优点（　　）。

A. 支持数字数据　　　　　　　B. 可以单人放样操作

C. 一致的精度和结果　　　　　D. 减少人为误差

（3）BIM 放样机器人系统是否可以提高施工效率？为什么？

（4）简述 BIM 放样机器人系统所涵盖的技术要点。

3.11.3 要点分析及答案

第 3.11.2 条中四个问题要点分析及答案如下：

（1）标准答案：A

答案分析：在施工现场，在一个便利的、具有良好视野的位置上设置放样机器人，可对距离棱镜 3000m 内的位置进行测量、放样。在危险或者难以到达的位置点，可通过免棱镜方式对距离 300m 内的位置进行测量。

（2）标准答案：A

答案分析：放样机器人系统可以实现单人放样操作，无纸化作业，数据直接导入到系统中运行，精度高，性能稳定，且可以现场直接出具放样报告。因此答案 B、C、D 都是符合的，只有答案 A 是早先的全站仪就具备的特点。

（3）参考答案及分析：BIM 放样机器人系统是可以提高施工效率的。具体分析如下：总体来说，BIM 放样机器人可以在保证施工精度的前提下很大程度上提高效率。从人员的角度考虑，传统放样至少需要两人配合，而 BIM 放样机器人单人即可进行放样，而且现场放样的人员不需要是测量专业人员；从时间的角度考虑，传统放样内业需要先做好数据，然后现场放样的时候，逐个点进行顺序放样，而 BIM 放样机器人可以直接将 BIM 模型导入并进行放样，并且配合可视化镜头能做到直观放样，相同的工作量比传统放样设备时间缩短很多，尤其是在一些复杂的结构放样时，体现的更明显；其他方面，比如结合工厂预制吊装，以及与其他系统协同工作等，BIM 放样机器人对施工效率的提高，都是显而易见的。

（4）参考答案及分析：

a. 外业的 3D 工作数据；

b. 直观的放样接口；

c. Trimble Vision 技术；

d. 数据分层显示，图像化指导放样；

e. 专业的 MEP 放样；

f. 现场可直接出具电子放样报告。

（案例提供：关书安）

3.12　高速三维激光扫描仪在北京某现代化建筑项目中的应用

当一个复杂的建筑物，尤其是曲面异形的结构，由很多不规则的形状构成，施工和设计的差异很难用肉眼分辨。现在，利用高速三维激光扫描仪 TX 系列，就可以对施工主体进行实景复制，每个细节都扫描成毫米级精度带有三维坐标的点云数据，再利用点云数据和 BIM 模型来作对比，进行实测实量，这样，所有的问题，包括施工的差异、错漏等都能一目了然。利用这种高科技手段，提高了交付建筑物的可靠性，达到原来的设计目的，对建筑物带来更好的提升，并为业主带来更多的服务。

3.12.1　项目背景

1. 项目简介及应用目标

（1）项目简介

该项目位于北京市朝阳区，占地面积 115,392m²，规划总建筑面积 521,265m²，办公面积为 364,169m²。项目由 3 栋集办公和商业一体的高层建筑和 3 栋低层独栋商业楼组成，最高一栋高度达 200m，幕墙由很多曲面组成。

（2）应用目标

业主非常注重项目的品质，因此引入第三方单位，采用先进的技术手段进行工程质量监督检查。现在的建筑物越来越庞大，越来越复杂，传统的工作方式已经不能满足建筑物的复杂程度。利用 BIM 模型，或者 CAD 的数据，配合精准的硬件测量设备来进行数据采集，通过软件自动进行数据处理并找出施工与设计偏差的方法是非常先进的。

2. 项目 BIM 应用的内容及成效

当一个复杂的建筑物，尤其是曲面异形的结构利用高速三维激光扫描仪 TX 系列，对施工主体进行实景复制，每个细节都扫描成毫米级精度带有三维坐标的点云数据，再利用点云数据和 BIM 模型来作对比，进行实测实量（图 3.12-1）。所有的问题，包括施工的差异、错漏等都能一目了然，大大帮助了业主。利用这种高科技手段，提高了交付建筑物的可靠性，达到原来的设计目的，对建筑物带来更好的提升，并为业主带来更多的服务。

BIM 即建筑信息模型。首先要有模型，目前在施工阶段的模型的建立方式有两种：一是从设计的 BIM 模型直接导入到施工阶段相关软件，实现设计阶段 BIM 模型的有效利用，不需要重新建模。但是由于设计阶段的 BIM 软件与施工阶段的 BIM 软件不尽相同，BIM 从设计阶段到施工阶段的转化，本身就是一个动态的过程，这时候有些设计 BIM 无法直接用于施工进行施工指导，就需要利用最新的天宝三维激光扫描仪快速对工作现场进行扫描，获取精确到毫米的现场建造数据逆向建立现状建造模型，用于补充和完善 BIM 模型，从而满足施工要求。二是可以用扫描获得的动态现状建造模型，直接与设计 BIM 模型比对，进行碰撞分析，优化净空，优化管线排布方案，进行施工交底、施工模拟等等工作。

建筑施工是一个快速动态的过程，工地每天都有很大变化，如果信息更新不及时，那么前一个环节的变化可能会影响到后一个环节。而这些变化的来源也很广泛，比如，随着施工进度而发生的现状变化，如钢结构发生的变形，甚至一些施工错漏等。单纯拿着设计

图 3.12-1 实际施工模型与设计 BIM 模型的比对

图纸，很难有效的进行施工管理，此时施工动态现状数据的获取是非常重要的。而三维激光扫描仪正是快速获取现状数据的利器。在一些关键的施工节点，或者一些重点监测的施工区域，尤其是当决策者需要有效信息作为决策判断的依据时，可以利用三维激光扫描仪，将施工现状信息快速、准确地扫描获取，然后进行建模，进而使用 BIM 现状模型作为施工管理的依据。

施工完成后，用三维激光扫描仪将施工结果数据扫描下来，可以作为竣工验收的资料，也可以为后期运营维护提供详实数据。尤其是对于一些隐蔽工程，如管线等的扫描数据，会为后期运维节省很大的成本。

3. 扫描仪系统技术简介

（1）实现三维扫描的基本原理（见图 3.12-2）

三维激光扫描仪的机身在水平方向上以缓慢的速度进行 360°旋转，反射镜在竖直方向上以高速进行 360°旋转。但由于仪器的架设和正下方的遮挡，扫描仪水平扫描范围是 360°，垂直扫描范围是 300°。

（2）超高集成度硬件

一台设备包含有：伺服系统、激光测距系统、角度系统、彩色相机系统、用户控制系统、供电系统、数据存储系统、温度、高度、方位角、水准器等感应器（图 3.12-3）。无需外接任何装置即可独立运行，兼具更高效率，节省成本与时间。

垂直扫描
在每一个竖直角度步长上做一次测距

水平扫描
在每一个水平步长上反射镜旋转一周

反射镜在竖直方向上360°旋转（高速）

机身在水平方向上360°旋转（慢速）

图 3.12-2 三维激光扫描仪工作原理

（3）内置彩色数码相机

内置彩色数码相机加上 Trimble SCENE 技术，可以轻松将色彩与激光反射高亮度信息叠加到点云上，获取精确逼真的扫描成果（图 3.12-4）。

图 3.12-3　三维激光扫描仪构成

图 3.12-4　点云图像技术

（4）强大的三维后处理软件

① 自动识别球状目标、黑白平面目标，多种方式自动配准点云；支持大地坐标配准点云及导入导出。

② 能够发布浏览器格式文件，方便多部门的协同工作。

③ 支持和 BIM 文件交互检查，提供现场点云（现状）和 BIM 文件（设计）的多种比较工具。

④ 建筑物实测实量工具：标高检测、净空检测；平整度检测、垂直度检测、阴阳角检测、门洞大小位置检测、窗户大小位置检测、预留孔位置等多种工具。

⑤ 建筑物基坑检测、形变检测工具，一键式容积/体积计算，方便上方测量。

⑥ 可与 SketchUp 无缝集成，能实现基于点云，以框选、点选等模式一键式、智能化地提取地物特征点、特征线和特征面，在 SketchUp 平台中快速建立三维模型，同时支持所建立的三维模型无缝导入点云显示与管理平台，对模型进行相关编辑。

⑦ 多种快捷的几何测量工具，包括但不限于：距离测量、平距测量、垂距测量、自动净空测量、点到拟合面距离测量、拟合圆柱体直径测量、点到图形距离测量、各种角度测量、点坐标测量、方向测量等。

4. 总结与展望

现在，在建筑设计阶段已经有越来越多的设计师使用 BIM 技术，施工单位也在逐渐尝试将 BIM 模型进行设计深化并应用于施工阶段，而在施工完成后，使用三维激光扫描仪对建筑物进行全面的扫描，将实际的建造点云数据用专业的点云处理软件进行处理并生成三维模型，不但可以与设计模型比对进行查漏找错，还可以将最终的模型作为后期运营维护阶段的依据，成功地将整个建筑的生命周期串联了起来。

在建筑项目的各个阶段，天宝都有相应的技术工具来解决用户面临的问题。通过这些强大技术工具之间的无缝集成，天宝正在转变客户的工作方式，为客户提供全面高效的解决方案，帮助客户实现更多目标。

3.12.2　问题

（1）天宝三维激光扫描仪都包含以下的系统是（　　　）。

A. 伺服系统　　　　　　　　　　　　B. 激光测距系统

C. 角度系统　　　　　　　　　　　　D. 彩色相机系统

E. 电台系统

（2）天宝三维激光扫描仪水平、垂直分别可以扫描到的角度最大范围是（　　　）。

A. 300°、360°　　　　　　　　　　　B. 360°、300°

C. 300°、300°　　　　　　　　　　　D. 360°、360°

（3）简要论述三维激光扫描仪在施工阶段的作用。

3.12.3　要点分析及答案

第3.12.2条中三个问题要点分析及答案如下：

（1）标准答案：ABCD

答案分析：一台设备包含有伺服系统、激光测距系统、角度系统、彩色相机系统、用户控制系统、供电系统、数据存储系统、温度、高度、方位角、水准器等感应器。无需外接任何装置即可独立运行，兼具更高效率节省成本与时间。不包含电台系统。因此正确答案是E。

（2）标准答案：B

答案分析：三维激光扫描仪的机身在水平方向上以缓慢的速度进行360°旋转，反射镜在竖直方向上以高速进行360°旋转。但由于仪器的架设和正下方的遮挡，扫描仪水平扫描范围是360°，垂直扫描范围是300°。本题正确答案为：B。答案A和B正好相反，而C和D是明显错误的。

（3）参考答案及分析：

① 模型深化，施工模拟的数据来源。

设计阶段的BIM软件与施工阶段的BIM软件不尽相同，BIM从设计阶段到施工阶段的转化，本身就是一个动态的过程，这时候有些设计BIM无法直接用于施工进行施工指导，就需要利用最新的天宝三维激光扫描仪快速对工作现场进行扫描，获取精确到毫米的现场建造数据逆向建立现状建造模型，用于补充和完善BIM模型，从而满足施工要求。可以用扫描获得的动态现状建造模型直接与设计BIM模型比对，进行碰撞分析、优化净空、优化管线排布方案、进行施工交底、施工模拟等等工作。

② 施工动态模型数据快速获取。

建筑施工是一个快速动态的过程，工地每天都有很大变化，如果信息更新不及时，那么前一个环节的变化可能会影响到后一个环节。而这些变化的来源也很广泛，比如随着施工进度而发生的现状变化，比如钢结构发生的变形，甚至一些施工错漏等。单纯拿着设计图纸，很难有效的进行施工管理，此时施工动态现状数据的获取是非常重要的。而三维激光扫描仪正是快速获取现状数据的利器。在一些关键的施工节点，或者一些重点监测的施工区域，尤其是当决策者需要有效信息作为决策判断的依据时，我们可以利用三维激光扫描仪，将施工现状信息快速、准确地扫描获取，然后进行建模，进而使用 BIM 现状模型作为施工管理的依据。

③ 竣工验收模型数据获取

施工完成后，用三维激光扫描仪将施工结果数据扫描下来，可以作为竣工验收的资料，也可以为后期运营维护提供详实数据。尤其是对于一些隐蔽工程，如管线等的扫描数据，会为后期运维节省很大的成本开支。

（案例提供：王媛）

第四章　运维单位 BIM 应用案例

本章导读

　　随着时代的发展和技术的进步，互联网＋大潮日趋火热，建筑行业在业务飞速发展的过程中，也顺应这一趋势着力打造智慧建筑体系，进而完成自身的提升，在服务好客户的同时也能带来更好的效益。智慧建筑的建设，不是简单的开发一个社区 O2O 的 APP 就实现了，而是需要围绕设备设施运维管理体系，建立起一套综合了软硬件、人力、管理理念的生态系统，对企业持续运维管理能力、运维管理技术提出了很高的要求。

　　以建筑运维管理为核心的智慧建筑建设，将充分结合移动互联技术、物联网技术，打通建筑运维过程中涉及的客服接待、设备监控、事务响应、计划安排、任务管控、人力资源、财务收费、物料、外包、商业智能诸多业务领域。系统的实施，可大幅提升物业服务的品质，提升人员的工作效率，提升业主的满意度，做到减员增效，提升管理和服务品质，提升管理规模容量，为智慧建筑提升自身项目的品质，向运维要效益提供一大助力。

　　在过去的 10 年里，企业不动产与资产设备设施管理正越来越成为企业战略的重要组成部分，对未来企业发展和企业竞争力起着至关重要的作用。本章案例通过可视化、信息化、智能化、多元化等维度围绕不动产与资产设备设施管理发展的关键点、制约不动产与资产设备设施管理发展的壁垒和如何通过将不动产与资产设备设施管理及互联网、物联网结合来，发挥网络资源优势这三个方面来展开对不动产与资产设备设施运维管理的研讨，通过互联网＋物联网技术的融合，不动产与资产设备设施运维使得产业转型的关键节点依托智慧化运维关键技术，使企业跟上产业潮流，从而掌握未来趋势，在领域内保持领先地位。

本章二维码

4.1　某园区运维项目 BIM 建模案例　　4.2　智慧楼宇运维管理项目介绍　　4.3　某大厦项目 BIM 智慧运维应用　　4.4　某综合管廊项目 BIM 智慧运维应用

4.1　某园区运维项目 BIM 建模案例

4.1.1　项目背景

1. 项目情况

（1）项目基本情况

某园林博览会（以下简称"园博会"）以"生态园博 绿色生活"为主题，创新彰显园博会特色，提升园博会品牌价值；以转型推动城区建设发展，实现园区"永不落幕"为原则，建造"科技、绿色"园博。整个项目占地面积 231 公顷，其中绿地和水体面积 159.92 公顷，占整个面积的 69.23％；建筑面积 6.35 公顷，占整个面积的 2.75％；铺装与其他面积 64.64 公顷，占整个面积的 27.99％。

（2）项目业务目标

智慧园博三维综合管理平台以 BIM 三维数据建模和可视化技术为基础，将致力于园区管理、应急预案指挥、管线管理、综合运维四大核心部分，提高园博会智慧管理和服务手段，力争将本届园博会打造成具有科技感、智慧化的创新型园博会。

在智慧园博三维综合管理平台建设中，提供三维可视化管理、查询、浏览等功能，实现园博会各应用系统的整合以及数据资源共享，支持海量数据网络流畅访问。建立智慧园博三维综合管理平台，实现对其他应用系统（视频监控系统、GPS 系统、客流分布系统、消防系统、入侵警报系统、门禁系统等）集成，服务于园区信息展示、管理及应急指挥应用。

（3）项目工作范围

项目覆盖的地理范围为 2.5 平方公里园区。园区 3DGIS 综合管理平台的 BIM 建模基础数据内容覆盖范围内地上建筑、植被、展园、室内管线、室外管线、应急监控数据等信息数据。

搭建基于 BIM 建模和可视化技术的三维综合管理平台，达到建立智慧园区，强化应急事件处理能力的目的。

从功能讲，系统目标分为三个部分：

① 地理数据管理：利用 BIM 建模和可视化技术，实现空间数据和属性数据的链接、数据查询、统计、分析等。

② 业务支持：以 BIM 三维模型数据为基础，可实现园区三维漫游、管线管理、绿植管理、视频监控、查询与定位、IBMS 系统调用、应急联动等。

③ 外部接口部分：建立本信息化平台与其他已有系统之间的数据接口。

（4）系统框架结构

系统框架结构如图 4.1-1 所示。

方案以 CityMaker 三维平台为依托，运用 BIM 三维建模及可视化技术，建设成以地形、二维矢量、地上场景、地下管线（给水、喷淋灌溉、雨水、污水、电力、通信、燃气）、室内三维结构、室内管线（强电、弱电、水、气、暖通、消防）、各业务系统数据为主的空间信息管理平台，以此平台为入口实现智慧园区的目标和愿景。

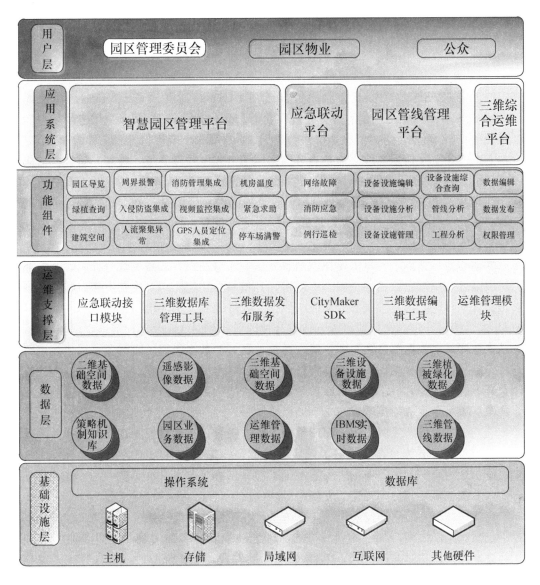

图 4.1-1 系统框架结构

智慧园博的内容包括智慧园区管理平台、应急联动平台、园区管线管理平台、三维综合运维平台等各专业的业务子系统。

智慧园博建设，以园区三维数据库建设为核心，以三维数据库设计规范为重要的基础，以标准化的三维数据库管理和更新机制为保证，在此基础上，建立空间信息支撑平台，形成"一套库、一个平台、多个应用"的系统架构，为园区管理人员和公众提供高效、安全、可靠的三维空间数据应用服务，辅助园区部门直观、科学地决策，从而提升园区管理的效率。

1）一套库

园博园三维数据及应用系统平台数据库建设采用一套库管理。数据库包括三维地理信息空间数据库、二维 GIS 数据库和其他业务数据库（流媒体、传感器、RDB）。

三维地理信息数据库将采用三维地理空间数据库引擎和 Oracle 关系型数据库的建设方式，通过三维地理空间数据库引擎实现对地理空间数据的面向对象的组织与管理，通过 Oracle 软件系统实现园博园三维地理空间数据及三维地形数据的海量信息存储。

2）一个平台-空间信息支撑平台

本技术方案三维地理信息平台选用国产 3D GIS 基础平台 CityMaker，其主要由《CityMaker Server 三维空间信息服务系统 V7.0》、《CityMaker Builder 三维空间信息数据生产系统 V7.0》组成，空间信息支撑平台选用《CityMaker 空间信息支撑平台 V7.0》。

本方案选择空间信息支撑平台是为了满足园博会园区数据共享、发布、聚合的需求。

空间信息支撑平台满足：①数据访问授权管理，包括空间范围的授权和图层的授权；②空间数据和属性数据挂接，二三维整合等问题；③解决三维 BIM 数据的数据更新问题；④以大数据分析和挖掘为基础的量化规划分析 CIM 平台；⑤提供智慧园区的云计算架构。

三维空间信息支撑平台是依托地理信息数据，通过在线方式满足政府部门、企事业单位对地理信息和空间定位、分析的基本需求，具备个性化应用的二次开发接口和可扩展空间，是实现地理空间框架应用服务功能的数据、软件及其支撑环境的总称。

3）多个应用——提供智慧园博三维综合管理平台系列软件及多种信息客户端

三维地理信息数据库为智慧园区建设提供了良好的数据组织，园博会可以依据该数据库进行三维园区管理；利用三维地理信息公共平台，可以将服务资源进行分发，为各业务部门及其下属单位和开放了使用权限的企业用户所使用，结合公众需求开发相应的应用产品，从而实现数据服务的再增值。

传统三维系统只能应用于单一部门单一业务，随着云计算技术的普及，其弹性的部署方案为多用户的请求访问响应奠定了坚实的基础，三维地理信息平台提供的标准 REST 网络服务更是为跨平台的多终端应用铺平了道路，从而实现了由传统单一业务系统应用，向当前多系统、多终端协同工作的发展趋势。

结合共建共享共使用的发展策略，系统平台在建设之初就构建了完善的多部门共享共建机制，通过集体协商、统一需求的方式，创建一个满足多部门共同发展需要的系统平台。通过集体共建，"你有我用"、"我有你用"的方式，实现资源的最大化使用，避免重复建设所造成的资源浪费，以适应当前所提倡的集约化建设。

总之，本方案从业务的设计思想体现了如下几个特点：

①从单一业务系统应用，向多系统、多终端协同工作发展。

②从智慧园区专业应用，向基础共享、综合展示、公众服务延伸。

③从上层服务共享，向底层系统一体化建设发展。

2. BIM 建模技术

（1）三维场景建模

利用 BIM 三维可视化软件 3D MAX 对园区内地上建筑、植被、展园、室内三维结构、各业务系统数据进行三维建模。

（2）管线设施设备建模

① 室外管线三维建模。

通过人工处理二维 GIS 或 CAD 格式管线数据，包括管线的连接关系、高程、管径等属性信息，当二维数据满足要求后，利用 3DGIS 平台管线处理三维驱动工具 CityMaker Facility 对园区室外地下管线（给水、喷淋灌溉、雨水、污水、电力、通信、燃气）进行三维建模，叠加到园区三维场景中，并可展现部件尺寸、颜色、材质以及自定义标注等管线构建属性信息。

② 室内管线三维建模。

利用 BIM 建模软件 Revit 对园区建筑室内各专业管线（强电、弱电、水、气、暖通、消防）进行三维建模，通过工具导入转换成 CityMaker 软件的 FDB 数据格式，并可展现部件尺寸、颜色、材质以及自定义标注等管线构建属性信息。

（3）CityMaker 与 BIM 数据融合

目前 CityMaker 获取 BIM 信息有两种手段：一种是通过标准格式文件交换信息，如 IFC；另一种是通过标准格式的程序接口访问信息，如 Revit、Microstation 等 BIM 软件。这两种手段都不要再次通过其他图形软件进行数据转存，极大地减少重复劳动，避免信息丢失。

另外，CityMaker 软件在承载 BIM 数据方面有以下优势：①通过自主三维引擎，优化数据动态加载和复杂图形渲染的效率；②FDB 地理特征数据库通过空间索引、渲染索引和属性索引，高效组织管理数据；③CityMaker 独有的三维瓦片化技术可极大程度提升数据应用效率。

3. BIM 建模技术应用及分析

（1）智慧园区管理平台

① 园区导览。

通过 BIM 可视化软件 3D MAX 对园区场景进行三维建模，用户可以通过自定义视点位置、视线方向、视点高度、俯仰角大小以及漫游速度任意进行三维场景漫游（图 4.1-2）。

② 建筑空间导览。

通过 BIM 可视化软件 3D MAX 对建筑室内结构进行三维建模，针对园区内建筑区域汉

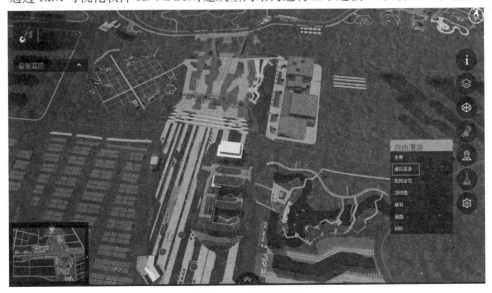

图 4.1-2 园区导览

口小镇、西部服务区、北部服务区、国际园林艺术中心、长江文明观等建筑，可进行任意区域定位。并且在选择目标建筑后，可以多种方式查看建筑外观、主体结构（图 4.1-3）。

图 4.1-3　建筑空间导览

③ 绿植管理。

通过 BIM 可视化软件 3DMAX 对园区绿植进行三维建模，可针对园区内各类型植被提供管理，基于树种建立完备的基础植被库，基于此库及园区绿植规划二维基础数据，建立三维园区绿植数据集。可以按照不同场馆空间分布、树种进行分项展示与管理。系统可对植被提供动态编辑，随时增加植被种类，并提供交互查询、编辑、检索等功能，针对查询结果，快速定位到所在位置（图 4.1-4）。

④ 园区管线管理。

通过 3D GIS 平台管线处理软件 CityMaker Facility 和 BIM 建模软件 Revit，分别对园

图 4.1-4　绿植管理

区室外、室内管线进行数据处理三维建模，实现三维管线数据、三维地表数据、建筑以及景观数据的一体化管理。用户可以在一个虚拟真实的全三维环境中，清晰明了观察各管线的具体走向和属性信息，查看管线与建筑、道路和其他管线的相对位置等。具体包含视图操作模块、设施查询统计模块、设施编辑模块、设施综合分析模块等（图 4.1-5）。

a. 通用工具。

系统提供了园区管线的地下浏览、地形开挖浏览和地面半透浏览三种浏览模式，管线支持用户材质显示方式以及行业标准色显示方式，可以对园区管线进行直观、多方位的浏览（图 4.1-5）。

图 4.1-5 园区管线浏览

b. 设施管理。

设施查询统计模块实现了鼠标拾取三维数字场景中的实体对象（包括地标建筑、道路、水系、市政设施以及地下综合管网）查询并显示实体的属性信息（包括通过属性编辑添加的属性信息）。系统提供了关键字查询、空间查询、图属互查以及基于属性表的各种 SQL 查询，用户可以快速获取想要了解的管点或管段对象。

c. 综合分析。

横、纵断面分析模块主要实现了对管线设施的横、纵断面分析、查看及出图（图 4.1-6），方便管理人员了解管线的铺设情况，管线的间距关系及埋深情况等，是管理当中最常用的功能之一。

⑤ 视频监控。

通过 BIM 可视化软件 3DMAX 对园区室内外视频监控摄像头进行三维建模，可三维系统展示展示园区范围内包括室内、室外所有摄像头所在位置，并能够与视频监控系统对接，获取现场实施画面及摄像头的云台控制（图 4.1-7）。

⑥ IBMS 系统集成。

通过 BIM 可视化软件 3DMAX 对园区建筑室内外与 IBMS 对接所涉及的各系统点位

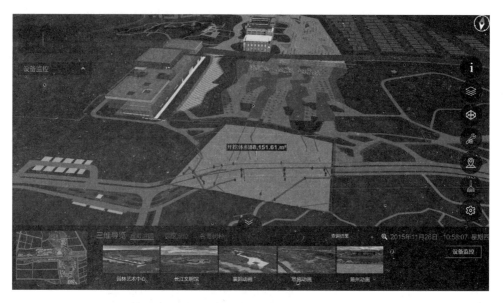

图 4.1-6　纵横断面分析模块

图 4.1-7　视频监控

或防区进行三维建模，将 IBMS 系统提供的实时监测数据及报警信号与三维 GIS 系统集成，主要包含：GPS 人员定位展示、门禁系统、消防系统、入侵防盗、客流分布等共计14 个子系统。

a. 周界报警系统。

通过 BIM 可视化软件 3D MAX 对园区周界报警系统围栏进行三维建模，并导入 CityMaker Builder 软件进行防区划分、场景融合，通过与 IBMS 系统对接，获取布防范围及区域，在三维系统中进行区域定位和布防区域高亮展示（图 4.1-8）。

b. 门禁系统。

图 4.1-8　周界报警系统

通过 BIM 可视化软件 3D MAX 对园区门禁系统门禁设备进行三维建模并导入 City-Maker Builder 软件进行场景融合，通过与 IBMS 系统对接，获取门开关状态。三维系统中，通过不同颜色展示门的开或关（图 4.1-9）。

图 4.1-9　门禁系统

c. 消防系统。

通过 BIM 可视化软件 3D MAX 对园区消防系统消防设备进行三维建模并导入 CityMaker Builder 软件进行消防点位、防区与场景融合，通过与 IBMS 系统对接，消防点监控设备展示，根据采集到的实时数据，监控消防回路和防烟分区的报警状态（图 4.1-10）。

d. 通信网络系统。

图 4.1-10　消防系统

通过 BIM 可视化软件 3D MAX 对园区通信网络系统通信设备进行三维建模并导入 CityMaker Builder 软件进行场景融合，通过与 IBMS 系统对接，监控网络设备的运行状态，对于断网设备进行拓扑分析，计算出其影响的设备（图 4.1-11）。

图 4.1-11　通信系统

e. 机房环境监测系统。

通过 BIM 可视化软件 3D MAX 对园区机房环境监测系统机房监测设备进行三维建模并导入 CityMaker Builder 软件进行场景融合，通过与 IBMS 系统对接，接收 IBMS 推动的实时监测数据，在三维系统中展示温度、PM 等环境监测数据（图 4.1-12）。

f. 空调通风系统。

通过 BIM 可视化软件 3D MAX 对园区空调通风系统空调设备进行三维建模并导入

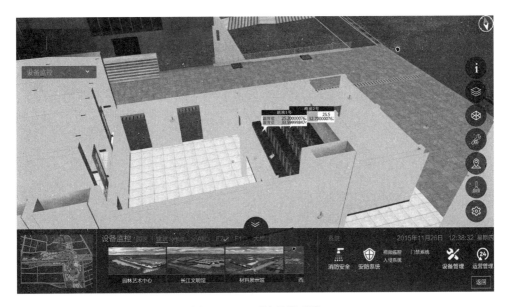

图 4.1-12　环境监测系统

CityMaker Builder 软件进行场景融合，通过与 IBMS 系统对接，系统能够展示空调通风系统所有监控设备，设备列表中能够显示每个设备的实时状态，也可单独查看某设备的详细运行参数，对于运行异常的设备进行自动报警功能（图 4.1-13）。

图 4.1-13　空调通风系统

g. 客流统计系统。

通过 BIM 可视化软件 3DMAX 对园区各出入口进行三维建模并导入 CityMaker Builder 软件进行场景融合，通过与 IBMS 系统对接获取园区实时客流信息，能够按照时间进行综合统计各出入口入园人数（图 4.1-14）。

图 4.1-14 客流统计系统

h. 紧急求助系统。

通过 BIM 可视化软件 3DMAX 对园区紧急求助系统报警设备进行三维建模并导入 CityMaker Builder 软件进行场景融合，系统能够展示所有报警设备，并能单独定位报警设备，通过 IBMS 系统对接，展示设备运行状态是否正常（图 4.1-15）。

图 4.1-15 紧急求助系统

i. 数字无线对讲系统。

通过 BIM 可视化软件 3DMAX 对园区数字无线对讲系统对讲设备进行三维建模并导入 CityMaker Builder 软件进行场景融合，展示设备监控列表，与 IBMS 系统对接获取设备运行状态，通过空间位置信息定位到设备所在位置（图 4.1-16）。

图 4.1-16　数字无线对讲系统

j. 电子巡更系统。

通过 BIM 可视化软件 3DMAX 对园区电子巡更系统巡更设备进行三维建模并导入 CityMaker Builder 软件进行场景融合，通过与 IBMS 系统对接，获取 IBMS 推送信息，展示巡更线路及点位，并能调取每个点位的巡更记录（图 4.1-17）。

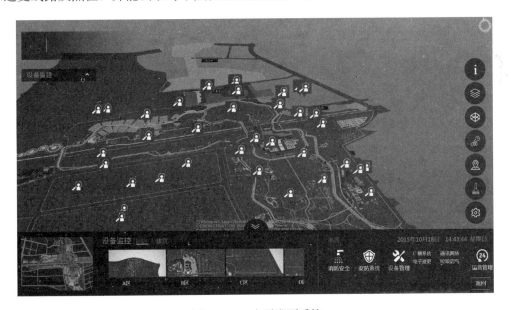

图 4.1-17　电子巡更系统

k. 停车场系统。

通过 BIM 可视化软件 3DMAX 对园区停车场系统停车场卡口设备进行三维建模并导

入 CityMaker Builder 软件进行场景融合，通过与 IBMS 系统对接，获取 IBMS 推送信息，三维系统展示停车场区域、停车位，并能根据实时数据展示空闲车位（图 4.1-18）。

图 4.1-18 停车场系统

l. 信息发布系统。

通过 BIM 可视化软件 3DMAX 对园区信息发布系统信息发布屏进行三维建模并导入 CityMaker Builder 软件进行场景融合，通过与 IBMS 系统对接，获取 IBMS 推送信息，三维系统展示发布设备的运行状态，对有故障设备进行报警定位（图 4.1-19）。

图 4.1-19 信息发布系统

m. 广播系统。

通过 BIM 可视化软件 3DMAX 对园区广播系统广播设备进行三维建模并导入 City-

Maker Builder 软件进行场景融合，通过与 IBMS 系统对接，获取 IBMS 推送信息，获取所有广播设备列表及设备状态，对有故障设备进行报警定位（图 4.1-20）。

图 4.1-20　广播系统

n. 垃圾沼气处理系统。

通过 BIM 可视化软件 3DMAX 对园区垃圾沼气处理系统的相关处理设备进行三维建模并导入 CityMaker Builder 软件进行场景融合，通过与 IBMS 系统对接，获取 IBMS 推送信息，得到沼气处理前后信息，并进行统计与对比分析（图 4.1-21）。

图 4.1-21　垃圾沼气处理系统

⑦ 应急联动指挥系统。

通过 BIM 可视化软件 3DMAX 对园区建筑室内外与 IBMS 对接所涉及的各系统点位或防区进行三维建模，将 IBMS 系统提供的实时监测数据及报警信号与三维 GIS 系统集成，综合调用多个功能模块，借助地理信息系统可视化平台派发任务、调度资源、反馈信息等，并可通过移动视频监控设备实时回传现场态势画面；与地方政府应急救援指挥部门通过该系统进行事件通报和讲解，并实施应急救援协同指挥和协同作业。现场没有视频监控或难以靠近时，可通过全息仿真场景将事故情况真实再现，为指挥决策提供直观的现场事故信息。在这个过程中，系统能够合理调配资源，并实时反映应急力量运动位置和到位情况，为指挥员提供重要参考。

　　a. 网络故障应急预案。

　　通过 BIM 可视化软件 3DMAX 对园区通信网络系统通信设备进行三维建模并导入 CityMaker Builder 软件进行场景融合，通过与 IBMS 系统对接，结合 IBMS 提前制定网络故障应急预案，紧急情况发生后，按照预案制定步骤获取相关设备信息及网络故障区域定位。首先是 IBMS 监测到硬件设备异常，通过接口推送到 3DGIS 平台，三维系统接到报警后启动应急预案，对设备进行定位，并进行拓扑分析，将设备影响线路进行高亮展示（图 4.1-22）。

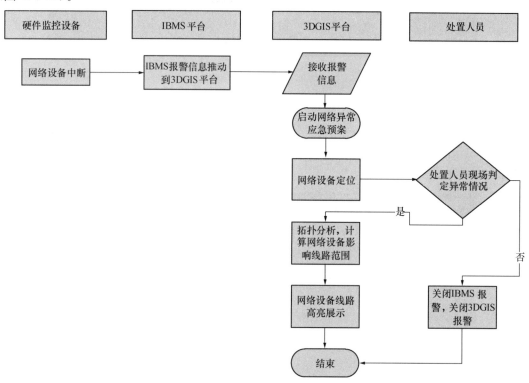

图 4.1-22　网络故障应急预案流程

　　b. 消防应急预案。

　　通过 BIM 可视化软件 3DMAX 对园区消防系统消防设备进行三维建模并导入 City-Maker Builder 软件进行消防点位、防区与场景融合，通过与 IBMS 系统对接，IBMS 监测到设备报警，将报警信号推送到 3DGIS 平台，三维系统首先定位到报警位置并调取周边摄像头，摄像头要做空间位置分析，按照规则找到最优位置的设备，由处置人员人工判断是否存在紧急情况，确认无误后，IBMS 和 3DGIS 平台按照应急处理流程进行相关设备的信息获取和控制，辅助工作人员进行应急处理（图 4.1-23）。

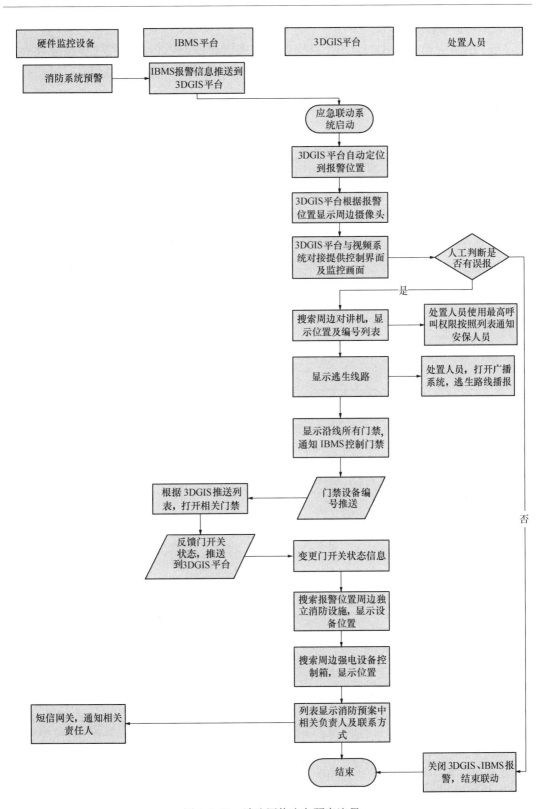

图 4.1-23 消防网络应急预案流程

c. 例行巡检系统。

通过 BIM 可视化软件 3DMAX 对园区电子巡更系统巡更设备进行三维建模并导入 CityMaker Builder 软件进行场景融合，工作人员提前制定多条巡检路线，3DGIS 平台调取巡检路线，由工作人员进行选择，系统按照制定路线进行巡检并与 IBMS 联动，调取沿线周边运行设备信息（图 4.1-24）。

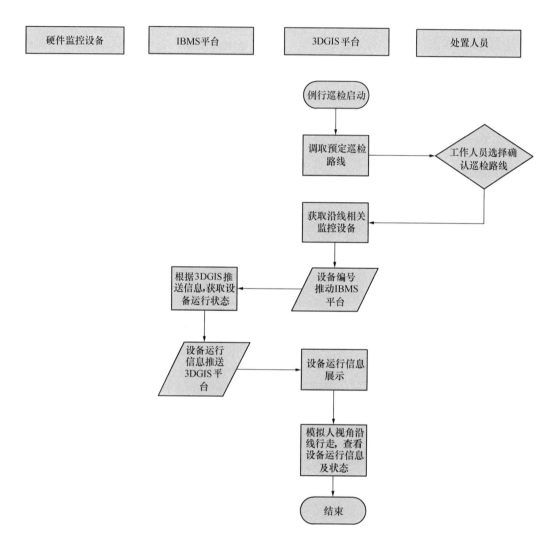

图 4.1-24　例行巡检预案流程

d. 人流聚集异常系统。

通过 BIM 可视化软件 3DMAX 对园区各出入口进行三维建模并导入 CityMaker Builder 软件进行场景融合，通过与 IBMS 系统对接获取园区实时客流信息，由 IBMS 将报警信息推送到 3DGIS 平台，三维系统调取入口周边摄像头并进行云台控制。所有周边一定范围内无线对讲，位置显示，并展示设备列表由工作人员进行最高权限通话进行应急处置（图 4.1-25）。

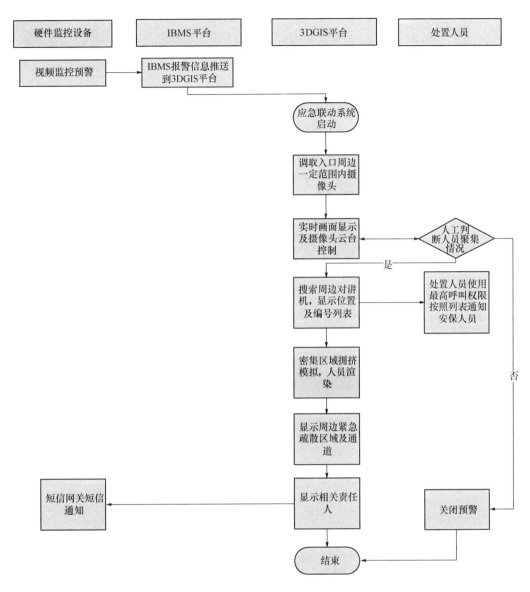

图 4.1-25 人流异常处置预案流程

e. 周界报警预案。

通过 BIM 可视化软件 3DMAX 对园区周界报警系统围栏进行三维建模并导入 City-Maker Builder 软件进行防区划分、场景融合，通过与 IBMS 系统对接，由 IBMS 将报警信息推送到 3DGIS 平台，系统定位到报警位置，并对相关区域进行高亮闪烁。系统调取周边摄像头并进行云台控制。摄像头要做空间位置分析，按照规则找到最优位置的设备，确认报警无误后，显示周边一定范围内无线对讲位置，并展示设备列表由工作人员进行最高权限通话进行应急处置（图 4.1-26）。

f. 入侵报警预案。

通过 BIM 可视化软件 3DMAX 对园区建筑室内各入侵报警设备进行三维建模并导入 CityMaker Builder 软件进行防区划分、场景融合，通过与 IBMS 系统对接，由 IBMS 将报

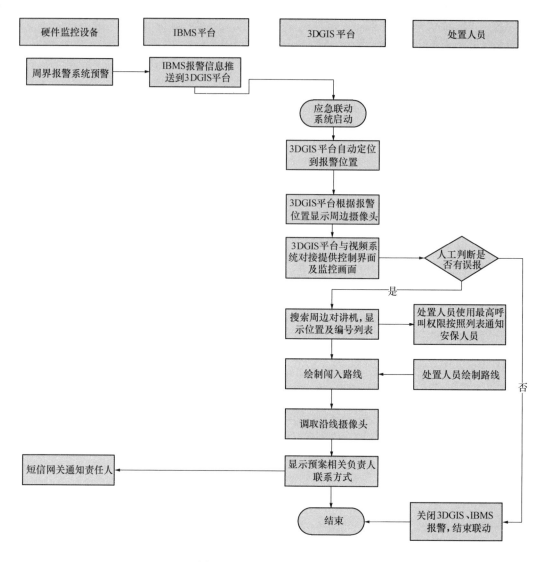

图 4.1-26 周界报警预案流程

警信息推送到 3DGIS 平台，系统定位到报警位置，对故障发生设备进行高亮闪烁。系统调取周边摄像头并进行云台控制。摄像头要作空间位置分析，按照规则找到最优位置的设备，确认报警无误后，显示周边一定范围内无线对讲位置，并展示设备列表由工作人员进行最高权限通话进行应急处置（图 4.1-27）。

g. 机房温度报警预案

通过 BIM 可视化软件 3DMAX 对园区机房环境监测系统机房监测设备进行三维建模并导入 CityMaker Builder 软件进行场景融合，通过与 IBMS 系统对接，由 IBMS 将报警信息推送到 3DGIS 平台，系统定位到报警位置，获取机房温度实时数据，以标签的形式进行动态展示。系统调取周边摄像头并进行云台控制。确认报警无误后，显示周边一定范围内无线对讲位置，并展示设备列表由工作人员进行最高权限通话进行应急处置（图 4.1-28）。

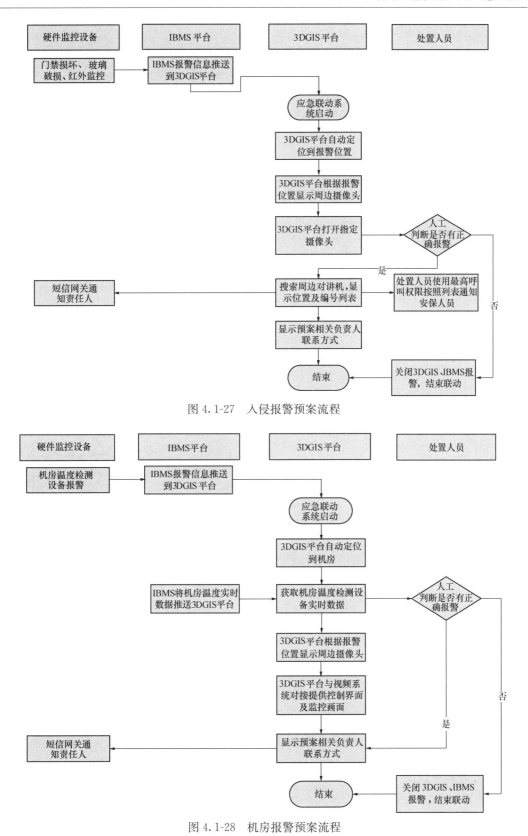

图 4.1-27 入侵报警预案流程

图 4.1-28 机房报警预案流程

h. 紧急求助预案。

通过 BIM 可视化软件 3DMAX 对园区紧急求助系统报警设备进行三维建模并导入 CityMaker Builder 软件进行场景融合，由 IBMS 将报警信息推送到 3DGIS 平台，系统定位到报警位置。系统调取周边摄像头并进行云台控制。摄像头要作空间位置分析，按照规则找到最优位置的设备，确认报警无误后，显示周边一定范围内无线对讲位置，并展示设备列表由工作人员进行最高权限通话进行应急处置（图 4.1-29）。

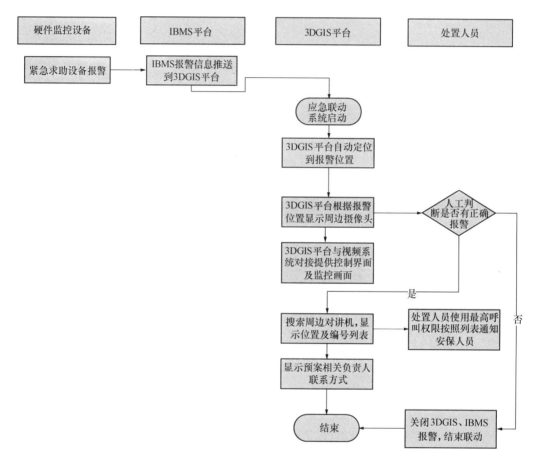

图 4.1-29　紧急求助预案流程

i. 停车场满车报警系统。

通过 BIM 可视化软件 3DMAX，对园区停车场系统和停车场卡口设备进行三维建模并导入 CityMaker Builder 软件进行场景融合，由 IBMS 将报警信息推送到 3DGIS 平台，系统定位到停车场位置。系统调取周边摄像头并进行云台控制。确认报警无误后，显示周边一定范围内无线对讲位置，并展示设备列表由工作人员进行最高权限通话进行应急处置（图 4.1-30）。

4. 应用效果总结

本园博园综合管理平台项目以 CityMaker 三维平台为依托，利用 BIM 三维建模技术、可视化技术，在一个统一的时空框架下对园区地上地下、室内室外三维场景数据进行整体

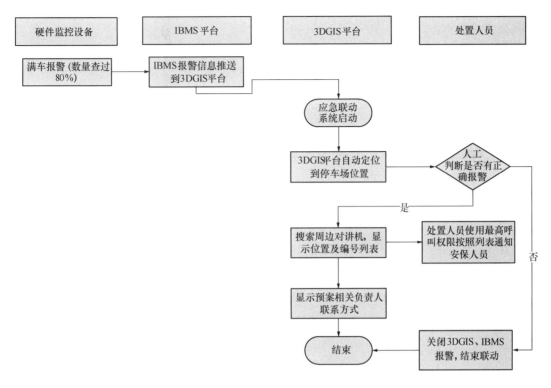

图 4.1-30 停车场满车报警系统

合成、管理、更新、查询与分析，建立集数字化、信息化、可视化为一体的空间信息管理平台。在三维数据建模展示、IBMS 系统集成以及应急联动指挥方面达到了如下效果：

（1）通过园区特定区域导览、定位及室内结构查看等功能，实现对三维数据模型的整体浏览和局部细节效果展示。

（2）通过与 IBMS 对接集成，展现 IBMS 各系统相关设备点位或防区三维模型的实时在线、报警状态。

（3）3D GIS 平台与 IBMS 系统对接，实现报警设备或防区与其相关联的视频监控摄像头联动，从而展示报警区域实施画面，采取应急措施处理紧急情况，是建立应急指挥中心、视频监控、安全环保应急应用体系的基础和前提。

4.1.2 问题

（1）本项目如何利用 BIM 技术进行三维建模？

（2）BIM 建模技术生成的三维点位或防区模型可与 IBMS 的哪些系统进行对接集成？能展现这些系统的什么状态？

（3）应急联动指挥流程是怎样的？

4.1.3 要点分析及答案

第 4.1.2 条中三个问题要点分析及答案如下：

（1）利用 BIM 三维可视化软件 3D MAX 对园区地上建筑、植被、展园、室内三维结构、各业务系统数据进行三维建模。利用 BIM 建模软件 Revit 对园区建筑室内各专业管线进行三维建模。

（2）BIM 建模技术生成的三维点位或防区模型可与 IBMS 的周界报警、门禁、消防、通信网络、机房环境监测、空调通风、客流统计、紧急求助、数字无线对讲、电子巡更、停车场、信息发布、广播、垃圾沼气处理系统进行对接集成。可展现所对应系统的在线、不在线、报警状态。

（3）通过 BIM 可视化软件 3DMAX 对园区建筑室内外与 IBMS 对接所涉及的各系统点位或防区进行三维建模，将 IBMS 系统提供的实时监测数据及报警信号与三维 GIS 系统集成，综合调用多个功能模块，并可通过移动视频监控设备实时回传现场态势画面，借助地理信息系统可视化平台派发任务、调度资源、反馈信息等，实现应急救援协同指挥和协同作业。

（案例提供：杜秀峰）

4.2 智慧楼宇运维管理项目介绍

4.2.1 项目背景

1. 项目概述

（1）项目背景

智慧楼宇运维管理系统项目是对真实建筑的三维数字化表现，通过对园区、建筑、楼内设备、管线、设施进行三维虚拟建筑的数字化管理，实现虚拟场景巡视、设备资产精细化管理、运维管理、仿真培训、应急方案演练、故障告警准确定位、拓扑分析等功能，为提高真实建筑的智能监控和运维管理提供全数据、智慧化的辅助监管系统（图 4.2-1）。

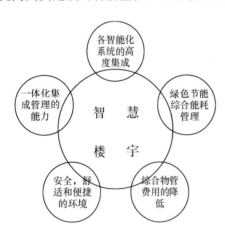

图 4.2-1 智慧楼宇管理系统

（2）项目建设内容

智慧楼宇运维管理系统项目以建立管理目标建筑的三维数字模型为中心，以 BIM 数据方式实现对建筑外围，建筑外观，建筑内、外管线，建筑运维设备设施等要素建立数据模型和空间模型，包括地下部分、隐蔽部分设备及综合管线的外观形状、空间位置、拓扑关系，并依据三维数字模型进行应用扩展。

智慧楼宇运维管理系统项目实现基于三维空间的设备及设施信息的管理与设备设施的维修养护管理，设备设施的实时监控；实现基于拓扑的综合管线管理，包括布局、走向、设备关联性等，便于故障影响分析；实现在三维场景下设备、管线查询及定位；实现基于三维场景的实际 CCTV 调取、监控画面显示，并提供虚拟场景下的运维培训。

智慧楼宇运维管理系统项目的主要建设目标可细分为以下四部分内容：

① 管理目标楼宇建筑的三维模型表现：主要建模内容包括：建筑外观及建筑周边布局、植被等；建筑外观及内部楼层结构，如地板、墙体、楼梯、吊顶等的精确建模；建筑内部给水排水，暖通，强电，弱电各专业的管线数据建模及三维展现，各专业设备设施的建模及三维展现；建筑内部重要楼层、房间、机房等内部精装修三维展现。

② 智慧楼宇运维管理系统建设：根据管理者的管理模式进行设施层类数据组织，实现楼宇及周边三维场景的漫游、浏览，实现楼宇内的漫游浏览，快速定位；实现对楼宇内设备设施及管线的查询、统计、定位、量算等日常管理；实现基于拓扑的综合管线分析、包括连通分析、故障影响范围分析、实现事故处理辅助分析等；实现管线及设备的实时编辑。

③ 实时数据对接：开发接口，实现与楼宇监控大平台的对接；实现与视频监控系统的对接，在三维场景中根据选择调取视频显示；实现与资产系统的对接，管理资产信息，实现基于三维空间的设备设施资产信息的维护管理；实现与楼宇运维系统的对接，实时展示楼宇内运维设备的状态参数，并实时接入楼宇的各种报警信息，展示并定位报警点；实现与楼宇能耗系统的对接，展示楼宇能耗情况；实现与楼宇环境监控系统的对接，展示楼宇环境情况。

④ 应急安全演练：根据安防演练脚本进行安防演练系统搭建和演练步骤设置，形成完整的安防演练步骤模拟，与智能楼宇系统进行集成。在发生事故时，根据安防预案进行显示和提示，辅助管理人员进行事故应急处置。

（3）系统架构（图 4.2-2）

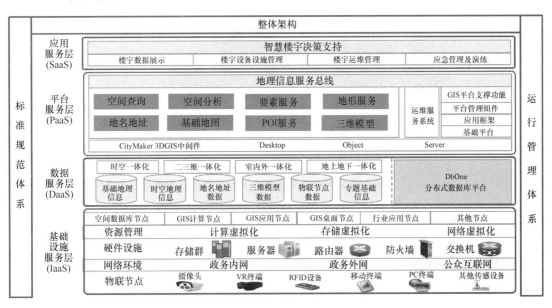

图 4.2-2 管理系统架构

2. BIM 数据建模及组织

（1）数据组织

智慧楼宇运维管理系统项目三维数据库建设可实现对多种数据的集成和展示，如

BIM 建筑结构数据，管线、设备设施数据等，系统同时可集成传统的 3DMAX 模型数据、二维数据驱动生成三维数据等。通过对多种类型数据的集成，将楼宇的三维数据进行组织管理，生成楼宇管理中所需要的三维基础数据，数据直观的展示建筑及周边的全部管理要素，在管理时可根据管理需求调取查看所需要管理的数据，实现对建筑结构，设施管线，运营设备的显示和管理。

（2）数据表现

① 建筑结构（图 4.2-3）。

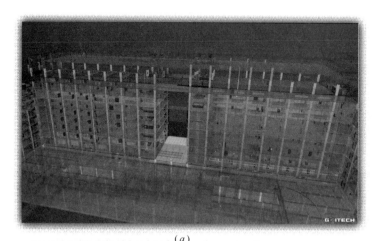

(a)

(b)

图 4.2-3　建筑结构

② 机电设备（图 4.2-4）。

3. 系统功能建设

智慧楼宇运维管理系统的功能主要是服务于楼宇的日常管理。系统以直观的管理方式，将所有需要管理的要素显示在系统中，供管理人员选择、查看。系统提供日常管理中所需要的管理和分析功能，如针对设备设施的查询、统计功能，针对管线数据的连通分析、关闭阀门分析等。结合与楼宇运维系统的数据对接，系统可实现对楼宇设备运维状态的实时监控，当有设备进行报警时，系统可自动提醒并定位到报警位置，结合应急处置流

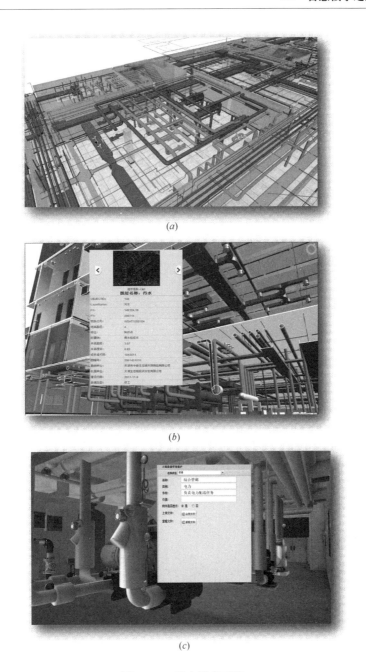

图 4.2-4 机电设备系统

程，管理人员可对报警事故点进行查看，对报警事件进行分析和应急处置。

（1）基础功能

① 建筑空间导览。

系统提供对建筑内部空间导览的功能，可实现建筑内部结构的浏览，可以多种方式查看建筑外观、主体结构，可实现对建筑外观的显隐控制，可实现楼宇的楼层控制，在楼层控制面板中勾选要查看的楼层，系统显示所勾选的对应楼层，隐藏对应楼层之上的楼层，显示所选楼层之下的楼层，以保持楼体结构完整。

② 区域定位。

系统提供针对建筑内的办公区、展示区、休息区等进行区域划分，并可根据房间编号或房间用途对建筑内的房间进行划分，系统可实现对相应区域或房间的定位，视角自动跳转到对应的区域或房间（图 4.2-5）。

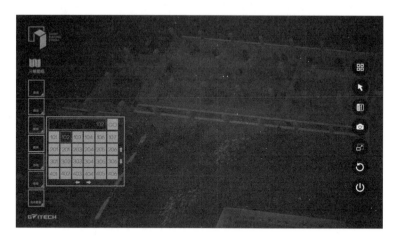

图 4.2-5 房间定位

③ 区域查询。

在对建筑进行区域划分和房间划分时，可将一些重要的管理信息作为对应的属性录入到对应的区域和房间数据中。系统提供对相关信息进行拾取查询和条件查询的功能，能够对空间的属性及用途、区域的主要负责人员、房间的管理人员和使用人员等信息进行查询（图 4.2-6）。

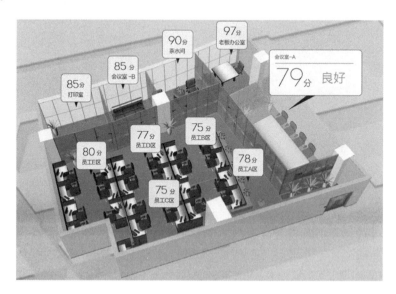

图 4.2-6 区域划分及用途展示

④ 建筑设备展示。

可结合楼宇楼层控制、区域定位、房间定位等功能，在展示楼宇结构和房间的同时，展示对应区域内的建筑设备设施。可通过图层控制功能控制对应的设备设施类型的显示和隐藏，图层分类根据楼宇内设备设施的分类进行划分，一般为水、电、气三大类型设备，可继续根据详细的分类规则划分如消防设施、通风设施、监控设施等（图 4.2-7、图 4.2-8）。具体分类方式根据甲方应用需要进行划分。

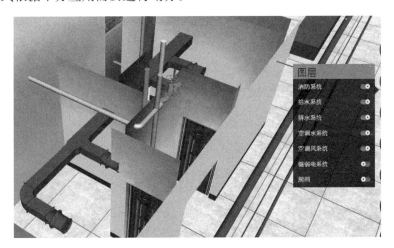

图 4.2-7 室内管线

图 4.2-8 室内设备

（2）设备管理功能

① 设备查询。

设备查询功能实现对三维建筑中的设备实体对象（包括室内管线及室内设备设施）查询并显示实体的属性信息（包括通过属性编辑添加的属性信息）的功能。系统提供了鼠标拾取查询、关键字查询、空间查询等查询功能，用户可以快速获取想要了解的管线或设备的信息（图 4.2-9～图 4.2-11）。

② 设备统计。

系统可以对选定的设施类型进行统计，统计时可以利用区域选择工具划定统计区域或选择建筑已经划定的区域，设置约束条件等方式对统计目标进行约束。统计结果以统计表

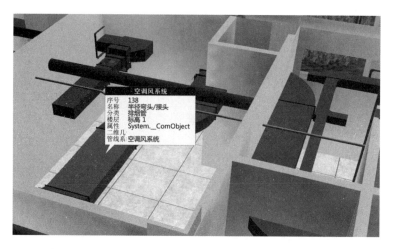

图 4.2-9　拾取查询

图 4.2-10　条件查询

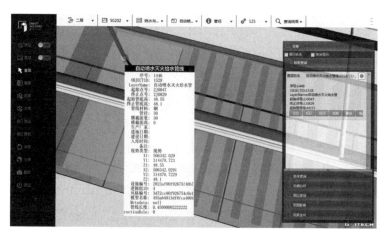

图 4.2-11　区域查询

和统计图的方式展示（图 4.2-12）。

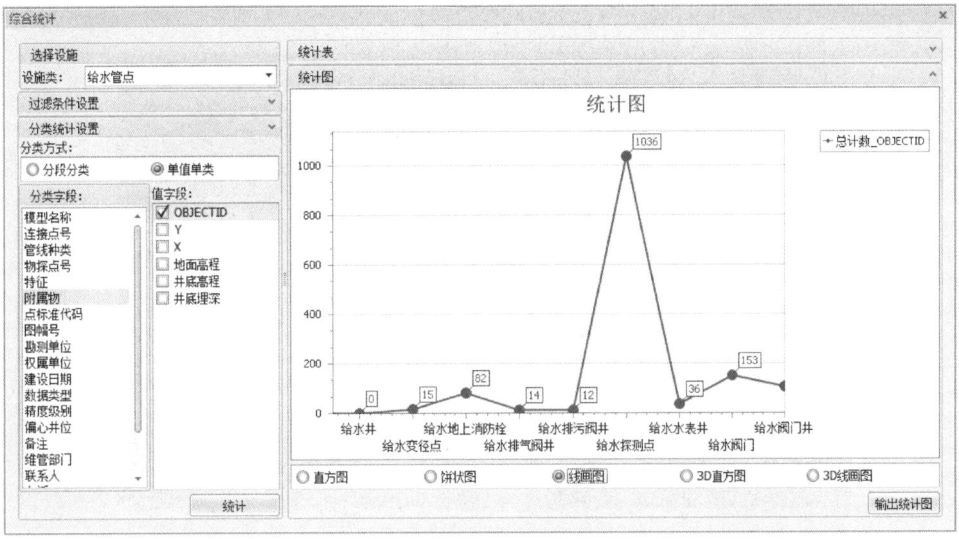

图 4.2-12 统计图表

③ 管线分析。

管线分析模块实现管线的多种分析功能，供不同的用户实现不同的管理需求。如分析排水管线流向的流向分析、管线发生爆管事故时的关阀分析和发生火灾时的消防设施搜索等。

a. 流向分析。

根据自流管线前点和后点的高程值或方向字段，分析该管线的流向，帮助用户查看选定范围内的排水管的水流流向（图 4.2-13），系统根据管子两端的高度差，判断水流向并在三维场景中标明，用户可以方便的查看。

图 4.2-13 室内管线流向

b. 关阀分析。

依据管网的拓扑关系，搜索管线爆管或检修时需要关闭的阀门，显示阀门信息，打印阀门卡片和爆管点处的现场维修图。关阀分析可实现室内及室外管线的分析（图 4.2-14）。

图 4.2-14　管线关阀分析

c. 消防设备搜索。

查询一定范围内的消防设施的位置，并在场景中用较明显的标志标识出消防设备的位置（图 4.2-15）。

图 4.2-15　消防设备搜索

4. 楼宇运维管理

基于 BIM 数据的楼宇运维，系统与楼宇运维监控平台实现数据对接。可接入楼宇设备的运行状态，如电梯运行状态、风机运行状态等；可实现对楼宇内的安防设备的监控及报警，如与视频监控对接实时显示楼宇中的监控画面，对楼宇中的设备报警进行定位并进行应急处置；可实现对楼宇环境参数的采集和展示，显示楼宇内的温度、湿度、二氧化碳浓度等环境指数；可实现对楼宇能耗数据的采集和展示，显示楼宇内水、电等能源的能耗情况，并可实现对能耗的历史统计等。

楼宇运维管理功能辅助管理人员对楼宇的各种状态进行管控，快速提示楼宇内各种运维状况，为楼宇运维事件处理提供数据支撑和处置意见。

（1）设备运行监控

① 电梯监控。

监控电梯的运行状态，显示电梯的运动方向、停靠楼层、开门状态等数据，并可实现与电梯内的视频监控摄像机的对接，显示电梯内的实时情况（图4.2-16）。

图 4.2-16 电梯监控

② 风机设备监控。

监控楼宇内的风机设备的运行状态，显示风机的开关状态、报警状态等（图4.2-17）。

图 4.2-17 风机设备监控

③ 空调设备监控。

监控楼宇内的空调设备的运行状态，显示空调的运行状态，报警状态等（图4.2-18）。

（2）楼宇安防监控

① 视频监控对接。与视频监控系统对接，在楼宇建设中展现所有视频监控点位模型，点击监控探头模型，显示对应的视频画面。

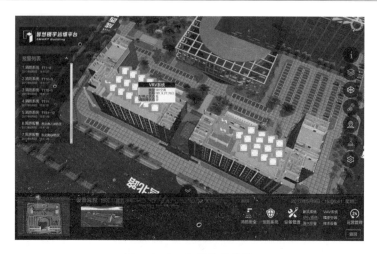

图 4.2-18　空调设备监控

②门禁系统对接。与楼宇门禁系统对接，可显示门禁设备的状态，选中门禁显示该门禁点位的人员进出情况。

③入侵报警对接。与楼宇入侵报警系统对接，可显示入侵报警设备的状态，当入侵设备发生报警时，在报警列表中显示对应的报警信息和报警位置，系统可实现对报警位置的定位（图 4.2-19）。

图 4.2-19　楼宇安防监控

④消防报警对接。

与楼宇消防报警系统对接，可显示消防报警设备的状态及对应报警设备控制的区域，当消防设备发生报警时，在报警列表中显示对应的报警信息和报警位置，系统可实现对报警位置的定位（图 4.2-20）。

（3）环境监测对接

与楼宇环境监测系统对接，系统显示环境监测采集设备的位置，点击环境采集设备，显示对应点位的环境参数，如当前温度、湿度、二氧化碳浓度，PM2.5 指数等数据，管理人员可根据环境参数，进行环境设备如新风机，空调等设备的控制操作，调整楼宇环境情况。

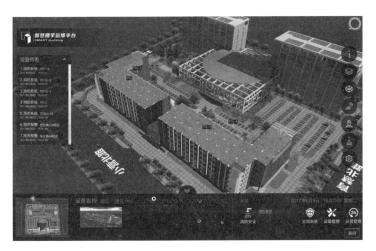

图 4.2-20 消防报警对接

（4）能耗系统对接

与楼宇能耗系统对接，系统显示建筑能耗数据，可实现建筑整体能耗情况的展示，也可分类展示各系统的能耗情况，可展示能耗数据的变化情况，以图表或统计图形的方式进行展示，展示一段时间的能耗情况，并与能耗的同期历史数据进行对比，提示管理者能耗情况的变化，辅助管理者进行楼宇节能减排计划的制订和管理。

5. 应急安防处置

综合调用多个功能模块，借助楼宇运维管理系统派发任务、调度资源、反馈信息等，并可通过移动视频监控设备实时回传现场态势画面；与楼宇管理应急救援指挥部门通过该系统进行事件通报和讲解，并实施应急救援协同指挥和协同作业，现场没有视频监控或难以靠近时，可通过全息仿真场景将事故情况真实再现，为指挥决策提供直观的现场事故信息。在这个过程中，系统能够合理调配资源，并实时反映应急力量运动位置和到位情况，为指挥员提供重要参考（图 4.2-21）。

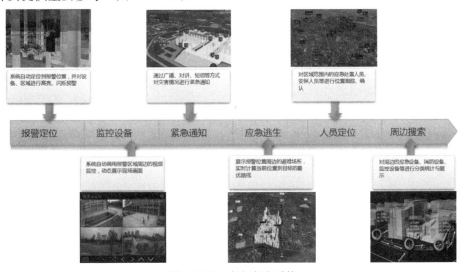

图 4.2-21 应急安防系统

在预防准备阶段，系统可识别风险源、重点防护目标、关键基础设施等，通过风险分析来鉴别灾害事件潜在方面及影响程度。

在事故处置阶段，系统快速全面获取事件的相关信息，事件现场周边的数据，动态视频或者静态图像等，预测突发事件的影响范围、影响方式、持续时间和危害程度等，辅助管理人员进行应急处置和人员调配。

在事故处置完成后，开展事后分析、总结报告，进一步改进预案以应对将来。

4.2.2 问题

（1）智慧楼宇运维信息系统搭建分为几个层级？分别是什么？

（2）智慧楼宇运维管理系统项目的主要建设目标分别是哪几部分？

4.2.3 要点分析及答案

（1）参考答案

① 基础设施服务层 IAAS。

② 数据服务层 DAAS。

③平台服务层 PAAS。

④ 应用服务层 SAAS。

（2）参考答案

① 管理目标楼宇建筑的三维模型表现。

② 智慧楼宇运维管理系统建设。

③实时数据对接。

④ 应急安全演练。

（案例提供：杜秀峰）

4.3 某大厦项目 BIM 智慧运维应用

近年来，BIM 技术在国内建筑行业得到了广泛的应用，特别是在设计、施工阶段，BIM 技术的使用得到了包括业主、设计院、施工总包在内的项目各参与方的一致肯定，产生了巨大的经济效益。但 BIM 技术的价值并不仅仅局限于建筑的设计与施工阶段，在运营维护阶段，BIM 同样能产生巨大的价值。

已有相当多的研究表明，在整个建筑生命周期中，维护管理的部分占其整个生命周期的 83%。在运营维护阶段，充分发挥利用 BIM 的价值，不但可以提高运营维护的效率和质量，而且可以降低运营维护费用，基于 BIM 的空间资产管理、设备设施管理、能源管理等功能，实现在可视化、智能化、数据精准化等方面都大大优于传统的运维软件。互联网、物联网＋BIM＋FM 建筑模型等新技术的集成应用将是智慧运维的必然趋势。

4.3.1 项目背景

1. 项目的基本信息

某大厦占地面积 $10041.76\,\mathrm{m}^2$ ，建筑面积 $29959.76\,\mathrm{m}^2$，建筑总高度 24m，建筑共 8

层，其中地上 6 层，建筑面积 18432.07㎡，地下 2 层，建筑面积 11527.69㎡。主要用于公司办公及软件研发，可容纳 1200 人办公。该项目建设标准较高，在质量安全方面获得"北京市结构长城杯金奖"、"北京市建筑长城杯"，在节能环保方面获得"美国 LEED 金认证"。2014 年建成并投入使用。

2. 运维信息化应用及存在的问题

（1）大厦智能化子系统建设齐全，其中包含消防系统，安防系统，暖通空调控制系统，给水排水控制系统，照明控制系统，一卡通系统，电梯监控系统，变配电监控系统，光电、光热控制系统等二十多个子系统。

（2）运维技术管理手段单一，其方法多滞留在制定制度、通过会议及报表文件了解情况、长期的巡检计划性不强，工作重复或遗漏、空间规划及利用基本缺失，不能满足目前综合管理形势发展变化的要求

（3）由于系统较多且分散，没有统一的管理平台，信息孤岛严重，这样不但增加了运维人力成本，也不能发挥各系统最大价值。

3. 实施目标及方案

（1）实施目标

集成各子业务系统，搭建统一的可视化管理平台（即 BIM＋FM 运维管理平台），降低运营成本，高效完成集中监控及系统联动，实现运维业务转型。

运用 BIM、物联网、移动互联网、云计算等先进技术，实现对建筑全面感知，通过人、物、事的互通互联和协同运作，实现智慧运维。

（2）实施流程

组建 BIM＋FM 实施团队→需求调研与分析→子系统数据集成→制定标准与规范→建立 BIM 模型→各子系统与 BIM 模型数据集成→产品上线运行。

4. 实施内容及成果

（1）空间管理

有效的空间管理不仅能优化空间和相关资产的实际利用率，而且还能对在这些空间中工作的人的生产力产生积极的影响。通过 BIM 模型对空间进行规划分析，可以合理整合现有的空间，有效地提高工作场所的利用率。

① 资产管理。

系统集成了对设备的搜索、查阅、定位功能。通过点击 BIM 模型中的设备，可以查阅所有设备信息，如供应商、使用期限、联系电话、维护情况、所在位置等；该管理系统可以对设备生命周期进行管理，如对寿命即将到期的设备及时预警和更换配件，防止事故发生；通过在管理界面中搜索设备名称，或者描述字段，可以查询所有相应设备在虚拟建筑中的准确定位；管理人员或者领导可以随时利用四维 BIM 模型，进行建筑设备实时浏览（图 4.3-1）。

② 库存管理。

提供战略规划改变，空间需求预测，租赁实时监控，数据精准分析等（图 4.3-2），达到提高空间利用率，降低运营成本效果。

同时可以查询办公室内空间使用情况，工位规划摆放是否合理，空间利用是否到位（图 4.3-3）。

图 4.3-1　资产管理系统

图 4.3-2　库存管理系统

③ 租赁管理。

通过 BIM 模型呈现园区房屋状态，及租赁相关的信息管理，包括对租户能耗使用及费用情况的管理。与移动终端相结合，商户的活动情况、促销信息、位置、评价可以直接推送给终端客户（图 4.3-4）。

（2）设备设施管理

可视化呈现各类指标信息总览，实时掌握建筑物各类设备设施运行情况，并进行大数据分析预测，提供智慧运维调度和应急模拟手段，实现智能调节，及时排障，建立科学运维管理机制（图 4.3-5）。

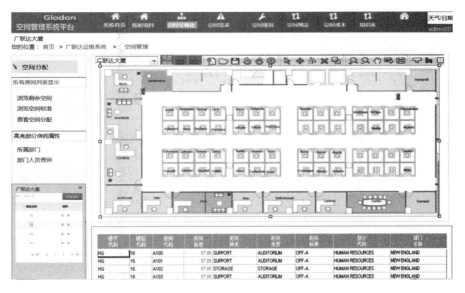

图 4.3-3 空间使用管理系统

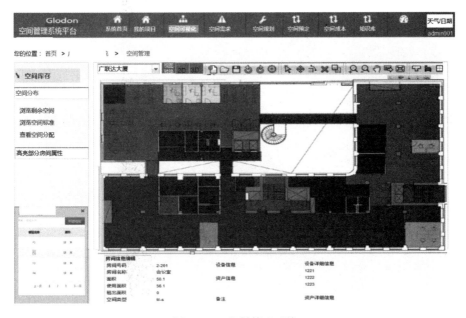

图 4.3-4 租赁管理系统

对建筑内消防、安防、设备、环境、能耗等进行集中的可视化管理，分楼层、专业对设备运行状态进行实时监测和控制，实现各系统间联动，保证建筑安全、低碳运行。

① 智能安防。

通过 BIM 可视化平台与视频系统集成，不但可以清楚的显示出每个摄像头的物理位置，也能在模型上对摄像头进行操作控制及历史图像的回放，当发生安防事件时，可在同一个屏幕上同时显示多个视频信息，通过视频识别与图像追踪，可不间断锁定目标，并在BIM 模型上记录轨迹。

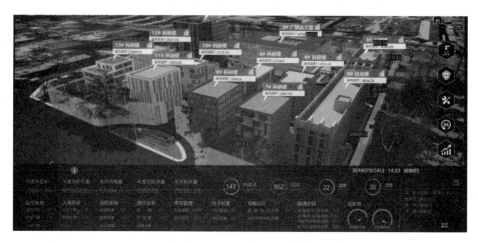

图 4.3-5 设备设施管理系统

虚拟周界安防：当外物非法入侵时，第一时间跟踪并锁定到入侵位置，通过 BIM 模型调动周围多个视频监控，能更直观看到现场情况，为安保人员提供更准确信息（图 4.3-6）。

图 4.3-6 智能安防系统（周界安防）

门禁系统管理：与原门禁系统对接，对门禁信息读取、处理，并在 BIM 模型上显示各门禁点的位置，实时监测门禁电控锁的开启状态，在处于长时间开启或异常开启状态时，发出报警提示，同时报警点与周边视频系统联动，清晰了解现场情况，帮助安保人员快速决策（图 4.3-7）。

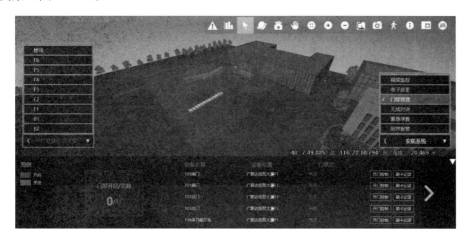

图 4.3-7　安防门禁系统

② 智能消防。

通过 BIM 可视化平台与消防系统数据集成，对消防系统报警点实时监测，并在模型上显示各报警故障点位的位置，发出报警信息提示，消防管理人员根据报警点位与报警点位附近视频联动，清晰可现报警现场情况（图 4.3-8）。

图 4.3-8　智能消防系统

③ 空调系统。

通过 BIM 可视化平台与空调系统集成，可清晰直观地反映每台设备、每条管路、每个阀门的情况（图 4.3-9）。根据应用系统的特点分级、分层次或是聚焦在某个楼层或平面局部，也可以定位到某些设备信息，进行有针对性的分析，可以清楚的了解系统风量和水量的平衡情况，各个出风口的开启状况。当与环境温度相结合时，可以根据现场情况直

(a)

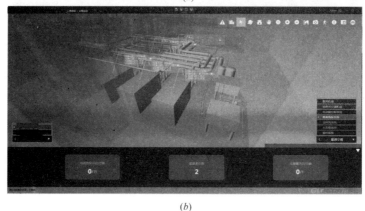

(b)

图 4.3-9　地源热泵系统运行监控

接进行风量、水量调节，从而达到调整效果实时可见。在进行管路维修时，运维人员通过 BIM 模型可以清楚的查询各条管路的情况，为维修提供了极大的便利。

④ 电梯运行管理。

通过 BIM 可视化平台与电梯系统集成，可以在 BIM 模型上清晰的显示每部电梯在建筑的空间位置及其运行状态（图 4.3-10）。其内容包括：电梯上下行运行状态监测、电梯运行速度的监测、电梯停驻楼层的监测、电梯轿厢的开启、关闭状态监测、电梯轿厢内照

图 4.3-10　电梯运行管理

明系统监测、电梯轿厢内视频图像的监测。运维人员可以清楚直观的看到电梯的使用状况，通过对人行动线、人流量的分析，可以帮助管理者更好的对电梯系统的策略进行调整。

⑤ 给水排水系统。

通过 BIM 运维平台不但可以清楚显示建筑内水系统位置信息，还能对水平衡进行有效判断，通过对整体管网数据的分析，可以迅速找到渗漏点，及时维修，减少浪费（图 4.3-11）。

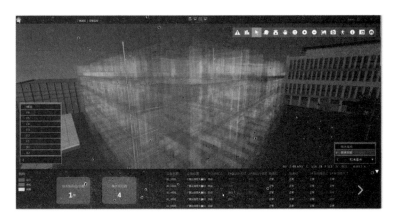

图 4.3-11　给水排水系统管理

⑥ 环境监控管理。

通过 BIM 实现可视化管理，对建筑物内的温、湿度，二氧化碳浓度，一氧化碳浓度，空气洁净度等环境数据的监测，将超过标准值的监测点位进行筛选，及时调整设备开启状态（图 4.3-12），使环境舒适度达到最优效果。

图 4.3-12　环境监控管理

⑦ 故障报警管理。

通过 BIM 可视化平台与建筑物设备数据集成，当设备发生故障发出报警时，不但能快速定位故障设备的物理位置，还能清晰地反映出设备故障原因，运维人员通过故障原因，快速生成工单，提高维修人员维修效率（图 4.3-13）。

(a)

(b)

图 4.3-13　故障报警管理

⑧ APP 应用。

通过 BIM 可视化平台与设备数据集成，当设备发生故障报警时，经过系统或管理人员判断，生成工单（图 4.3-14）。工单生成后，由系统自动或管理员分配，下发至维修人员。维修工程师通过 APP 接收工单并执行维修任务。

图 4.3-14　APP 应用

运维人员还可以通过 APP 执行巡检任务，执行人在指定时间和规定的路线内进行巡检操作，大大提高了巡检的真实性，保证了巡检的实效性。

在设备信息初次录入 BIM 运维系统时，系统自动生成设备二维码，在运维人员巡检时通过扫描二维码确定设备的运行状态，如发现设备故障，亦可扫描二维码进行报维。

⑨ 统计报表。

系统通过对 BIM 模型信息和运维中产生和采集的数据（如故障分析处理统计表、设备资产统计表、设备损毁分析表、备件情况表、维修费用统计表、空间利用情况统计表），可以提供各类信息的查询统计报告，为资源盘查、配件采购、财务预算等提供数据参考。

⑩ 能耗管理。

建筑能耗管理往往是建筑运营阶段的重要工作，项目通过 BIM 模型与能耗设备集成，对用能设备进行能耗监测，能耗分析，用能优化，极大地提高了办公环境质量，降低了能耗使用（图 4.3-15）。

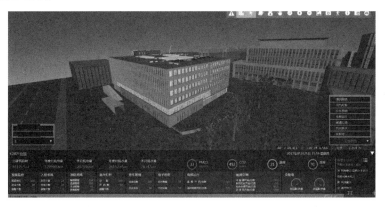

图 4.3-15　能耗管理

数据采集以秒为周期，实时监测能耗数据，通过 BIM 平台各系统用能一目了然（图 4.3-16）。

图 4.3-16　能耗数据采集

通过 BIM 平台，设定设备能耗范围值，实时监督能耗使用情况，提前预警、超出报警（图 4.3-17）。

图 4.3-17　能耗使用监督系统

对各类能耗数据进行横向、纵向对比分析，找出高能耗、低能效、浪费或不合理的相关设备或区域，通过对能效分析，实时控制、增减、优化设备运行，实现节约用能。

5. BIM 运维应用总结

通过本案例 BIM 技术应用得出 BIM 运维的六大特征，即：（1）BIM＋FM 运维提供策略性规划、财务与预算管理、不动产管理、空间规划管理、设备设施管理、能源管理等多方面内容，需要专业的知识和管理，有大量专业人才参与；（2）设施管理以信息化技术为依托，以业务规范化为基础，以精细化流程控制为手段，运用科学的方法对客户的业务流程进行研究分析，寻找控制重点并进行有效的优化、重组和控制，实现质量、成本、进度、服务总体最优的精细化管理目标；（3）设施管理致力于资源能源的集约利用，通过流程优化、空间规划、能源管理等服务对客户的资源能源实现集约化的经营和管理，以降低客户的运营成本、提高收益，最终实现提高客户营运能力的目标；（4）设施管理充分利用现代技术，通过高效的传输网络，实现智能化服务与管理，设施管理智能化的具体体现是智能家居、智能办公、智能安防系统、智能能源管理系统、智能物业管理维护系统、智能信息服务系统等；（5）设施管理以信息化为基础和平台，坚持与高新技术应用同步发展，大量采用信息化技术与手段，实现业务操作信息化。在降低成本提升效率的同时，信息化保证了管理与技术数据分析处理的准确，有利于科学决策；（6）每个公司都是不同的，专业的设施管理提供商应根据客户的业务流程、工作模式、经营目标，以及存在的问题和需求，为客户量身定做设施管理方案，合理组织空间流程，提高物业价值，最终实现客户的经营目标。

4.3.2　问题

（1）该项目在空间管理中实现了哪些应用？

A. 资产管理

B. 库存管理

C. 租赁管理

D. 采购管理

（2）该项目在能耗管理中实现了哪些应用？

A. LEED 认证

B. 能耗分析监测

C. 绿色建筑认证

D. 能耗优化

（3）通过 BIM 可视化总览，对各类指标信息实时监控，并对哪些指标进行分析预测，作为运维调度和应急模拟重要手段？

（4）BIM 运维设备设施电梯管理中，通过 BIM 平台可以实时查看电梯上下行运行状态监测、电梯运行速度的监测、（　　）、（　　）、关闭状态监测、电梯轿厢内照明系统监测、（　　）信息。

（5）该项目生成工单的方式有（　　）、（　　）两种。

（6）智慧运维的主要特征是什么？

4.3.3　要点分析及答案

第 4.3.2 条中六个问题要点分析及答案如下：

（1）标准答案：ABC

答案分析：本题主要考察对空间管理功能的理解，资产管理包含资产全生命周期的管理，但此项目中并未解决采购管理。

（2）标准答案：BD

答案分析：本项目能耗管理主要解决的是采集、监控、策略优化，最终营造一个绿色、健康、舒适的办公环境，而绿色建筑认证、LEED 认证最终倡导的也是绿色施工、绿色运营，但本项目未提及与政府相关接口，解决认证问题。

（3）标准答案：大数据。

（4）标准答案：电梯停驻楼层的监测、电梯轿厢的开启、电梯轿厢内视频图像的监测。

（5）标准答案：设备触发报警、巡检。

（6）标准答案：专业化、精细化、集约化、智能化、信息化、定制化。

答案分析：本题主要考察对项目整体价值的理解，对核心要素的总结能力。

专业化：BIM＋FM 运维提供策略性规划、财务与预算管理、不动产管理、空间规划管理、设备设施管理、能源管理等多方面内容，需要专业的知识和管理，有大量专业人才参与。

精细化：设施管理以信息化技术为依托，以业务规范化为基础，以精细化流程控制为手段，运用科学的方法对客户的业务流程进行研究分析，寻找控制重点并进行有效的优化、重组和控制，实现质量、成本、进度、服务总体最优的精细化管理目标。

集约化：设施管理致力于资源能源的集约利用，通过流程优化、空间规划、能源管理等服务对客户的资源能源实现集约化的经营和管理，以降低客户的运营成本、提高收益，最终实现提高客户营运能力的目标。

智能化：设施管理充分利用现代技术，通过高效的传输网络，实现智能化服务与管理。设施管理智能化的具体体现是智能家居、智能办公、智能安防系统、智能能源管理系统、智能物业管理维护系统、智能信息服务系统等。

信息化：设施管理以信息化为基础和平台，坚持与高新技术应用同步发展，大量采用信息化技术与手段，实现业务操作信息化。在降低成本提升效率的同时，信息化保证了管理与技术数据分析处理的准确，有利于科学决策。

定制化：每个公司都是不同的，专业的设施管理提供商根据客户的业务流程、工作模式、经营目标，以及存在的问题和需求，为客户量身定做设施管理方案，合理组织空间流程，提高物业价值，最终实现客户的经营目标。

（案例提供：王　雍）

4.4　某综合管廊项目 BIM 智慧运维应用

4.4.1　项目背景

1. 项目背景介绍

（1）项目的基本信息

某综合管廊项目全长 4.91km，综合管廊设计为干沟型，附属系统包括动力系统、照明系统、控制系统、消防系统、通风系统、排水系统、有害气体及环境监测系统、井盖防盗系统、视频监控系统等。

（2）运维信息化应用概述

该综合管廊 BIM 运维系统将整合某现有的 PLC 系统、消防系统、安防系统、入侵报警系统所管控的相关设备，并且构建综合管廊三维可视化 BIM 模型数据，使 BIM 模型与设备数据进行关联，并整合 GIS 信息，实现基于 BIM 的综合管廊可视化运维展示平台。

2. 当前运维存在的问题

（1）综合管廊为×市管廊示范项目，社会各界人士前去参观较为频繁，但廊舱内空间有限，不适合考察讲解。而且人员频繁入廊，也对管廊的安全运行带来了一定的安全隐患。管廊结构的隐蔽工程，在管廊建成后就被覆盖，建筑结构无法直观了解。

（2）现有综合管廊的各业务系统独立运行，需频繁切换，不利于及时响应突发事件进行应急指挥；并且各系统数据未标准化，存在信息孤岛，难于互通，缺乏智能联动；监控系统不够直观，操作复杂，学习成本高。

（3）管理模式粗放，标准化程度不高，缺乏有效的管理机制及精细化考核手段；设备设施资产预防性维护不到位，会加速设备老化；维修、报警处理响应不及时，可能造成安全事故；业务管理信息化应用水平需要提高，业务处置流转慢，效率需要提升。

3. 实施目标及方案

（1）实施目标

① 通过 BIM＋GIS 技术解决综合管廊实体展示的问题，使管廊展示虚拟化。

通过分析客户需求，采用 BIM、GIS 等技术对综合管廊进行建模，可以通过 BIM 三维模型信息将实际管廊内、外的空间布局展示出来。提供自定义特定场景切换，快速场景定位浏览，支持对设备层、各舱室等指定空间的动态漫游，以三维的视角方式直观具体的了解管廊空间布局。使系统展示无需进入管廊内部，即可对管廊结构、各舱状态进行集中虚拟化展示。

② 通过物联网技术集成管廊内各子系统监控信息，使管廊监控智能化。

现有管廊监控中各系统独立运行，需频繁切换系统页面。不利于及时响应突发事件，进行应急指挥。且各系统数据未标准化，难于互通，缺乏智能联动。本系统将针对现有监控系统的问题，进行优化创新，研发集成的智能化的监控系统。实现可根据监控对象类型，对监控界面进行分组管理。使监控人员无需进行多次切换界面，即可实现针对性监控，实现智能化的管廊监控。

③ 通过报警系统与其他子系统联动，实现报警智能化。

综合管廊运行，安全是第一位的。现有系统报警方式单一，且与其他系统联系不紧密，使报警信息传递不及时，无法在发生突发事件时，为监控人员提供充分的现场环境信息。本课题将针对报警机制及报警联动进行研究，开发智能化的报警功能。使系统可以在监控对象发生故障时可以多种方式通知用户，并可与视频监控系统、消防系统等实现报警联动，使运营人员可以快速了解报警位置周边情况，为运营人员决策提供图像画面等材料。

通过集成物联网技术对管廊运维数据进行实时采集，通过大数据平台、云计算平台进行数据处理，然后通过 BIM＋GIS 技术进行展示，使管廊运维从智能化进化到智慧化，以实现智慧运维的目的。

（2）实施方案

项目实施规范主要包括以下六个阶段内容：

① 项目准备：这部分的工作包括项目团队组建，进行售前咨询、项目交接，实施准备与实施规划。

② 系统调研与设计：这一阶段主要是完成业务和分析，系统设计，并制定相关的建模标准、数据编码方案以及智能化系统建设方案。

③ 系统建设：本阶段主要是进行智能化系统建设，并按业务需求分析，设计进行系统研发，按建模标准进行模型建立及集成，按编码完成相关数据准备及在模型中进行点位绑定。在系统研发完成后，进行系统、模型、数据、IBMS 等的集成测试，为系统试运行做好准备。

④ 系统上线：将集成测试完成的系统进行部署，进行基础数据录入或导入到系统中，设置系统运行参数和业务流程。制定上线步骤和上线计划，对用户进行操作培训，进行系统试运行，检验系统和系统完善。

⑤ 系统交付验收：系统试运行完成后，进行系统上线运行，并对系统实施进行总结，对系统进行验收。

⑥ 售后服务支持：系统交付验收后，进入售后服务。

4. 实施内容及实现功能

（1）三维导航及虚拟漫游

三维导航为平台中两个浏览模式之一，进入管廊后系统自动默认为三维导航浏览模式。通过三维视图的视角全景浏览，快速查询管廊实际位置，真实体现管廊地上景观、管廊原貌，可多视角操作全方位观察实际情况。虚拟漫游中提前预设一个或多个不同路径视频，可按视频路径进行模型浏览。

为应对频繁来管廊参观的社会各界群体，专门设置了虚拟漫游功能。通过内置的各个场景，可实现不进入管廊，就可以全面的看到管廊各个位置细节并可在各舱室中进行漫游，也可以看到管廊的断面结构（图 4.4-1）。

图 4.4-1　三维导航及虚拟漫游

（2）环境监控

功能描述：

① 模型窗口，可显示管廊区段，其中"温湿度传感器、气体传感器"模型高亮，并且具备显示标签的功能（图 4.4-2）。

② 信息展示窗口，显示管廊环境信息列表。信息列表包括：管舱名称、防火分区名称、设备名称、一氧化碳、氧气、甲烷、温度、湿度，异常数据则进行提示报警（图 4.4-3）。

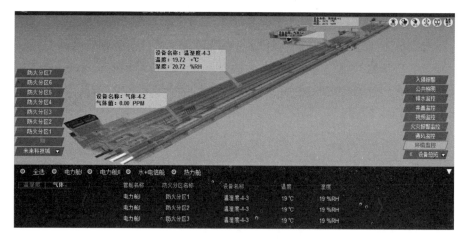

图 4.4-2　温湿度传感器列表

图 4.4-3　管廊环境信息列表

设备列表中的数据，根据用户选择可凸显出整条数据不同颜色的背景，视图窗口可定位到对应设备模型（图4.4-4）。

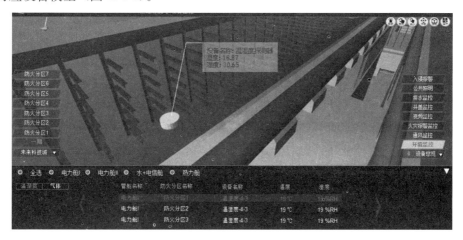

图4.4-4　数据显示

③ 点击浮动标签，信息窗口显示该设备详情（图4.4-5）。

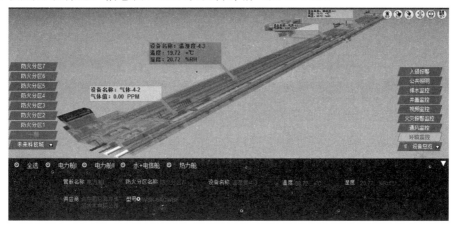

图4.4-5　设备详情显示

④ 模型窗口，可显示管廊各防火分区，其中可在"温湿度传感器、气体传感器"显示浮动标签。

⑤ 设备列表数据包含所在分区环境监控相关设备信息。

⑥ 选择不同的模型可进行不同设备的参数信息显示（图4.4-6、图4.4-7）。

（3）通风监控

功能描述：

① 模型窗口，可显示管廊区段，其中"排风机、诱导风机"模型旁可显示浮动标签。

② 信息展示窗口，显示一期管廊通风设备信息列表。通风设备有"排风机、诱导风机"两种，通过标签按钮进行列表切换。异常数据则进行提示报警。

③ 选择设备列表中的数据，整条数据背景颜色改变，视图窗口可定位到对应设备模型（图4.4-8～图4.4-11）。

图 4.4-6 设备列表

图 4.4-7 设备详情

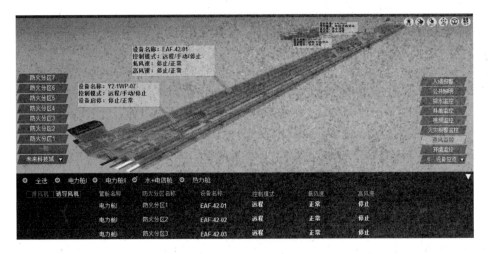

图 4.4-8 排风机列表

图 4.4-9 诱导风机列表

图 4.4-10　设备列表

图 4.4-11　设备详情

（4）火灾报警监控

功能描述：

① 模型窗口中聚焦管廊区段，其中"感温光纤、烟感探测器、手动报警"等模型旁可显示浮动标签。

② 监控设备标签可显示设备名称、运行状态等内容。

③ 信息展示窗口可显示环境监控设备，并通过标签按钮进行列表切换。列表内容包括：管舱名称、防火分区名称、设备名称、回路、地址、位置、运行状态等，对于异常数据实现报警提示。

④ 选择设备列表中的数据，整条数据背景颜色改变，视图窗口可定位到对应设备模型（图 4.4-12～图 4.4-15）。

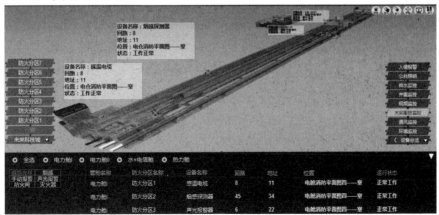

图 4.4-12　火灾报警监控设备列表

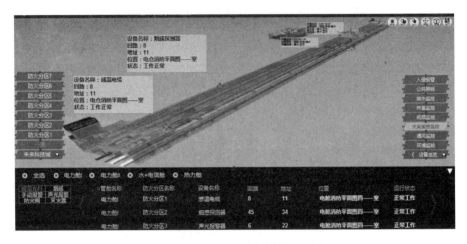

图 4.4-13　火灾报警非监控设备列表

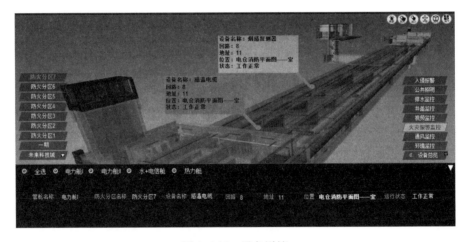

图 4.4-14　设备列表

图 4.4-15　设备详情

（5）视频监控

功能描述：

① 选择"摄像头"模型，高亮显示，并弹出设备列表。

② 设备列表内容：管舱名称、防火分区名称、位置名称、运行状态。

③ 信息展示窗口，展示窗口有"设备列表、视频图像"两种浏览方式。设备列表方式：显示管廊摄像头设备信息列表，点击按钮可查看该摄像头的实时画面，异常数据则进行提示（图 4.4-16、图 4.4-17）。

（6）报警信息

图 4.4-16 设备列表

图 4.4-17 设备详情

功能描述：

① 选择【报警】按钮，出现报警信息浮动标签。如图 4.4-18 所示，选择浮动标签中的报警信息时，系统自动切换到该报警设备模型的最佳视角，信息窗口报警信息查询列表显示此条报警信息。

图 4.4-18 报警浮动标签

② 选择设备列表中的数据，视图窗口可定位到对应设备模型（图 4.4-19）。

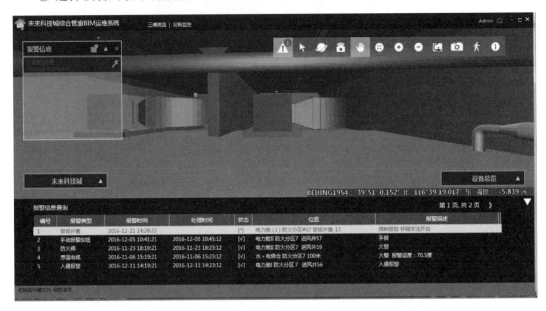

图 4.4-19 设备模型

(7) 井盖监控

功能描述：

① 选择井盖按钮，其中"智能井盖"模型高亮，并且显示浮动标签。

② 智能井盖标签内容：设备名称、开启反馈、倾斜状态。

③ 信息展示窗口，显示一期管廊智能井盖设备信息列表，异常数据则提示报警（图 4.4-20）。

图 4.4-20 井盖信息列表

④ 选择设备列表中的数据，整条数据背景颜色改变，视图窗口可定位到对应设备模型（图 4.4-21）。

图 4.4-21　设备列表

⑤ 选择浮动标签，信息窗口显示该设备详情（图 4.4-22）。

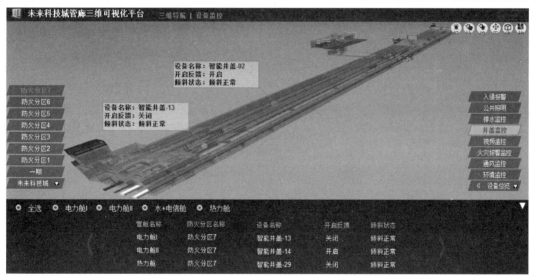

图 4.4-22　设备详情

（8）排水监控

功能描述：

① 模型窗口中聚焦管廊区段，其中"水泵"模型高亮，并且显示浮动标签。

② 水泵设备标签可显示设备名称、位置、控制模式、设备启停等内容。

③ 信息展示窗口可显示管廊水泵设备信息列表，异常数据则进行提示报警（图 4.4-23）。

④ 选择设备列表中的数据，整条数据背景颜色改变，视图窗口可定位到对应设备模型（图 4.4-24）。

⑤ 点击浮动标签，信息窗口显示该设备详情（图 4.4-25）。

（9）公共照明

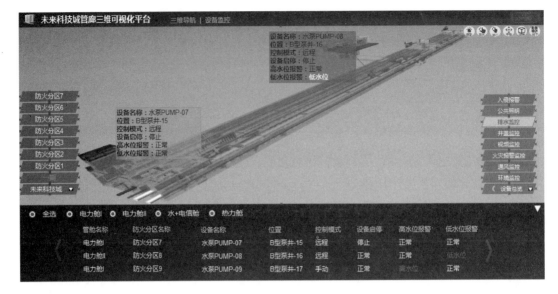

图 4.4-23 水泵信息列表

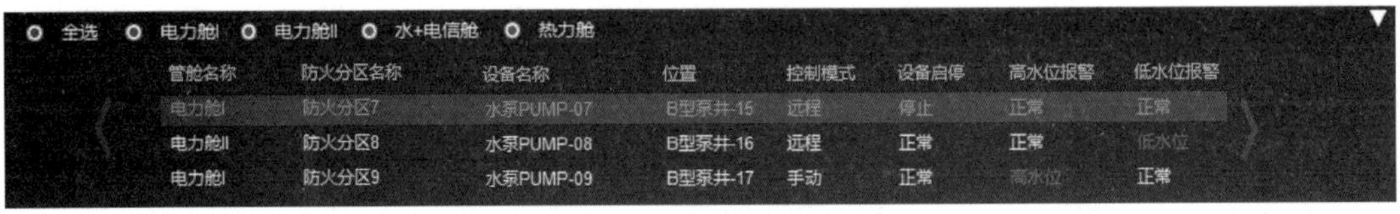

图 4.4-24 设备数据显示

图 4.4-25 设备详情

功能描述:

① 模型窗口中聚焦管廊区段,其中"灯具"模型高亮,并且显示浮动标签。

② 灯具设备标签内容:设备名称、开启状态。

③ 信息展示窗口可显示照明设备。设备有"长明灯、检修灯"两种,通过标签按钮进行列表切换。并可显示管廊灯具设备信息列表,异常数据则进行提示报警(图 4.4-26)。

④ 选择设备列表中的数据,整条数据背景颜色改变,视图窗口可定位到对应设备模型(图 4.4-27)。

⑤ 点击浮动标签,信息窗口显示该设备详情(图 4.4-28)。

5. BIM 运维的核心价值总结

基于 BIM 的智慧管廊监控系统应用前景广阔,具体体现在以下几个方面:

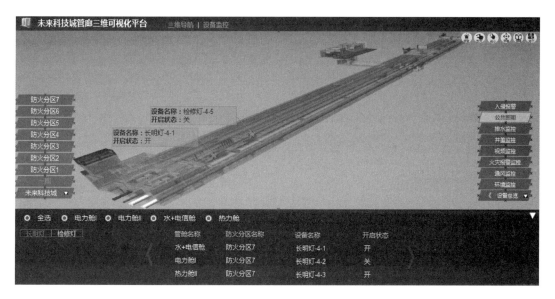

图 4.4-26　公共照明信息列表

图 4.4-27　设备数据显示

图 4.4-28　设备详情

（1）经济方面

基于 BIM 的智慧管廊监控系统可以智能的对管廊内环境、设备等进行监控。通过集成各个子系统，使管廊运营方不必建造多个系统监控室，降低了监控室建造成本。而且通过系统的智慧化监控，也可以使管廊运营方后期人工巡检从每天多次频繁巡检降低为每天一次的频次，从而降低了运维人工成本。

（2）社会方面

目前现有的管廊监控系统停留在二维图标模式阶段，各子系统独立运行。而基于 BIM 的智慧管廊监控系统可以智能化的集成管廊内环境、通风、给水排水、照明等各个子系统，实现了可在一个系统内监控不同子系统状态的功能。极大地方便了运营商对突发事件进行维护处置，最大限度地保障了综合管廊的安全运行，提高综合管廊在社会上的接受程度。

221

（3）能耗方面

基于 BIM 的智慧管廊监控系统通过数据的实时采集及数据统计，可进行按日、月、年的维度，统计设备的运行状态，水、电的用量能耗，提供准确的数据分析依据，辅助管理者有效决策管理。从而降低管廊整体运行能耗，进而达到综合管廊对环境友好、绿色运维的目的。

4.4.2　问题

（1）该项目 BIM 运维管理平台实现了（　　）应用。

A. 垂直交通管理　　　　　　　　　　B. 环境检测

C. 用户信息管理　　　　　　　　　　D. 视频监控

（2）该项目是对 BIM 技术、GIS 技术、（　　）等的综合应用。

A. 物联网　　　　　　　　　　　　　B. 互联网＋

C. 虚拟现实　　　　　　　　　　　　D. 增强现实

（3）该项目价值是（　　）。

A. 降低运维成本　　　　　　　　　　B. 提高综合管廊社会接受度

C. 可以实现绿色运维的目的　　　　　D. 增加管理人员学习成本

（4）请简单论述达成智慧运维所需要的技术。

（5）请简述本项目智慧运维的意义。

4.4.3　要点分析及答案

第 4.4.2 条中五个问题要点分析答案如下：

（1）标准答案：B、D

答案分析：本题主要考察对管廊 BIM 运维管理平台的功能理解。目前来看，管廊 BIM 运维管理平台比较重要的就是环境检测和视频监控功能。

（2）标准答案：A

答案分析：本题主要考察对选项中各个名词的理解。物联网技术是底层传感器与上层应用连接的网络，互联网＋更侧重于互联网带来的各行业的创新模式，虚拟现实以及增强现实更侧重于一种全新的视觉展示方式。而在管廊 BIM 运维管理中，主要是将 BIM 技术、GIS 技术以及物联网技术进行融合而进行创新的。

（3）标准答案：A、B、C

答案分析：本题主要考察对项目整体价值的理解。管廊 BIM 运维管理平台将降低运维以及管理人员的学习成本，并且也可以提高综合管廊的社会接受度，亦可以实现绿色运维的目的。

（4）通过集成物联网技术对管廊运维数据进行实时采集，通过大数据平台、云计算平台进行数据处理，然后通过 BIM＋GIS 技术进行展示，使管廊运维从智能化进化到智慧化，以实现智慧运维的目的。

（5）智慧运维意义包括：

1）通过系统的智慧化监控，可以使管廊运营方后期管廊运维人工巡检从每天多次频繁巡检降低为每天一次的频次，从而降低了运维人工成本。

2）可以极大地方便运营者对突发事件进行处置，最大限度地保障综合管廊的安全运行。

3）通过数据的实时采集及数据统计，可进行按日、月、年的维度，统计设备的运行状态，水、电的用量能耗，提供准确的数据分析依据，辅助管理者有效决策管理。

（案例提供：王雍）

第五章　建筑全生命周期 BIM 应用案例

本章导读

在建筑全生命周期内应用 BIM 技术，将会使其应用价值得到最大程度的体现。因此，越来越多的建设单位开始对 BIM 技术在建筑全生命周期内的应用进行探索，并且形成了许多典型案例。本章将通过代表性的项目案例，分析 BIM 在工程项目全建筑生命周期各阶段的主要应用内容，即：规划阶段主要用于现状建模、成本预算、阶段规划、场地分析、空间规划等；设计阶段主要用于对规划阶段设计方案进行论证，包括方案设计、工程分析、可持续性评估、规范验证等；施工阶段则主要起到与设计阶段三维协调的作用，包括场地使用规划、数字化加工、材料场地跟踪、三维控制和计划等；在运营阶段主要用于对施工阶段进行记录建模，具体包括制订维护计划、进行建筑系统分析、资产管理、空间管理/跟踪等。

本章二维码

5.1　某科研楼项目
BIM 项目应用

5.2　某大学新建图书馆
项目 BIM 技术应用

5.1 某科研楼项目 BIM 应用

本项目利用鸿业 BIMSpace 一站式 BIM 设计解决方案和 iTWO 软件施工管理解决方案，实现 BIM 模型信息从设计阶段到施工阶段的传递，同时，将该项目与企业信息管理系统对接，形成了一套基于 BIM 技术的 EPC 解决方案。

该案例包括五个部分的内容：（1）项目背景及 BIM 应用目标；（2）BIM 发展的顶层设计，从信息化的角度，利用系统思想，优化公司业务战略和运营模式，梳理公司业务流程框架，提出集成管理平台的架构；（3）BIM 实施的软件环境支撑，设计阶段使用鸿业 BIMSpace 软件，施工阶段使用 iTWO 软件；（4）设计阶段的 BIM 应用，包括 BIM 设计规划、工作流程、建模标准以及实施方法；（5）施工阶段的 BIM 应用，包括施工阶段 BIM 应用规划、设计模型导入、BIM 算量计价、进度管理、5D 管理和项目总控。

5.1.1 项目背景

1. 项目背景及 BIM 应用目标

设计—采购—施工总承包（Engineering Procurement Construction，即 EPC）是指总承包商按照合同约定，完成工程设计、设备材料采购、施工、试运行等服务工作，实现设计、采购、施工各阶段工作合理交叉与紧密配合，并对工程的安全、质量、进度、造价全面负责。EPC 总承包模式是当前国际工程中被普遍采用的承包模式，也是我国政府和《建筑法》积极倡导推广的一种承包模式，具有以下三个方面基本优点：

（1）强调和充分发挥设计在整个工程建设过程中的主导作用。对设计在整个工程建设过程中的主导作用的强调和发挥，有利于工程项目建设整体方案的不断优化。

（2）有效克服设计、采购、施工相互制约和相互脱节的矛盾，有利于设计、采购、施工各阶段工作的合理衔接，有效地实现建设项目的进度、成本和质量控制，符合建设工程承包合同约定，确保获得较好的投资效益。

（3）建设工程质量责任主体明确，有利于追究工程质量责任和确定工程质量责任的承担人。

但是在传统工作模式下，在项目不同阶段及各个子系统之间，如设计、算量、计价、招标投标、客户数据等系统无法实现信息互通，形成了一个个信息孤岛。各子系统不能很好地与原来的财务系统相结合，无法给企业现金流的分析带来帮助，不能更好地配合企业长远发展，如图 5.1-1 所示。

BIM 技术允许用户创建建筑信息模型，可以导致协调更好的信息和可计算信息的产生。在设计阶段早期，该信息可用于形成更好的决策，这时这些决策既不费代价又具有很强的影响力。此外，严格的建筑信息模型可以减少异议和错误发生的可能性，这样可以减少对设计意图的误解。建筑信息模型的可计算性形成了分析的基础，来帮助进行决策。

在项目生命周期的其他阶段使用 BIM 技术管理和共享信息，同样可以减少信息的流失并且能改善参与方之间的沟通。BIM 技术不仅关注单个的任务，而且把整个过程集成在一起。在整个项目生命周期里，它协助把许多参与方的工作最优化。

由此可以看出，BIM 技术的应用将会在项目的集成化设计、高效率施工配合、信息

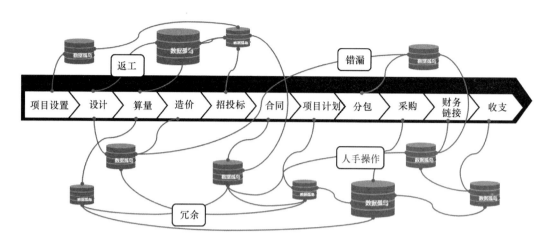

图 5.1-1　传统建造流程的信息孤岛

化管理和可持续建设等方面有着重要的意义和价值。

通过该案例，旨在探索利用 BIM 技术，打通设计、施工阶段的信息传递，同时理清公司工程总承包业务板块之间的协作关系，优化总包项目协作和管理水平，优化项目计划、进度、成本等管理过程，逐步实现业务精细化管理，搭建一个规范、整合的流程框架，打造一个设计施工一体化的综合管理平台。

2. 顶层设计

顶层设计，是利用系统思想，优化公司业务战略和运营模式。

系统思想是一般系统论的认识基础，是对系统的本质属性（包括整体性、关联性、层次性、统一性）的根本认识。系统思想的核心问题是如何根据系统的本质属性使系统最优化。"系统科学中，有一条很重要的原理，就是系统结构和系统环境以及它们之间关联关系，决定了系统整体性和功能。也就是说，系统整体性与功能是内部系统结构与外部系统环境综合集成的结果，也就是复杂性研究中所说的涌现（E-mergence）。"涌现过程是新的功能和结构产生的过程，是新质产生的过程，而这一过程是活的主体相互作用的产物。

应用 BIM 技术进行顶层设计，可以从起点避免信息孤岛，为跨阶段、跨业务的数据共享和协同提供蓝图，为合理安排业务流程提供科学依据。

（1）总承包业务板块

基于对本企业总承包业务战略和运营模式的理解，对公司 6 个核心流程模块和 6 个支持流程模块进行了重新梳理和设计，如图 5.1-2 所示。

（2）总承包业务流程框架

BIM 信息的特性是一个完善的信息模型，能够连接建筑项目生命期不同阶段的数据、过程和资源，是对工程对象的完整描述，可被建设项目各参与方普遍使用。BIM 模型具有单一工程数据源，可解决分布式、异构工程数据之间的一致性和全局共享问题，支持建设项目生命期中动态的工程信息创建、管理和共享。利用 BIM 信息的优势，将 PMBOK 的九大知识体系作为流程切入点，融入总包项目管理经验，优化总包项目管理的过程和要素。根据设计结果，总承包业务总体流程框架如图 5.1-3 所示。

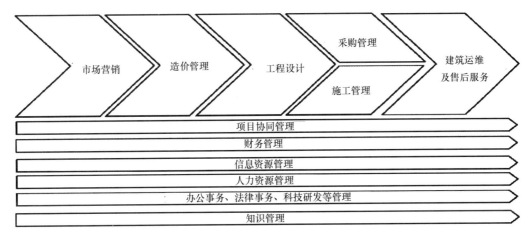

图 5.1-2　总承包企业业务战略

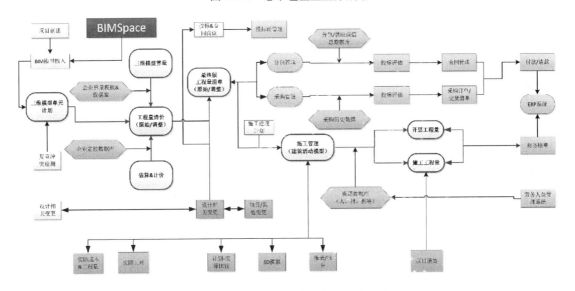

图 5.1-3　基于 BIM 技术的总承包业务总体流程框架

（3）集成管理平台

系统集成是指不同系统协同工作及提供融洽环境的能力。由于信息技术是企业的一个重要组成部分，所以系统集成也将成为业务的主要因素，不集成的系统会产生业务流程的障碍。系统集成的首要目标是改善信息管理，做到服务集成化、技术标准化、资源利用最大化、团队协作规范化。

集成管理平台的架构如图 5.1-4 所示。

3. 软件环境支撑

根据顶层设计，为了实现基于 BIM 技术的总承包业务总体流程框架，对于设计、施工软件以及信息交互方面都提出了新的要求。

经过多方调研，最后选择鸿业公司基于 BIM 的 EPC 整体解决方案（图 5.1-5）：在设计阶段采用鸿业 BIMSpace 软件，施工阶段采用 iTWO 软件，同时，项目信息可以与企业现有信息管理系统进行交互。

图 5.1-4　集成管理平台架构

图 5.1-5　BIM 模型方案

设计阶段使用的鸿业 BIMSpace 软件包括以下功能：

（1）涵盖建筑、给水排水、暖通空调、电气的全专业 BIM 设计建模软件。

（2）可以进行基于 BIM 的能耗分析、日照分析、CFD 和节能计算。

（3）符合各专业国家设计规范和制图标准。

（4）包含族及族库管理、建模出图标准和项目设计信息管理支撑平台。

（5）设计模型信息可以完整传递到施工阶段。

鸿业 BIMSpace 设计集成平台的界面如图 5.1-6 所示。

施工阶段采用 iTWO 软件，该软件主要包括以下模块：

（1）3D BIM 模型无损导入，进行全专业冲突检测，完成模型优化。

（2）根据三维模型进行工程量计算和成本估算。

（3）可以进行电子招标投标、分包、采购以及合同管理。

（4）进行 5D 模拟，管理形象进度，控制项目成本。

（5）能够与各种第三方 ERP 系统整合，根据企业管理层的需要，生成需要的总控报表。

iTWO 施工管理平台的界面如图 5.1-7 所示。

图 5.1-6　鸿业 BIMSpace 集成设计平台

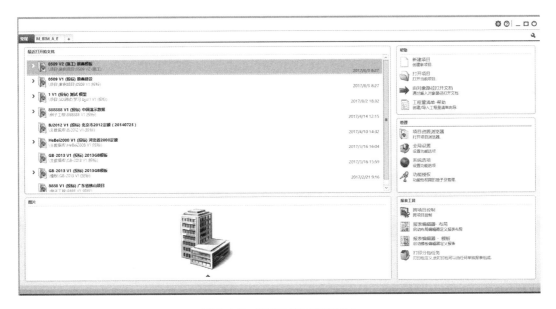

图 5.1-7　iTWO 施工管理平台

4. 设计阶段 BIM 应用

（1）设计阶段 BIM 规划

BIM 的价值在于应用，BIM 的应用基于模型。

设计阶段的 BIM 实施目标为，利用软件完成建筑、给水排水、暖通、电气各专业的 BIM 设计工作，探索 BIM 设计的流程，提升 BIM 设计过程的协同性和高效性。其主要实施内容如下：

① 可视化设计。基于三维数字技术所构建的 BIM 模型，为各专业设计师提供了直观的可视化设计平台。

② 协同设计。BIM 模型的直观性，让各专业间设计的碰撞直观显示，BIM 模型的"三方联动"特质使平面图、立面图、剖面图在同一时间得到修改。

③ 绿色设计。在 BIM 工作环境中，对建筑进行行负荷计算、能耗模拟、日照分析、CFD 分析等环节模拟分析，验证建筑性能。

④ 三维管线综合设计。进行冲突检测，消除设计中的"错、漏、碰、缺"，进行竖向净空优化。

⑤ 族库管理平台。族库管理平台方便设计师调用族，同时，通过管理流程和权限设置，保证族库的标准化和族库资源的积累。

⑥ 限额设计。需要借助成本数据库中沉淀的经验数据，进行成本测算，将形成的目标成本作为项目控制的基线，依据含量指标进行限额设计。

（2）设计阶段工作流程

设计阶段利用 BIM 设计解决方案软件进行建筑、给水排水、暖通、电气各专业的设计、建模工作。同时，结合 iTWO 软件的模型冲突检测功能和算量计价模块，在设计过程中进行限额设计、修改优化设计方案。具体工作流程如图 5.1-8 所示。

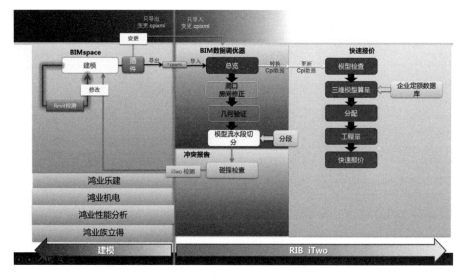

图 5.1-8　设计阶段工作流程

（3）设计阶段建模规则

考虑到与 iTWO 软件的算量模块对接，iTWO 模型规则使用"2013 新清单计价规范"，按照清单算量规则，软件公司编制了《建模规范》，规范部分目录见图 5.1-9。根据规范建立的模型，导入 iTWO 软件中，可以快速进行三维算量和计价。

（4）基于 BIM 的工程设计

1）准备工作

① 建立标准。建模标准的制定关系着设计阶段的团队协同，也关系着施工和运维阶

目 录

一、基本要求说明 2
1. 读图以及分析 2
2. 分工建模 2
二、项目文件归类 2
1. 项目文件命名规则 2
2. 建立中心文件 2
三、土建专业建模要求 3
1. 柱 3
2. 梁 4
3. 墙 5
4. 板 6
5. 基础 7
6. 基础垫层 8
7. 楼梯 8
8. 门窗 10
9. 房间 11
10. 其他 11
11. 构件位置关系重叠扣减建模要求 12
三、MEP 建模要求 13

图 5.1-9 建模规范目录

段的平台协同和多维应用。其基本内容包括：文件夹组织结构标准化、视图命名标准化和构件命名标准化。

利用鸿业 BIMSpace 软件中的项目管理模块，在新建项目的时候，会对项目目录进行默认配置。默认的项目目录配置按照工作进程，共享、发布、存档、接受、资源进行第一级划分，并且按照导则的配置，设定好了相应的子目录。后续备份、归档、提资等操作，都默认依据这个目录配置。

② 建立环境。建立创建 BIM 模型的初始环境，其主要内容包括定制样板文件和管理项目族库。

资源管理实现对 BIM 建模过程中需要用到的模型样板文件、视图样板、图签图库进行归类管理。通过资源管理可以规范建模过程中用到的标准数据，实现统一风格，集中管理。主界面如图 5.1-10 所示。

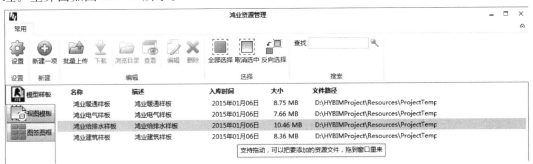

图 5.1-10 鸿业资源管理软件界面

　　同时，鸿业的族立得软件提供族的分类管理、快速检索，布置，导入导出，族库升级等功能。内置大量本地化族 3000 余种，10000 多个类型，可以实现族库标准化、族成果管理和快速建模。软件界面如图 5.1-11 所示。

图 5.1-11　鸿业族立得软件界面

　　③ 建立协同。BIM 是以团队的集中作业方式在三维模式下的建模，其工作模式必须考虑同专业以及不同专业之间的协同方式。建立协同的内容包括：拆分模型、划分工作集以及创建中心文件。

　　2）建筑设计

　　利用 Revit 平台的优势，借助鸿业 BIMSpace 乐建软件，进行可视化、协同设计。

　　鸿业乐建软件根据国内的建筑设计习惯，在 Revit 平台上对整个设计流程进行了优化，同时将国内的标准图集与制图规范与软件功能结合，让设计师的模型和图纸能够符合出图要求。这样，减少了设计师学习 BIM 设计的学习周期，同时也提高了设计效率。

　　考虑到建筑模型在施工阶段的应用，鸿业乐建软件中还提供了构件之间剪切关系的命令，方便施工阶段的工程量计算。

　　本项目建筑结构模型完成后的效果如图 5.1-12 所示。

　　3）机电设计

　　由于 Revit 平台在本地化方面的不足，如模型的二维显示、水力计算等均不满足国内的规范要求，致使国内大部分机电专业的 BIM 设计还停留在进行管线综合、净空检测等空间关系的调整上，并没有进行真正的 BIM 设计。

　　本工程决定使用在 Revit 平台上进行二次开发的鸿业 BIMSpace 的机电软件进行设计。该软件针对水、暖、电专业的设计，从建模、分析到出图做了大量的本地化工作，可以更方便、智能地对给水排水系统，消火栓及喷淋系统，空调风系统，空调水系统，采暖系统，强、弱电系统进行设计和智能化的建模工作。帮助用户理顺协同设计流程，融合多专

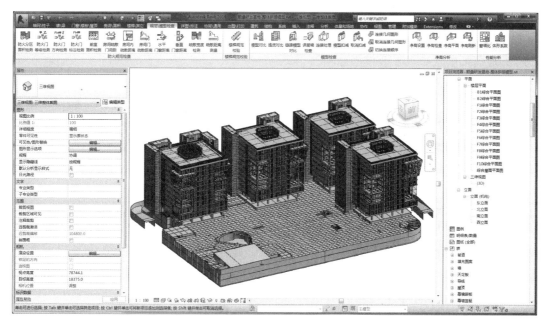

图 5.1-12　鸿业族立得软件界面

业协同工作需求，实现真正的 BIM 设计。

① 给排水系统设计。该项目，利用 BIMSpace 的给排水模块进行给排水的设计建模工作。其中应用比较多的命令有以下几点：

a. 给水自动设计、排水自动设计，可以快速完成了卫生间的设计建模工作。

b. 在绘制喷淋系统时，用户只需指定危险等级，软件自动根据规范调整布置间距，布置界面如图 5.1-13 所示。布置完成后，鸿业依旧提供了批量连接喷淋、根据规范自动调整管径和管道标注的功能，方便设计师完成整个设计流程。

图 5.1-13　给水排水系统

c. 阀件布置，组合阀件，可以快速完成符合设计要求的管道附件布置。

d. 水箱、水泵的选型计算，可以完成从计算选型到建模的所有工作。

完成后的给水排水专业模型如图 5.1-13 所示。

② 暖通系统设计。在绘制暖通系统时，利用鸿业 BIMSpace 机电软件中风系统、水系统和采暖系统模块，可以方便快速完成设备布置、末端连接等工作。同时，鸿业 BIMSpace 软件中的水力计算功能，可以直接提取模型信息，进行水力计算，最后将计算结果自动赋回到模型中。

最终完成的暖通系统的三维设计成果如图 5.1-14 所示。

图 5.1-14　暖通系统

4）电气设计

鸿业电气 BIM 设计软件已经涵盖了强电、弱电设计的大部分功能。利用鸿业 BIMSpace 电气模块，该项目在 Revit 平台下完成了从强电设计到弱电设计，从导线到线管的自动生成，从桥架到电缆的自动敷设的大部分建模出图的工作。

最终完成的电气系统的三维设计成果如图 5.1-15 所示。

5）深化设计

基于 BIM 模型，可在保证检修空间和施工空间的前提下，综合考虑管道种类、管道标高、管道管径等具体问题，精确定位并优化管道路由，协助专业设计师完成综合管线深化设计。

由于该工程应用的 BIM 设计工具不只是 Revit 平台，幕墙设计利用 CATIA 软件，传统的碰撞检测软件不能满足要求。于是，该工程将全专业模型导入 iTWO 软件中进行碰撞检查和施工可行性验证，根据 iTWO 软件生成的冲突检测结果，调整优化模型。iTWO 软件的模型检测界面如图 5.1-16 所示。

图 5.1-15 电气系统

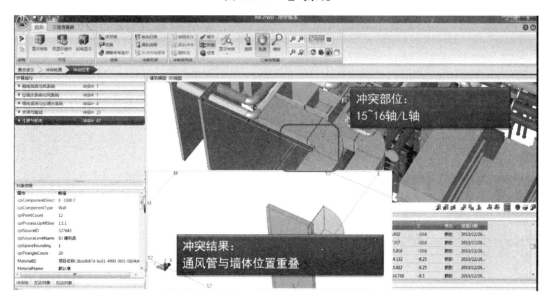

图 5.1-16 iTWO 软件碰撞检测

6）性能分析

① 冷、热负荷计算。利用鸿业 BIMSPace 软件中的负荷计算命令，根据建筑模型中房间名称自动创建对应的空间类型，完成冷、热负荷计算。同时，鸿业负荷计算还可以根据用户定义直接出冷、热负荷计算书。负荷计算的界面如图 5.1-17 所示。

② 全年负荷计算和能耗分析。

利用鸿业全年负荷计算及能耗分析软件（HY-EP）进行全年负荷计算和能耗分析。HY-EP 以 EnergyPlus（V8.2）为计算核心，可以对建筑物及其空调系统进行全年负荷计

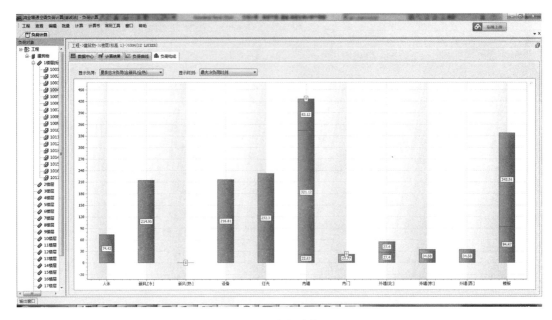

图 5.1-17 负荷计算界面

算和能耗模拟分析。软件具体应用如下：

a. 全年 8760h 逐时负荷计算，生成报表及曲线。

b. 生成建筑能耗报表，包括空调系统、办公电器、照明系统等各项能耗逐时值、统计值、能耗结构柱状图、饼状图。

c. 生成能耗对比报表，包括两个系统的逐月分项能耗对比值、总能耗对比值、对比柱状图及曲线。

生成的空调能耗分析图如图 5.1-18 所示。

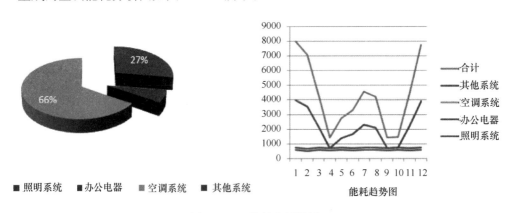

图 5.1-18 能耗分析结果

③ 风环境分析

该项目利用鸿业风环境分析软件进行了风环境分析，得出了建筑物指定高度的温度、风速、风压、PMV、空气龄云图以及标准报表，帮助设计师进行了方案优化布置。

该项目生成的风环境分析结果如图 5.1-19 所示。

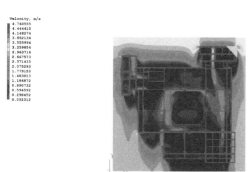

图 5.1-19　风环境分析结果

5. 施工阶段 BIM 应用

（1）施工阶段 BIM 应用规划

工程项目实施过程参与单位多，组织关系和合同关系复杂。建设工程项目实施过程参与单位多就会产生大量的信息交流和组织协调的问题和任务，会直接影响项目实施的成败。

BIM 技术在施工阶段应用如图 5.1-20 所示。

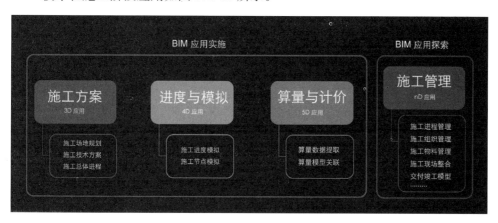

图 5.1-20　BIM 在施工阶段的应用

通过分析不同阶段建筑工程的信息流可以发现，建筑工程不同的参与方之间存在信息交换与共享需求，具有如下特点：

1）数量庞大。工程信息的信息量巨大，包括建筑设计、结构设计、给水排水设计、暖通设计、结构分析、能耗分析、各种技术文档、工程合同等信息，这些信息随着工程的进展呈递增趋势。

2）类型复杂。工程项目实施过程中产生的信息可以分为两类，一类是结构化的信息，这些信息可以存储在数据库中便于管理；另一类是非结构化或半结构化信息，包括投标文件、设计文件、声音、图片等多媒体文件。

3）信息源多，存储分散。建设工程的参与方众多，每个参与方都将根据自己的角色产生信息。这些可以来自投资方、开发方、设计方、施工方、供货方以及项目使用期的管理方，并且这些项目参与方分布在各地，因此由其产生的信息具有信息源多、存储分散的特点。

4）动态性。工程项目中的信息和其他应用环境中的信息一样，都有一个完整的信息生命期，加上工程项目实施过程中大量的不确定因素的存在，工程项目的信息始终处于动态变化中。

　　基于建筑工程施工的以上特点，希望利用 BIM 技术建立的中央大数据库，对这些信息进行有效管理和集成，才能实现信息的高效利用，避免数据冗余和冲突。最后，该项目在施工阶段选择利用 iTWO 软件进行基于数据库的数字化工程管理。

　　施工阶段主要应用点如下：

　　① 可施工性验证。在施工阶段，对设计模型进行全面的施工可行性验证，基于模型进行可视化分析，通过软件自动计算及检查，减少施工可行性验证的时间，提高整体工作效率和质量。

　　② 工程量计算可视化。

　　③ 工程计价可视化。

　　④ 招标投标、分包管理及采购。

　　⑤ 5D 模拟。

　　⑥ 现场管控。

　　（2）设计模型导入与优化

　　通过与建筑、结构和机电（MEP）模型整合，iTWO 软件可以进行跨标准的碰撞检测。iTWO 软件中的碰撞检测并不限定于某一种类型或某一个特定的 BIM 设计工具，现在能够与目前流行的大部分 BIM 设计工具整合，如 Revit、Tekla、Archi CAD、Allplan、Catia 软件等。

　　本项目设计阶段主要用 BIMSpace 软件，可以将模型数据无损导入 iTWO，进行模型施工可行性验证和优化。

　　本项目地下室模型和 2 号塔楼，打入到 iTWO 软件中后的结果如图 5.1-21 所示。

图 5.1-21　iTWO 数据调优器

iTWO 软件在施工可行性验证比传统验证的优势，体现在以下几个方面：

①审查时间减少 50%。

②审查量提高 50%。

③提高检查精度。

④自动计算以及检查。

⑤提高整体工作效率以及质量。

（3）工程量计算

在 iTWO 软件中，算量模块包括两个部分，工程量清单模块和三维模型算量模块。

工程量清单模块支持多种方式的工程量清单输入，用户自定义工程量清单结构，以及预定义和用户定义的定量计算方程式。

三维算量模块能快速精确地从 BIM 模型计算工程量，并且能够通过对比计算结果和模型来核实结果。

如果发生设计更改，iTWO 软件能够迅速重新计算工程量，以及自动更新工程量清单。

工程量计算的工作流程如图 5.1-22 所示。

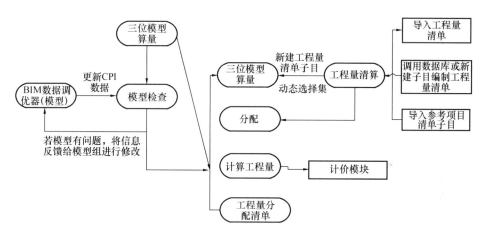

图 5.1-22　工程量计算流程

本项目地下室的工程量计算结果如图 5.1-23 所示，工程量检查的操作界面如图 5.1-24 所示。

经过项目实践，为了更好地进行基于 BIM 平台的工程量计算，在工程量清单编制中，应该注意以下几个问题：

① 对于主体项目工程，建议按常规原始清单进行编制，对于装饰工程或精装修工程，建议按房间进行编制为宜。

② 对于非主体工程，如措施项目清单，建议进行按项分解编制，好处是对于施工管理模块便于施工计划均摊挂接，便于总控对比分析及成本控制。

③ 对于管理费等费用，建议放入综合单价组价进行编制或单独列项进行编制，便于总控对比分析及报表输出。需与成本部门、财务部门沟通后确定管理模型。

工程量清单编制完成后，三维模型算量功能可以将工程量清单子目与三维模型进行关

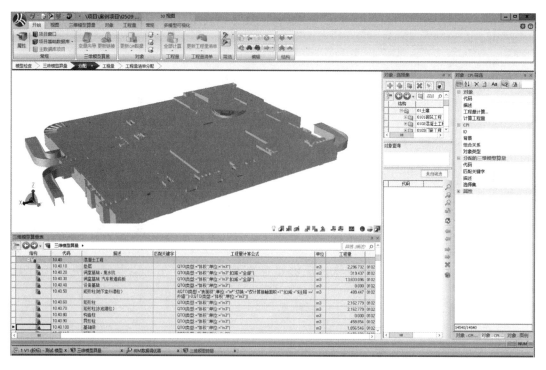

图 5.1-23　工程量计算结果

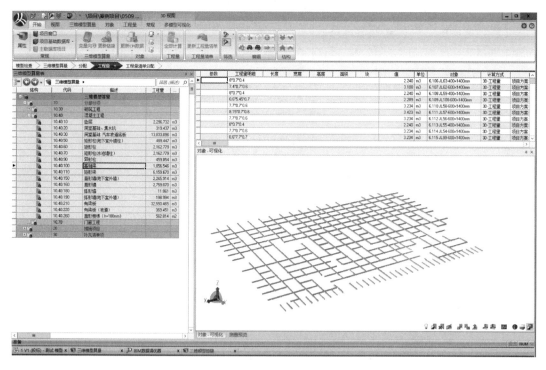

图 5.1-24　工程量检查

联，同时可以根据各个需求对每个工程量清单子目灵活的编辑计算公式，不仅可以根据直观的图形与说明进行公式的选择，还可以根据需要选择对应的算量基准，算量公式包括基准构件的几何形状、大小、尺寸和工程属性。

（4）成本估算

使用 iTWO 软件进行成本估算，通过将工程量清单项目与三维的 BIM 模型元素关联，估算的项目将在模型上直观地显现出来。iTWO 软件使用成本代码计算直接成本。成本代码能存储在主项目中作为历史数据，以供新项目用作参考数据。一旦出现设计变更，iTWO 软件能够快速更新工程量、估价及工作进度的数据。

本项目地下室的成本计算结果如图 5.1-25 所示。

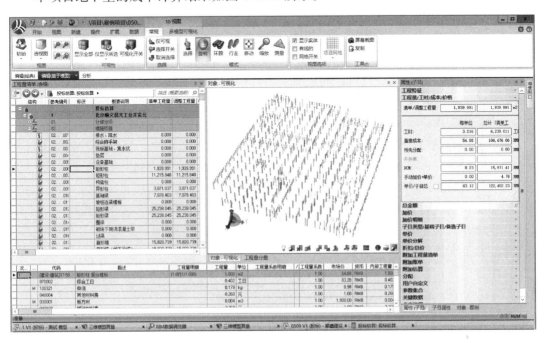

图 5.1-25　工程计价

本项目中，iTWO 软件的系统估算模块的应用点主要体现在以下几点：

① 控制成本。通过 iTWO 软件的成本估算模块，通过导入企业定额编制施工成本，这样的施工成本真实反映了企业在施工中发生的人、材、机、管，反映企业的施工功效，使公司更好的控制成本。

但是，这里控制成本的前提是，需要基于公司自己的企业定额来编制成本。iTWO 软件可以根据以前项目的历史数据，建立企业自己的企业定额库，这样，为后续项目控制成本提供了坚实的依据。

② 三算对比。利用该模块，在实际使用中可以很直观的形成三算对比，即：中标合同单价、成本控制单价和责任成本，可以方便地看出盈亏。

③ 分包管理。利用成本估算模块，首先创建子目，分配生成分包任务，选择要分包的清单项目并导出清单，发给分包单位由分包进行报价，报价返回后要进行数据分析，也就是报价对比，进行确定要选择的分包单位。

同时，iTWO 软件还提供了电子投标功能，支持投标者和供应商管理。iTWO 软件的电子投标使用了标准格式，提供一个免费的 e-Bid 软件（电子报价工具）来查阅询价和提交投标者的价格。当收到来自分包的价格资料时，iTWO 软件的分包评估功能会比较价格，并根据本项目的特点自定义显示结果。这样，大大提高了分包管理的整体工作效率和质量。

④ 设计变更管理。利用成本估算模块，在实际项目中发现还可以对设计变更做很好的管理，可以把清单和设计变更单做成超链接，在点击清单时会直接看到设计变更，很好地了解到是什么原因做的变更，变更内容是什么，省去了在想查看时再去档案室翻查资料的时间，提高了工作效率。

（5）五维数字化建造

RIB iTWO 软件五维数字化建造技术，在三维设计模型上，加入施工进度和成本，让项目管理全过程更精准、更透明、更灵活、更高效。

iTWO 软件为不同的项目管理软件如 MS Project 和 Primavera 软件等提供双向集成，这样可以把用 MS Project 软件排定的进度计划直接导入 iTWO 软件中。在工程量清单和估价的基础上，iTWO 软件能够自动计算工期和计划活动所需的预算，从而可完成 5D 模拟，识别影响工程的潜在风险。

在本项目 iTWO 软件中，将每一层级的计价子目/工程量清单子目与施工活动子目灵活的建立多对多、一对多、多对一的映射关系。这就满足了不同合同的需求，既可将计价按照进度计划的安排产生映射关系，也可将进度计划按照计价的需求完成映射关系。对应的成本与收入也会随着映射关系关联到施工组织模块中。这样，在考核项目进度时，不仅可以如传统方式那样得到相关的报表分析、文字说明，还可以利用三维模型实现可视化的成本管控与进度管理。

在项目前期，通过基于不同的施工计划方案建立不同的五位模拟，通过比较分析获得优化方案，节省了在工程施工中的花费。

该项目的 5D 模拟结果如图 5.1-26 所示。

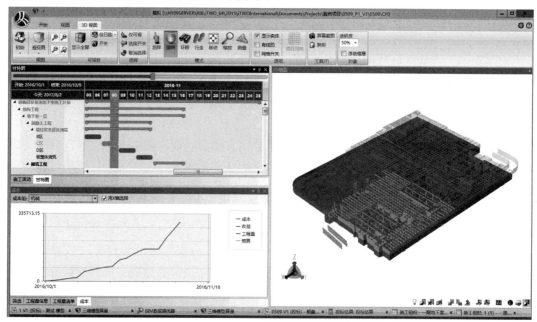

图 5.1-26　5D 模拟

（6）项目总控

在本项目中，通过 iTWO 软件控制中心，可随时随地利用苹果系统和安卓系统的平板设备管理建筑项目，并且可以深入查阅到详细具体的项目细节。同时，利用仪表盘让所有相关的项目参与方能快速及时地查阅相关项目报告，促进项目团队作出更快速的决策和更好的运用实时信息。

iTWO 总控流程配置如图 5.1-27 所示。

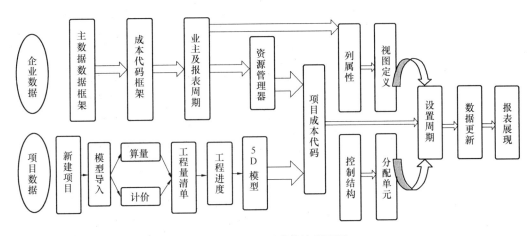

图 5.1-27　iTWO 总控流程配置

在算量、计价和进度与模型匹配工作完成后，进行控制结构的编制工作。控制结构的编制需要有一个适用与企业管理模式、项目类型的管理流程。本工程按合同管理方式建立控制结构或按工程管理模式，即按楼层、按系统模型建立控制结构，该模块的确定可作为企业的固定管理模板。

5.1.2　问题

（1）下列哪些工作内容不属于 EPC 工程总承包的内容？

A. 初步设计　　　　　　　　　　B. 施工图设计

C. 项目建议书　　　　　　　　　D. 施工

（2）五维数字化建造不包括下面哪一个维度？

A. 三维模型　　　　　　　　　　B. 进度

C. 成本　　　　　　　　　　　　D. 质量

（3）本案例中的 BIM 解决方案主要包括哪些软件？

A. BIMSPace　　　　　　　　　　B　iTWO

C. 广联达 BIM 5D　　　　　　　　D. Bentley

E. ArchiCAD

5.1.3　要点分析及答案

第 5.1.2 条中三个问题要点分析及答案如下：

（1）标准答案：C

243

答案分析：设计—采购—施工总承包（Engineering Procurement Construction，即 EPC）是指总承包商按照合同约定，完成工程设计、设备材料采购、施工、试运行等服务工作，实现设计、采购、施工各阶段工作合理交叉与紧密配合，并对工程的安全、质量、进度、造价全面负责。所以，不包含项目建议书阶段。

（2）标准答案：D

答案分析：五维数字化建造指的是 3D 模型加上进度和成本，不包括质量维度。旨在考察对基本术语的了解。

（3）标准答案：AB

答案分析：本项目在设计阶段采用鸿业 BIMSpace 软件，施工阶段采用 iTWO 软件。旨在让学员对完成一个实际项目的软件环境有一个直观的认识。

（案例提供：杨永生、孔凯）

5.2 某大学新建图书馆项目 BIM 技术应用

5.2.1 项目背景

1. 项目概况

（1）工程位置，面积，用途

工程位置：图书馆项目位于校区西北角。北侧为××路，西侧为××路，南侧为已经建成的主教学楼，东侧为已建成的学院×号楼。

建筑面积：总建筑面积 $30501m^2$，其中地上建筑面积 $18005m^2$，地下建筑面积 $12496m^2$，建筑高度 23.5m，地下 2 层，地上 5 层。

用途：地下二层为汽车库，地下一层为展览厅及多功能厅，地上五层为图书阅览室、新书发布区等。

BIM 技术适用于从设计到施工到运营管理的全过程，贯穿工程项目的全生命周期。全流程管理理念就是要求工程项目的建设和管理要在考虑工程项目全寿命过程的平台上进行，在工程项目全寿命期内综合考虑工程项目建设的各种问题，使得工程项目的总体目标达到最优。通过项目选用 BIM 软件的方法和步骤，可以了解建筑安装工程 BIM 技术在设计阶段、施工阶段及运维阶段的应用价值、思路及应用点。

（2）项目工期及目标

开工日期××年×月×日，竣工日期××年×月×日，历经 736 天。工程目标：鲁班奖。

① 图书馆工程土建模型：包括建筑模型和结构模型，由建筑和结构专业的 3D 模型产生的平、立、剖面图，和现有工程图纸一样的施工图视图。

② 图书馆工程设备模型：包括电气、暖通、给水排水、消防等专业模型，例如，整个工程的管线排布、屋顶及机房设备的布置。由此模型可以产生各专业的平、立、剖面施工图，精细建模，指导精细施工。

③ 图书馆工程整体模型：包括所有专业的单一工程模型，能真实反映各专业的空间

分布和交叉关系，以及工程量的提取。

④ 碰撞检查、管线综合：进行单专业、全专业碰撞检测，统筹反映设备各专业的模型，反映各专业之间的布线情况和交叉的状态，提前解决问题，避免正式施工带来困难，最大程度提高效率。

⑤ 施工工艺方案模拟：对新工艺"玻璃纤维增强预制混凝土装饰挂板（GRPC）"的安装和外幕墙全隐框玻璃幕墙的安装过程，进行了方案模拟，用于指导工人的安装方便沟通。

⑥ 图书馆5D进度模拟：附加进度和成本信息，用三维形式表示出项目各时间点状态，辅助进行工期和成本管理。

⑦ 质量资料管理：将建筑构件相关信息与三维模型链接起来，在三维模型中可直接查看构件的相关性息。

⑧ 精装修模拟：精细建模，预先精细模拟图书馆装修布置情况，用于指导精装修施工，保证安装质量达到鲁班奖工程要求。

⑨ 移动端应用：将BIM信息模型导入到平板电脑中，用于BIM工程师现场指导和查看施工情况。

（3）项目特点

① 项目参与方。本项目工程量大，工期长，需要多方参与。建设单位为××大学，勘察单位为××市××工程勘察有限公司，设计单位为××建筑设计研究院，监理单位为××工程顾问有限公司，质量监督单位为××市××区建设工程质量监督站，施工总承包单位为××建设集团有限公司。

② 项目分支系统。

建筑：5大功能综合区（地下汽车库，展览厅，多功能厅，图书阅览室，新书发布区）。

结构：2个结构体系（幕墙结构，框架混凝土结构）。

机电：4个子系统（给水排水专业，暖通专业，电气专业，消防专业）。

③ 项目重难点。项目难点在于该项目拥有幕墙专业，幕墙的布置与幕墙节点分析属于重点难点，在BIM三维建模过程中既要考虑到项目施工阶段的流程，同时也是技术上的一个难题。精装修部分，体现本图书馆项目外观表现，Lumion渲染耗时大；智能排砖方面，真实地统计出所需要的工程量。碰撞检测方面，现场利用三维激光扫描仪进行实时扫描，将扫描的三维模型数据进行导出，和现场的建筑（如墙，楼板）、结构专业（如柱等框架）、机电专业各子系统进行对比，并使用移动终端（ipad、手机、笔记本电脑等）进行模型的对比，对存在的碰撞问题一一排查和整改。施工流程工艺多，关键节点工艺复杂，模拟耗时量大。

2. 建筑安装工程BIM技术

（1）BIM技术软件平台应用

1）BIM应用软件。

项目中运用的软件有：Autodesk Revit、Navisworks manage、lumion软件为最新版本，以及Microsoft Project，BIM 360 Glue软件。Autodesk Revit软件符合项目建模要求，Navisworks manage软件运用于施工模拟和碰撞检测等，Lumion软件进行场景渲染，

MS Project 软件用于管理项目资料，BIM 360 Glue 在现场进行移动终端查看等应用。

项目中的 BIM 软件选择是企业 BIM 应用的首要环节。在选用过程中需要采取相应方法和措施，以保证符合本项目整个流程进行运作和实施。软件选择的四个步骤如下：

① 调研和初步筛选。

全面考察和调研市场上现有的国内外 BIM 软件及应用状况。结合本项目的管理需求和人员使用规模，筛选出可能适用的 BIM 软件。筛选条件包括软件功能、数据交换能力和性价比等。

② 分析及评估。

对每个软件进行分析和评估。分析评估考虑的因素包括：是否符合企业整体的发展战略规划，工程人员接受的意愿和学习难度，特别是软件的成本和投资回报率，以及给企业带来的收益等。

③ 测试及试点应用。

对参与项目的工程人员进行 BIM 软件的测试，测试包括适合企业自身要求，软件与硬件兼容；软件系统的成熟度和稳定度；操作容易性；易于维护；支持二次开发等。

④ 审核批准及正式应用。

基于 BIM 软件调研、分析和测试，形成备选软件方案，由企业决策部门审核批准最终软件方案，并全面部署。

2）BIM 应用硬件配置和网络

新建图书馆项目 BIM 软件应用的硬件配置较高，公司 BIM 小组计算机机房拥有满足配置要求计算机 10 台，全套 autodesk 最新版本的 BIM 系列正版软件。计算机均为 i7 双核处理器，内存 16G。

针对施工企业 BIM 硬件环境包括：客户端（个人计算机）、服务器、网络及存储设备等。BIM 应用硬件和网络在企业 BIM 应用初期的资金投入相对集中，对后期的整体应用效果影响较大。

鉴于 IT 技术的快速发展，硬件资源的生命周期越来越短。所以，施工企业 BIM 技术应用对硬件资源环境的建设不能盲目，既要考虑 BIM 软件对硬件资源的要求，也要将企业未来发展与现实需求相结合，避免后期投入资金过大或不足导致资源不平衡的问题。

（2）BIM 技术应用目标

① 设计质量。BIM 技术的设计，在复杂形体、管线综合和碰撞检测中起到了核心的作用。该图书馆项目在幕墙和框架体系复杂的节点设计中，参数化的三维模型为整个项目解决了技术难题。在管线错综复杂的排布和定位等设计中，进行了调整，更好地为后期的施工阶段服务。为提高设计质量，采用 BIM 技术的设计，有效地解决了碰撞检测方面的难题。

② 施工管理。围绕 BIM 建筑信息模型，在施工阶段，对物料的投资和采购、材料的统计和招标投标管理等进行全方位的管控，有效控制成本。施工现场建造时，对施工方案探讨、4D 施工模拟和施工现场监控等进行合理管理与布局，从而更好地管控施工现场的错乱情况。

③ 运维管理。运维管理阶段，设备信息维护和空间使用变更等，是 BIM 建筑信息模型在交付后后期管理的重要环节，因此，建筑信息模型是基础，而在运维管理方面才是整

个 BIM 体系的重中之重。

（3）BIM 技术应用效果

新建图书馆项目在 BIM 模型应用中取得了很好的效果。在 BIM 团队建立的初期，就制定了 BIM 技术框架路线，整个团队从拿到原设计图纸开始，分层分专业建模。大体分为两个方向，一个是土建专业（建筑、结构），另一个是机电专业（电气、暖通、给水排水、消防等）。从分别单专业参数化建模，回归到模型整合，单专业碰撞检测和发现问题返回整改，完成了最终的模型，并得出最终的模型和成果，包括各专业施工图、工程量数据表、施工工艺模拟、精装修模型、BIM5D 模拟和移动端应用等。

以本项目为试点，BIM 技术应用技术路线如图 5.2-1 所示。

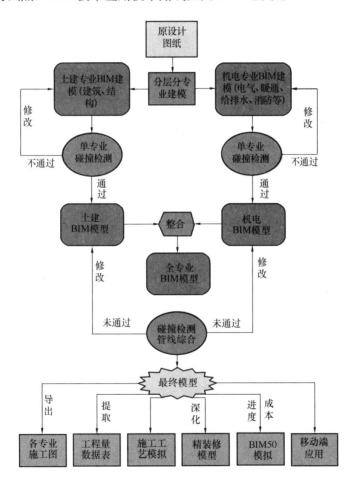

图 5.2-1 BIM 应用技术路线

（4）BIM 技术在设计阶段的应用

1）BIM 技术在设计阶段历程

① 方案设计阶段。在初步设计阶段，由于模型很大，加上各参与方专业范畴不同，所以必须由各专业分开建模，然后把所有模型进行叠合和碰撞检查。在碰撞检查的基础上，对模型进行修正。参与方构建出来的模型，还存在一些问题。这时，业主就要推动

BIM 顾问把模型进行整合和修正，形成各专业建成的模型及合模后的 BIM 模型两种。由于各参与方的 BIM 能力不同，在实际过程中难免会遇到翻模的情况，但是也必须要面对。BIM 是一个工具，甲方要明白如何使用，而并不是说一定要达到某一标准才能用。因此，翻模没有关系，但翻模也要达到甲方规定的最终要求。

通过模型和效果图的对比可以看出，整合后的模型结果和效果图还是非常相似的，均采用模型沟通，模型也为双方沟通提供了便利。

② 初步设计阶段。

初步设计提交了 100％的合模以后，进行碰撞检查，所有参与方拿到模型对自己负责的部分进行反思和检测。其中确实出了不少的问题，可以看出 BIM 的威力。具体工作顺序为：首先是建筑的在一些细节和形体的推敲；接下来是结构；再接下来是机电专业，这是一步一步来的，前面的工作完不成，后边的工作做了也是徒劳，因为做完之后前面的内容可能又变了。

把分专业检查完模型后发现要修正的内容提交给各个参与方，这非常有效，避免了以后可能出现的一些问题。在工作过程中做了一些漫游，通过漫游可以清晰地看到自己专业具体存在的问题，在里面检查出很多的碰撞。如一些在平面图上很难甄别的碰撞在模型上做一个筛选就可以找出来；还有一些没有检修空间，只需设定检修数值，即刻就可以找出来；对于净高的检测和控制、机电管底不满足要求等问题，这些在初步设计合模以后就可以发觉。另外，我们检测出一些综合性问题，包括图书馆屋顶和人身高的对比，以及汽车库净高不够，都可以通过模型检测出来。

③ 施工图设计阶段。

施工图设计阶段，基本也维系这一个体系。施工图首先要进行深化，设计模型到了施工图阶段还有很大的空间要去完善，包括精度。各个参与方的工作内容不一致，在施工图的部分就可以全部细化，落实到可以出施工图的深度。施工图深化过程和初步设计差不多，全专业模型叠合和碰撞检查也很重要。除此以外，还会抽出工程量清单给合约采购部门，下一步的采购工作就可以和 BIM 挂钩。

在施工图模型的深化工作中，通过 BIM 非常有效的发现问题，这些问题在平面图上很难发觉。随着模型的深入，对初步设计过程中一些专业问题可以不断进行修正，验证设计修改和深化中的专业协调；同时避免新的专业间碰撞及空间问题产生。还有一些特殊部位，尤其在设计中容易出现问题的区域，通过模型可以进行深入的设计复核。合模以后对所有的专业进行综合，如展示车的模拟动画，车的模拟主要是检查车道下去后空间适不适当，包括上面管线和结构部件是否要进行检查，这在平面图里很难发觉。

2）BIM 技术在设计阶段应用

① 参数化设计。

参数化设计，为整个项目体量的调整和细节的参数化模型赋予更高效地整合，使得每一个构件每一个复杂节点都能够可调和参控。Revit 软件平台在实现参数化设计中起到了核心作用。在幕墙专业中，参数化幕墙竖梃示例如图 5.2-2 所示。

玻璃幕墙中的幕墙嵌板和幕墙节点模型，如图 5.2-3、图 5.2-4 所示。

② 可视化设计。

建筑设计的可视化通常需要根据平面图、小型的物理模型、艺术家的素描或彩画展开

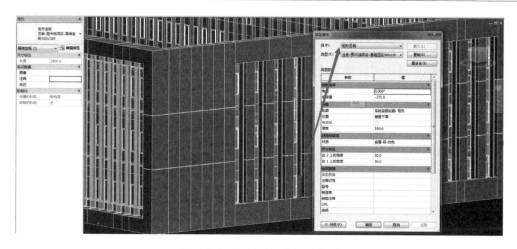

图 5.2-2 BIM 参数化设计阶段

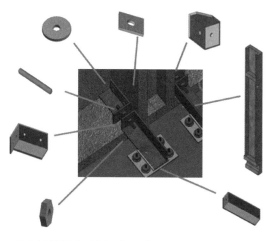

图 5.2-3 玻璃纤维增强预制混凝土装饰挂板（GRPC）安装节点模型

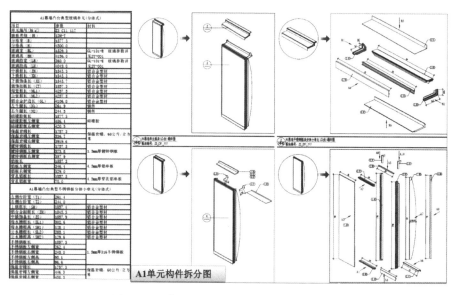

图 5.2-4 幕墙 A1 单元构件明细表和构件拆分

丰富的想象。观众理解二维图纸的能力、呆板的媒介、制作模型的成本或术家渲染画作的成本，都会影响可视化方式的效果。

3D 和三维建模技术的出现，实现了基于计算机的可视化，弥补了上述传统可视化方式的不足。带阴影的三维视图、照片级真实感的渲染图、动画漫游，这些设计可视化却可以非常有效地表现三维设计，目前已广泛用于探索、验证和表现建筑设计理念。

大多数建筑设计工具（包括基于 Revit 软件的应用）都具有内置或在线的可视化功能，以便在设计流程中快速得到反馈。然后可以使用专门的可视化工具（如 Autodesk 3ds Max 软件）来制作高度逼真的效果及特殊的动画效果。这就是当前可视化的特点：与美术作品相媲美的渲染图，与影片效果不相上下的漫游和飞行。对于商业项目和高端的住宅项目，这些都是常用的可视化手法——扩展设计方案的视觉环境，以进行更有效的验证和沟通（图 5.2-5）。

图 5.2-5　图书馆可视化设计（馆内视觉效果组图）

如果设计人员已经使用了 BIM 技术解决方案来设计建筑，那么最有效的可视化工作流程就是重复利用这些数据，省去在可视化应用中重新创建模型的时间和成本。此外，保留冗余模型（建筑设计模型和可视化模型）也浪费时间和成本，增加了出错的概率。

在设计同一建筑时，还会用到类似的建筑成果，如结构分析或能耗分析应用；利用建筑信息模型来进行相关的建筑分析，避免了使用冗余模型。同样，进行设计可视化工具（如 3ds Max 软件），也利用建筑信息模型进行视觉效果分析（图 5.2-6、图 5.2-7）。

本项目中，基于 Autodesk Revit 软件平台的可视化设计是三维建模中的目的之一，易于沟通和理解，模型具有唯一性和整体感。

③ 可持续设计。

"可持续"是指能够保持并且持续很久。这意味着，设计的产品必须在其整个存在阶段，造福整个世界，而不仅仅满足人的需要。

图 5.2-6　结构模型可视化

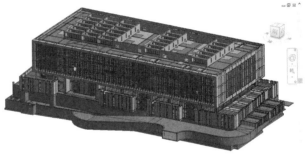

图 5.2-7　建筑模型可视化

本新建图书馆项目，基于可视化设计，对未来社会资源的优化和合理使用等因素都考虑在内，这为后期整个建筑的使用和运维中监控，都起到资源的合理利用和成本管控，为节约社会公共资源放足长远的眼光。以项目中馆内的精装修为例子，在选材用材方面既要考虑符合图书馆内部的建筑美学和室内设计要求，同时也要考虑到材料的利用（图 5.2-8）。

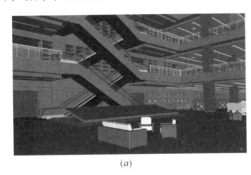

(a)

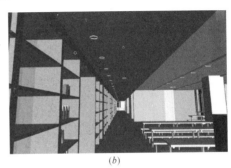

(b)

图 5.2-8　图书馆内部精装修组图

④ 多专业协同。

本新建图书馆项目充分运用 BIM 技术，实现工程设计方法的改变，建立以 BIM 技术为核心的多专业协同设计，对推动行业设计水平的提高作出了典范。基于 Autodesk Revit 软件各专业位于同一平台，通过权限的明确划分，使各专业设计者能够同时工作而不互相干扰，实现资料的实时交互，同步构建整体项目的 BIM 三维项目信息模型，一旦发现设计问题，各专业设计师能够实时进行讨论和修正，在设计过程中可以主动地消除各专业的碰撞问题，而不必全部依赖于设计后校审的碰撞检查。多专业同时工作，将整个设计流程整合起来，大大提高了设计效率。这样做虽然增加了前期的设计时间，但免去了后期人工进行统计和检查的时间，提高了项目的设计质量，加快了项目设计进度。通过与模型实时关联的材料统计功能，精确统计材料量，不需要另外的设计人员再专门进行统计，为项目采购提供了精确的数据，避免了采购方面的浪费（图 5.2-9～图 5.2-11）。

3）BIM 技术在设计阶段应用小结

① 设计阶段规范要求。

a. 方案设计（可行性研究）：简单的系统描述，最多附一次图。应该有方案比较，用于报批，配合工程估算。

图 5.2-9　图书馆项目多专业协同碰撞检测

图 5.2-10　图书馆项目多专业协同碰撞检测

图 5.2-11　图书馆项目多专业协同碰撞检测调整

a）设计文件：以设计说明书为核心，电专业仅为"施工技术方案"这一章提供内容及设计文件附件。（设计说明书以技术附件方式提供）

b）达到要求：仅在工程选址，强、弱电的工程需求与外部条件间差距及解决的可能，能耗、工期、技术经济等方面配合整个项目做好方案决策工作。

b. 初步设计：文字说明，布置图，高低压系统图，主要设备表，工程概算。

a）设计文件：以设计说明书为核心，仅为"施工方案技术"这一章提供内容。但设计图样单独列为设计文件或作为附件。

b）深度要求：经过方案比较选择，确定最终采用的设计方案；根据选定的设计方案，满足主要设备及材料的订货；根据选定的设计方案，确定工程概算，控制工程投资，作为编制施工图设计的基础。

c. 施工图设计：

a）设计文件：以设计图样统一反映设计思想，为采购、安装、施工及调试提供依据，严防"漏、误、含糊及重叠、彼此矛盾"。

b）深度要求：指导施工和安装；修正工程概算或编制工程预算；安排设备、材料的具体订货；非标设备的制作、加工。

② 专业协调性问题。

图书馆项目进行项目检测，从项目设计阶段就进行设计的可视化、能耗和生命期的模拟分析，紧接着就是结构专业、管综等专业进行碰撞协调性分析，直至施工阶段的模型信息的使用和工程量的统计，BIM 技术的全流程运用，使整个项目能够进行全方位的协调与管控。

（5）BIM 技术在施工阶段的应用

① 施工 BIM—3D 协调。

在施工阶段，要进行施工的协调。本项目在 BIM 平台施工阶段现场的机械设备的布置，依照现场的实际情况，搭建临时建筑，增加后浇带，放置大型机械设备如塔吊等（图 5.2-12），对制作好的设备模型进行有规划和合理地布置，进行 BIM-3D 现场协调，从而指导机械设备进场后的有效作业。

② 可视化最佳施工方案。

当现场进驻大型设备，设备应该与模型整体协调，才可以完全利用好整个场地施工现场。因此，在软件平台的基础上，进行场布及协调，如塔吊的施工范围和利用率，要受场地大小和周围环境的影响

图 5.2-12 施工现场塔吊与泵车

③ 5D 施工模拟。

将时间和资金成本结合三维模型，模拟实际施工，以便于在早期设计阶段就发现后期真正施工阶段会出现的各种问题，来提前处理，为后期活动打下坚固的基础（图5.2-13）。在

后期施工时能作为施工的实际指导，也能作为可行性指导，以提供合理的施工方案及人员，材料使用的合理配置，从而在最大范围内实现资源合理运用。

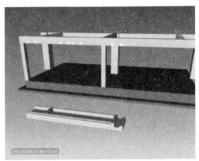

图 5.2-13　5D 施工模拟

④ 工程量自动统计。

施工企业会计是以工程项目为其主要对象的，项目收入是其全部收入。如工程款，其一批批进账的工程进度款几乎完全要与其完成的工程量挂钩，因而这部分的工程量统计方式应与开发商（及工料测量师或造价咨询师）是完全一致的。至于施工成本，则有着非常大的不同，那是一种从原材料到最终制成品的全程考虑下的复杂的计算体系，非常需要社会定额所提供的那些（独立于净量之外的）材料消耗量等内容。

BIM 模型是一个包含丰富数据、面向对象的、具有智能化和参数化特点的建筑设施的数字化表示。BIM 中的构件信息是可运算的信息，借助这些信息，计算机可以自动识别模型中的不同构件，并根据模型内嵌的几何和物理信息对各种构件的数量进行统计。以墙体的计算为例，计算机可以自动识别软件中墙体的属性，根据模型中有关该墙体的类型和组分信息，统计出该段墙体的数量，并对相同的构件进行自动归类。因此，当需要制作墙体明细表或计算墙体数量时，计算机会自动对它进行统计。使用模型来取代图纸，所需材料的名称、数量和尺寸都可以在模型中直接生成，而且这些信息将始终与设计保持一致。在设计出现变更时，如窗户尺寸缩小，该变更将自动反映到所有相关的模型。

本项目中 BIM 工程量的统计是施工企业需要看到的最终成果。当工程统计放大到繁复庞杂的建材工业范围来看，材料明细表中，造价工程师使用的所有材料名称、数量和尺寸也会随之变化。使用模型代替图纸进行成本计算的优势显而易见。

a. 基于 BIM 的自动化算量方法，将造价工程师从繁琐的劳动中解放出来，为造价工程师节省更多的时间和精力用于更有价值的工作，如询价、评估风险等，并可以利用节约的时间编制更精确的预算。

b. 基于 BIM 的自动化算量方法，比传统的计算方法更加准确。工程量计算是编制工程预算的基础，但计算过程非常繁琐，造价工程师容易因人为原因造成计算错误，影响后续计算的准确性。BIM 的自动化算量功能可以使工程量计算工作摆脱人为因素影响，得到更加客观的数据。

c. 基于 BIM 的自动化算量方法可以更快地计算工程量，及时地将设计方案的成本反馈给设计师，便于在设计的前期阶段对成本的控制，传统的工程量计算方式往往因耗时太多而无法及时地将设计对成本的影响反馈给设计人员。

d. 可以更好地应对设计变更。在传统的成本核算方法下，一旦发生设计变更，造价工程师需要手动检查设计变更，找出对成本的影响，这样的过程不仅缓慢，而且可靠性不强。BIM 软件与成本计算软件的集成将成本与空间数据进行了一致关联，自动检测哪些内容发生变更，直观地显示变更结果，并将结果反馈给设计人员，使他们能清楚地了解设计方案的变化对成本的影响（表 5.2-1～表 5.2-4）。

超限厚重预制混凝土外墙挂板工程量统计（1） 表 5.2-1

类　型	体积	标高	合计
亚泰-图书馆项目-坡道屋顶铝板	0.59	1F 0.000	3
亚泰-图书馆项目-坡道屋顶铝板-侧面	0.19	1F 0.000	2
亚泰-图书馆项目-坡道屋顶铝板-侧面 2	0.18	1F 0.000	6
亚泰-图书馆项目-坡道屋顶铝板-北	0.84	1F 0.000	1
亚泰-图书馆项目-坡道屋顶铝板-南	0.97	1F 0.000	1
亚泰-图书馆项目-大门	164.81	1F 0.000	1
亚泰-图书馆项目-幕墙 MQ3 外围墙	16.98	1F 0.000	1
亚泰-图书馆项目-幕墙 MQ10 外围墙	18.18	1 F0.000	1
亚泰-图书馆项目-混凝土外墙挂板 A-1	1.57	1F 0.000	65
亚泰-图书馆项目-混凝土外墙挂板 A-2	2.72	1F 0.000	64
亚泰-图书馆项目-混凝土外墙挂板 A-3	4.97	1F 0.000	13
亚泰-图书馆项目-混凝土外墙挂板 A-4	5.60	1F 0.000	12
亚泰-图书馆项目-混凝土外墙挂板 A-5	5.40	1F 0.000	2
亚泰-图书馆项目-混凝土外墙挂板 A-6	7.39	1F 0.000	2

超限厚重预制混凝土外墙挂板工程量统计（2） 表 5.2-2

类　型	体积	标高	合计
亚泰-图书馆项目-幕墙夹胶玻璃	0.62	3F 9.300	78
亚泰-图书馆项目-幕墙灰色铝板	1.56	6F 22.800	1
亚泰-图书馆项目-幕墙灰色铝板（下）	1.56	3F 9.300	1
亚泰-图书馆项目-混凝土外墙挂板-东西侧	1.03	3F 9.300	26
亚泰-图书馆项目-混凝土外墙挂板-东西侧-1	0.85		52
亚泰-图书馆项目-混凝土外墙挂板 B-1（900）	0.18	23.700	2
亚泰-图书馆项目-混凝土外墙挂板 B-1（1200）	0.24	23.700	18
亚泰-图书馆项目-混凝土外墙挂板 B-1（3600）	0.73	23.700	19
亚泰-图书馆项目-混凝土外墙挂板 B-2（900）	0.24	23.700	2
亚泰-图书馆项目-混凝土外墙挂板 B-2（2400）	0.64	23.700	8
亚泰-图书馆项目-混凝土外墙挂板 B-2（3600）	0.96	23.700	10
亚泰-图书馆项目-混凝土外墙挂板 B-3（900）	0.34	23.700	2
亚泰-图书馆项目-混凝土外墙挂板 B-3（1200）	0.45	23.700	18
亚泰-图书馆项目-混凝土外墙挂板 B-3（3600）	1.35	23.700	19
亚泰-图书馆项目-混凝土外墙挂板 B-4（1200）	0.23	3F 9.300	7

续表

类 型	体积	标高	合计
亚泰-图书馆项目-混凝土外墙挂板 B-4 (2400)	0.47	3F 9.300	7
亚泰-图书馆项目-混凝土外墙挂板 B-4 (3600)	0.70	3F 9.300	4
亚泰-图书馆项目-混凝土外墙挂板 B-5 (875)	0.24	3F 9.300	1
亚泰-图书馆项目-混凝土外墙挂板 B-5 (900)	0.24	3F 9.300	1
亚泰-图书馆项目-混凝土外墙挂板 B-5 (1200)	0.32	3F 9.300	6
亚泰-图书馆项目-混凝土外墙挂板 B-5 (2400)	0.65	3F 9.300	6
亚泰-图书馆项目-混凝土外墙挂板 B-5 (3600)	0.97	3F 9.300	8
亚泰-图书馆项目-混凝土外墙挂板 B-6 (900)	0.29	3F 9.300	2
亚泰-图书馆项目-混凝土外墙挂板 B-6 (2400)	0.76	3F 9.300	8
亚泰-图书馆项目-混凝土外墙挂板 B-6 (3600)	1.14	3F 9.300	10
亚泰-图书馆项目-混凝土外墙挂板 B-7 (900)	0.32	3F 9.300	2
亚泰-图书馆项目-混凝土外墙挂板 B-7 (1200)	0.43	3F 9.300	18
亚泰-图书馆项目-混凝土外墙挂板 B-7 (3600)	1.28	3F 9.300	19
亚泰-图书馆项目-混凝土外墙挂板 C-1	1.64	3F 9.300	24
亚泰-图书馆项目-混凝土外墙挂板 C-2	1.19	3F 9.300	24
亚泰-图书馆项目-混凝土外墙挂板 C-3	1.43	3F 9.300	24
亚泰-图书馆项目-混凝土外墙挂板 D-1 (北侧)	2.35	6F 22.800	2
亚泰-图书馆项目-混凝土外墙挂板 D-1 (南侧)	3.07	6F 22.800	2
亚泰-图书馆项目-混凝土外墙挂板 D-2	1.93	3F 9.300	2
亚泰-图书馆项目-混凝土外墙挂板 D-2 (北侧)	1.46	3F 9.300	2
亚泰-图书馆项目-混凝土外墙挂板 D-3 (北侧)	2.13	6F 22.800	2
亚泰-图书馆项目-混凝土外墙挂板 D-3 (南侧)	3.10	6F 22.800	2

总计：439

喷头明细表 表 5.2-3

A	B	C	D
类型	直径	合计	族
EL0-231-74		5	喷头-BL0 型
EL0-231-74		1103	喷头-BL0 型
EL0-231-74		611	喷头-BL0 型

总计：1719

风管明细表 表 5.2-4

A	B	C	D	E	F
类型	系统名称	尺寸	长度	隔热层类型	隔热层厚度
半径弯头/T 形	机械 排烟 1	1000×250	8704		0mm
半径弯头/T 形	机械 排烟 1	1000×250	5987		0mm

A	B	C	D	E	F
类型	系统名称	尺寸	长度	隔热层类型	隔热层厚度
半径弯头/T 形	机械 排烟 1	1000×250	4228		0mm
半径弯头/T 形	机械 排烟 1	1000×250	1384		0mm
半径弯头/T 形	机械 新风 1	800×400	145		0mm
半径弯头/T 形	机械 新风 1	800×400	120		0mm
半径弯头/T 形	机械 排风 1	500×400	1011		0mm
半径弯头/T 形	机械 排风 1	500×400	2954		0mm
半径弯头/T 形	机械 排风 1	500×400	1337		0mm
半径弯头/T 形	机械 回风 1	500×400	781		0mm
半径弯头/T 形	机械 回风 1	800×320	965		0mm
半径弯头/T 形	机械 回风 2	400×200	142		0mm
半径弯头/T 形	机械 新风 1	800×400	2940		0mm
半径弯头/T 形	机械 回风 3	400×200	891		0mm
半径弯头/T 形	机械 回风 4	630×400	2427		0mm
半径弯头/T 形	机械 排风 2	400×200	2220		0mm
半径弯头/T 形	机械 排风 2	400×200	621		0mm
半径弯头/T 形	机械 新风 1	800×400	68		0mm
半径弯头/T 形	机械 新风 1	800×400	3537		0mm
半径弯头/T 形	机械 排烟 1	1000×250	248		0mm
半径弯头/T 形	机械 排风 2	400×200	171		0mm
半径弯头/T 形	机械 排风 1	500×400	239		0mm

（6）BIM 技术在运维阶段的应用

①运维阶段的价值点与实现思路

a. 对 BIM 运维的理解与应用现状。

BIM 运维管理通常被理解为，运用 BIM 技术与运营维护管理系统相结合，对建筑的空间、设备资产进行科学管理，对可能发生的灾害进行预防，降低运营维护成本。在具体的实现技术上往往会联合物联网技术、云计算技术等，通常将 BIM 模型、运维系统与 RFID、移动终端等结合起来应用。最终实现了诸如设备运行管理、能源管理、安保系统、租户管理等应用。

b. BIM 运维的价值点与实现思路。

要实现 BIM 的某一应用会付出巨大的代价，但是相应的产出却寥寥可数，日常运维还是用传统的方式在完成。这一问题在施工过程中也容易出现，往往导致了 BIM 应用和施工过程是毫不相关的两条线的尴尬局面。

第一种方式是分步走。第一步以运维的实施要求进行，先得到 BIM 模型或者数据库。第二步利用 BIM 模型或者数据库做 BIM 运维。二者的衔接需要市场环境成熟方可实施。在"高端虚拟房产"或者"智能管家"这些高端技术平台，目前的大环境条件不成熟，需要先实施第一步，等到具有相关数据接口和达到相关深度的模型，积累基础数据，才可达到第二步。

第二种方式需要一步到位。但是初期就需要该项目必须明确运维目标和可实现途径。如娱乐场所、高端星级酒店、交通枢纽的运维等，需要在项目初期就明确好每一步实施的目的和下一步的跟进，达到整个 BIM 模型是不存在碰撞的前提。

② 物业管理数据集成。

运营维护数据累积与分析。商业地产运营维护数据的积累，对于管理来说具有很大的价值。可以通过数据来分析目前存在的问题和隐患，也可以通过数据来优化和完善现行管理。例如，通过 RFID 软件获取电表读数状态，并且累积形成一定时期能源消耗情况；通过累积数据分析不同时间段空余车位情况，进行车库管理。

BIM 技术与物联网技术对于运维来说是缺一不可，如果没有物联网技术，运维还是停留在目前靠人为简单操控的阶段，没有办法形成一个统一高效的管理平台。如果没有 BIM 技术，运维没有办法跟建筑物相关联，没有办法在三维空间中定位，没有办法对周边环境和状况进行系统的考虑。

基于 BIM 核心的物联网技术应用，不但能为建筑物实现三维可视化的信息模型管理，而且为建筑物的所有组件和设备赋予了感知能力和生命力，从而将建筑物的运行维护提升到智慧建筑的全新高度。

BIM 技术与物联网技术是相辅相成，两者的结合将为项目的运营维护带来一次全面的信息革命。

③ 设备监控应急与维护。

a. 设备远程控制。把原来商业地产中独立运行并操作的各种设备，通过 RFID 等技术汇总到统一的平台上进行管理和控制。一方面了解设备的运行状况，另一方面进行远程控制。例如，通过 RFID 软件获取电梯运行状态，是否正常运行，通过控制远程打开或关闭照明系统获得。

b. 设备运行监控：

a）设备信息。该管理系统集成了对设备的搜索、查阅、定位功能。通过点击 BIM 模型中的设备，可以查阅所有设备信息，如供应商、使用期限、联系电话、维护情况、所在位置等。该管理系统可以对设备生命周期进行管理，如对寿命即将到期的设备及时预警和更换配件，防止事故发生；通过在管理界面中搜索设备名称，或者描述字段，可以查询所有相应设备在虚拟建筑中的准确定位；管理人员或者领导可以随时利用 4D-BIM 模型，进行建筑设备实时浏览。

b）设备运行和控制。所有设备是否正常运行，可以在 BIM 模型上直观显示，例如，绿色表示正常运行，红色表示出现故障。对于每个设备，可以查询其历史运行数据。另外，可以对设备进行控制，例如某一区域照明系统的打开、关闭等

（7）建筑安装工程 BIM 应用总结

① BIM 技术的工程收获。

以本项目作为试点，经过反复修正，总结出了一套符合本项目特色的 BIM 实施规范，涵盖了项目施工阶段各种应用，以此为蓝本，初步建立了 BIM 应用制度及技术框架，为下一步 BIM 技术的深入推广积累了宝贵的经验，同时实现公司管理升级，提升公司核心

竞争力。

锻炼培养了一批 BIM 应用的复合型技术团队，积累了一套准确的海量数据库，为今后在其他项目中推广 BIM 技术提供了充足的技术保障。

主要经验教训：在于系统集成方面和文件格式无损转换方面，基于 BIM 的精益建造关键要靠技术集成实现，5d 模型、项目管理系统等企业自有管理信息系统如何与 BIM 技术相互融通、相辅相成，海量数据如何有效复用，需提前规划。另外，参数化模型与预算造价、甚至渲染软件在互导的过程中存在数据大量丢失问题，应在实施前先行计划，制定好解决方案。

另一方面，建模规则的确定是实现模型集成成功的关键，提前制定人员协作机制是保证 BIM 系统发挥作用和价值的重要前提。

a. 成本（包括人、材、机）的管控。

BIM 技术应用于整个项目中，在人、材、机成本输出方面大大地节约了成本地支出。本项目参与方较多，所以很多人工费用、机械成本和材料的购置等能够利用 BIM 信息模型进行全方位的管控，从而得知成本输出的每一个方向，达到成本管控的目的。

b. 管理及项目协同方面的优化。

项目进行后，需要多方进行管理和项目协同方向。BIM 信息模型的模拟，结合 5D 施工模拟，可以很好地在施工前就能够提前预演和把控，在真正实施的时候，就能使整个施工段井然有序进行，达到项目协同方面的优化。

c. 进度与项目结果的准确性。

根据 BIM5D 的施工模拟，结合 MS Project 技术的施工工期管控，全面地反映出整个工期的全况和不同阶段、不同子项目中的进度。结合 BIM 信息模型，与实际的项目周期进行对比，排除不可抗性因素的影响，完全能接近项目的工期预期。

② BIM 在案例应用中未能解决的问题。

a. 三维扫描得到的数据不完全，导致未能全部还原整个实际现场。

b. BIM 信息模型在实际工程中技术和管理结合效果还不是很高。

c. 信息在传递中出现错误、缺失等现象。

d. 无法储存多个项目的 IFC 文件，缺少支持 IFC 文件格式的专业软件。

（8）建筑安装工程 BIM 技术应用展望

① BIM 软件在复杂节点的优化。

a. 玻璃幕墙节点优化。

b. 在复杂节点配筋设计优化。

c. 在空间网架球节点的技术运用。

d. 预应力张拉索膜结构中的节点运用。

② BIM 在工程管理的信息化。

a. 全生命期的项目管理，打破信息孤岛。

b. 基于数据，实现数据共享。

c. 全新的 5D 模型。

d. 事先模拟分析。

5.2.2 问题

考试大纲：

1. 了解项目选用 BIM 软件的方法和步骤。

2. 掌握建筑安装工程 BIM 技术在设计阶段的应用的历程、内容及要求。

3. 掌握建筑安装工程 BIM 技术在施工阶段的应用内容。

4. 掌握建筑安装工程 BIM 技术在运维阶段的应用价值、思路及应用点。

单选题

（1）以下哪一项不是 BIM 技术在设计阶段历程？（ ）

A. 方案设计阶段　　　　　　　　　　B. 初步设计阶段

C. 可行性研究阶段　　　　　　　　　D. 施工图设计阶段

（2）以下哪一项不是 BIM 技术在施工阶段应用？（ ）

A. 施工 BIM—3D 协调　　　　　　　B. 可视化最佳施工方案

C. 工程量自动统计　　　　　　　　　D. 设备监控应急与维护

（3）该项目中，以下（ ）软件用于管理项目资料。

A. Microsoft Project　　　　　　　　B. BIM 360 Glue

C. MS Project　　　　　　　　　　　D. Navisworks manage

（4）设施管理，是运用多学科专业，集成人、场地、流程和技术来确保楼宇良好运行的活动。简称为（ ）。

A. FM　　　　　　　　　　　　　　B. HIM

C. P-BIM　　　　　　　　　　　　　D IFC

（5）RFID 指的是（ ）。

A. 射频识别技术　　　　　　　　　　B. 虚拟现实技术

C. 虚拟原型技术　　　　　　　　　　D. 地理信息系统

多选题

（6）该项目的 BIM 技术应用得出最终的模型和成果，包括（ ）。

A. 各专业施工图　　　　　　　　　　B. 工程量数据表

C. 施工工艺模拟　　　　　　　　　　D. 精装修模型

E. BIM5D 模拟　　　　　　　　　　F. 移动端应用

（7）BIM 技术在运营阶段主要用于对施工阶段进行记录建模，具体包括（ ）。

A. 制订维护计划　　　　　　　　　　B. 进行建筑系统分析

C. 场地使用规划　　　　　　　　　　D. 资产管理

E. 空间管理/跟踪

（8）从 BIM 的角度一般我们将建筑工程项目的全寿命周期划分（ ）阶段。

A. 规划阶段　　　　　　　　　　　　B. 设计阶段

C. 深化阶段　　　　　　　　　　　　D. 施工阶段

E. 竣工阶段　　　　　　　　　　　　F. 运营阶段

简答题

（9）项目选用 BIM 软件的步骤是什么？

（10）简要列举建筑安装工程 BIM 技术在运维阶段的应用点。

5.2.3　要点分析及答案

单选题

（1）标准答案：C

（2）标准答案：D

（3）标准答案：C

（4）标准答案：A

（5）标准答案：A

多选题

（6）标准答案：ABCDEF

（7）标准答案：ABDE

（8）标准答案：ABDF

答案分析：建筑工程项目的全寿命周期包含了从工程项目的规划决策（DM）到拆除消失的全部过程，这其中包含了规划阶段、设计阶段、施工阶段、运营（维护）阶段。故案选 A、B、D、F。

简答题

（9）参考答案及分析：

① 进行调研和初步筛选。

全面考察和调研市场上现有的国内外 BIM 软件及应用状况。结合本项目的项目需求和人员使用规模，筛选出可能适用的 BIM 软件。筛选条件包括软件功能，数据交换能力和性价比等。

② 分析及评估。

对每个软件进行分析和评估。分析评估考虑的因素包括是否符合企业整体的发展战略规划，工程人员接受的意愿和学习难度，特别是软件的成本和投资回报率以及给企业带来的收益等。

③ 测试及试点应用。

对参与项目的工程人员进行 BIM 软件的测试，测试包括适合企业自身要求，软件与硬件兼容；软件系统的成熟度和稳定度；操作容易性；易于维护；支持二次开发等。

④ 审核批准及正式应用。

基于 BIM 软件调研、分析和测试，形式备选软件方案，由企业决策部门审核批准最终软件方案，并全面部署。

（10）参考答案及分析：

① 物业管理数据集成。

运营维护数据累积与分析。可以通过数据来分析目前存在的问题和隐患，也可以通过数据来优化和完善现行管理。BIM 技术与物联网技术对于运维来说是缺一不可，如果没有物联网技术，那运维还是停留在目前靠人为简单操控的阶段，没有办法形成一个统一高效的管理平台。如果没有 BIM 技术，运维没有办法跟建筑物相关联；没有办法在三维空间中定位；没有办法对周边环境和状况进行系统的考虑。

　　基于 BIM 核心的物联网技术应用，不但能为建筑物实现三维可视化的信息模型管理，而且为建筑物的所有组件和设备赋予了感知能力和生命力，从而将建筑物的运行维护提升到智慧建筑的全新高度。

　　BIM 技术与物联网技术是相辅相成，两者的结合将为项目的运营维护带来一次全面的信息革命。

　　② 设备监控应急与维护。

　　a. 设备远程控制。把原来商业地产中独立运行并操作的各设备，通过 RFID 等技术汇总到统一的平台上进行管理和控制。一方面了解设备的运行状况，另一方面进行远程控制。

　　b. 设备运行监控。设备信息及设备运行和控制。

（案例提供：赵雪锋、张敬玮）

附件　建筑信息化 BIM 技术系列岗位专业技能考试管理办法

北京绿色建筑产业联盟文件

联盟　通字　【2018】09 号

通　知

各会员单位，BIM 技术教学点、报名点、考点、考务联络处以及有关参加考试的人员：

根据国务院《2016—2020 年建筑业信息化发展纲要》《关于促进建筑业持续健康发展的意见》（国办发［2017］19 号），以及住房和城乡建设部《关于推进建筑信息模型应用的指导意见》《建筑信息模型应用统一标准》等文件精神，北京绿色建筑产业联盟组织开展的全国建筑信息化 BIM 技术系列岗位人才培养工程项目，各项培训、考试、推广等工作均在有效、有序、有力的推进。为了更好地培养和选拔优秀的实用性 BIM 技术人才，搭建完善的教学体系、考评体系和服务体系。我联盟根据实际情况需要，组织建筑业行业内 BIM 技术经验丰富的一线专家学者，对于本项目在 2015 年出版的 BIM 工程师培训辅导教材和考试管理办法进行了修订。现将修订后的《建筑信息化 BIM 技术系列岗位专业技能考试管理办法》公开发布，2018 年 6 月 1 日起开始施行。

特此通知，请各有关人员遵照执行！

附件：建筑信息化 BIM 技术系列岗位专业技能考试管理办法　全文

二〇一八年三月十五日

附件：

建筑信息化 BIM 技术系列岗位专业技能考试管理办法

根据中共中央办公厅、国务院办公厅《关于促进建筑业持续健康发展的意见》（国发办〔2017〕19 号）、住建部《2016—2020 年建筑业信息化发展纲要》（建质函〔2016〕183号）和《关于推进建筑信息模型应用的指导意见》（建质函〔2015〕159 号），国务院《国家中长期人才发展规划纲要（2010—2020 年）》《国家中长期教育改革和发展规划纲要（2010—2020 年）》，教育部等六部委联合印发的《关于进一步加强职业教育工作的若干意见》等文件精神，北京绿色建筑产业联盟结合全国建设工程领域建筑信息化人才需求现状，参考建设行业企事业单位用工需要和工作岗位设置等特点，制定 BIM 技术专业技能系列岗位的职业标准、教学体系和考评体系，组织开展岗位专业技能培训与考试的技术支持工作。参加考试并成绩合格的人员，由工业和信息化部教育与考试中心（电子通信行业职业技能鉴定指导中心）颁发相关岗位技术与技能证书。为促进考试管理工作的规范化、制度化和科学化，特制定本办法。

一、岗位名称划分

1. BIM 技术综合类岗位：

BIM 建模技术，BIM 项目管理，BIM 战略规划，BIM 系统开发，BIM 数据管理。

2. BIM 技术专业类岗位：

BIM 技术造价管理，BIM 工程师（装饰），BIM 工程师（电力）

二、考核目的

1. 为国家建设行业信息技术（BIM）发展选拔和储备合格的专业技术人才，提高建筑业从业人员信息技术的应用水平，推动技术创新，满足建筑业转型升级需求。

2. 充分利用现代信息化技术，提高建筑业企业生产效率、节约成本、保证质量，高效应对在工程项目策划与设计、施工管理、材料采购、运营维护等全生命周期内进行信息共享、传递、协同、决策等任务。

三、考核对象

1. 凡中华人民共和国公民，遵守国家法律、法规，恪守职业道德的。土木工程类、工程经济类、工程管理类、环境艺术类、经济管理类、信息管理与信息系统、计算机科学与技术等有关专业，具有中专以上学历，从事工程设计、施工管理、物业管理工作的社会企事业单位技术人员和管理人员，高职院校的在校大学生及老师，涉及 BIM 技术有关业务，均可以报名参加 BIM 技术系列岗位专业技能考试。

2. 参加 BIM 技术专业技能和职业技术考试的人员，除符合上述基本条件外，还需具备下列条件之一：

（1）在校大学生已经选修过 BIM 技术有关岗位的专业基础知识、操作实务相关课程的；或参加过 BIM 技术有关岗位的专业基础知识、操作实务的网络培训；或面授培训，或实习实训达到 140 学时的。

（2）建筑业企业、房地产企业、工程咨询企业、物业运营企业等单位有关从业人员，参加过 BIM 技术基础理论与实践相结合的系统培训和实习达到 140 学时，具有 BIM 技术系列岗位专业技能的。

四、考核规则

1. 考试方式

（1）网络考试：不设定统一考试日期，灵活自主参加考试，凡是参加远程考试的有关人员，均可在指定的远程考试平台上参加在线考试，卷面分数为 100 分，合格分数为80 分。

（2）大学生选修学科考试：不设定统一考试日期，凡在校大学生选修 BIM 技术相关专业岗位课程的有关人员，由各院校根据教学计划合理安排学科考试时间，组织大学生集中考试。卷面分数为 100 分，合格分数为 60 分。

（3）集中考试：设定固定的集中统一考试日期和报名日期，凡是参加培训学校、教学点、考点考站、联络办事处、报名点等机构进行现场面授培训学习的有关人员，均需凭准考证在有监考人员的考试现场参加集中统一考试，卷面分数为 100 分，合格分数为 60 分。

2. 集中统一考试

（1）集中统一报名计划时间：（以报名网站公示时间为准）

夏季：每年 4 月 20 日 10：00 至 5 月 20 日 18：00。

冬季：每年 9 月 20 日 10：00 至 10 月 20 日 18：00。

各参加考试的有关人员，已经选择参加培训机构组织的 BIM 技术培训班学习的，直接选择所在培训机构报名，由培训机构统一代报名。网址：www.bjgba.com（建筑信息化 BIM 技术人才培养工程综合服务平台）

（2）集中统一考试计划时间：（以报名网站公示时间为准）

夏季：每年 6 月下旬（具体以每次考试时间安排通知为准）。

冬季：每年 12 月下旬（具体以每次考试时间安排通知为准）。

考试地点：准考证列明的考试地点对应机位号进行作答。

3. 非集中考试

各高等院校、职业院校、培训学校、考点考站、联络办事处、教学点、报名点、网教平台等组织大学生选修学科考试的，应于确定的报名和考试时间前 20 天，向北京绿色建筑产业联盟测评认证中心 BIM 技术系列岗位专业技能考评项目运营办公室提报有关统计报表。

4. 考试内容及答题

（1）内容：基于 BIM 技术专业技能系列岗位专业技能培训与考试指导用书中，关于BIM 技术工作岗位应掌握、熟悉、了解的方法、流程、技巧、标准等相关知识内容进行命题。

（2）答题：考试全程采用 BIM 技术系列岗位专业技能考试软件计算机在线答题，系统自动组卷。

（3）题型：客观题（单项选择题、多项选择题），主观题（案例分析题、软件操作题）。

（4）考试命题深度：易 30%，中 40%，难 30%。

5. 各岗位考试科目

序号	BIM技术系列岗位专业技能考核	考核科目			
		科目一	科目二	科目三	科目四
1	BIM建模技术岗位	《BIM技术概论》	《BIM建模应用技术》	《BIM建模软件操作》	
2	BIM项目管理岗位	《BIM技术概论》	《BIM建模应用技术》	《BIM应用与项目管理》	《BIM应用案例分析》
3	BIM战略规划岗位	《BIM技术概论》	《BIM应用案例分析》	《BIM技术论文答辩》	
4	BIM技术造价管理岗位	《BIM造价专业基础知识》	《BIM造价专业操作实务》		
5	BIM工程师（装饰）岗位	《BIM装饰专业基础知识》	《BIM装饰专业操作实务》		
6	BIM工程师（电力）岗位	《BIM电力专业基础知识与操作实务》	《BIM电力建模软件操作》		
7	BIM系统开发岗位	《BIM系统开发专业基础知识》	《BIM系统开发专业操作实务》		
8	BIM数据管理岗位	《BIM数据管理业基础知识》	《BIM数据管理专业操作实务》		

6. 答题时长及交卷

客观题试卷答题时长120分钟，主观题试卷答题时长180分钟，考试开始60分钟内禁止交卷。

7. 准考条件及成绩发布

（1）凡参加集中统一考试的有关人员应于考试时间前10天内，在www.bjgba.com（建筑信息化BIM技术人才培养工程综合服务平台）打印准考证，凭个人身份证原件和准考证等证件，提前10分钟进入考试现场。

（2）考试结束后60天内发布成绩，在www.bjgba.com平台查询成绩。

（3）考试未全科目通过的人员，凡是达到合格标准的科目，成绩保留到下一个考试周期，补考时仅参加成绩不合格科目考试，考试成绩两个考试周期有效。

五、技术支持与证书颁发

1. 技术支持：北京绿色建筑产业联盟内设BIM技术系列岗位专业技能考评项目运营办公室，负责构建教学体系和考评体系等工作；负责组织开展编写培训教材、考试大纲、题库建设、教学方案设计等工作；负责组织培训及考试的技术支持工作和运营管理工作；负责组织优秀人才评估、激励、推荐和专家聘任等工作。

2. 证书颁发及人才数据库管理

（1）凡是通过BIM技术系列岗位专业技能考试，成绩合格的有关人员，专业类可以获得《职业技术证书》，综合类可以获得《专业技能证书》，证书代表持证人的学习过程和考试成绩合格证明，以及岗位专业技能水平。

（2）工业和信息化部教育与考试中心（电子通信行业职业技能鉴定指导中心）颁发证书，并纳入工业和信息化部教育与考试中心信息化人才数据库。

六、考试费收费标准

1. BIM 技术综合类岗位考试收费标准：BIM 建模技术 830 元/人，BIM 项目管理 950 元/人，BIM 系统开发 950 元/人，BIM 数据管理 950 元/人，BIM 战略规划 980 元/人（费用包括：报名注册、平台数据维护、命题与阅卷、证书发放、考试场地租赁、考务服务等考试服务产生的全部费用）。

2. BIM 技术专业类岗位考试收费标准：BIM 工程师（装饰）等各个专业类岗位 830 元/人（费用包括：报名注册、平台数据维护、命题与阅卷、证书发放、考试场地租赁、考务服务等考试服务产生的全部费用）。

七、优秀人才激励机制

1. 凡取得 BIM 技术系列岗位相关证书的人员，均可以参加 BIM 工程师"年度优秀工作者"评选活动，对工作成绩突出的优秀人才，将在表彰颁奖大会上公开颁奖表彰，并由评委会颁发"年度优秀工作者"荣誉证书。

2. 凡主持或参与的建设工程项目，用 BIM 技术进行规划设计、施工管理、运营维护等工作，均可参加"工程项目 BIM 应用商业价值竞赛"BVB 奖（Business Value of BIM）评选活动，对于产生良好经济效益的项目案例，将在颁奖大会上公开颁奖，并由评委会颁发"工程项目 BIM 应用商业价值竞赛"BVB 奖获奖证书及奖金，其中包括特等奖、一等奖、二等奖、三等奖、鼓励奖等奖项。

八、其他

1. 本办法根据实际情况，每两年修订一次，同步在 www.bjgba.com 平台进行公示。本办法由 BIM 技术系列岗位专业技能人才考评项目运营办公室负责解释。

2. 凡参与 BIM 技术系列岗位专业技能考试的人员、BIM 技术培训机构、考试服务与管理、市场传推广、命题判卷、指导教材编写等工作的有关人员，均适用于执行本办法。

3. 本办法自 2018 年 6 月 1 日起执行，原考试管理办法同时废止。

北京绿色建筑产业联盟
（BIM 技术系列岗位专业技能人才考评项目运营办公室）

二〇一八年三月